本书的翻译得到国家社会科学基金资助（18BSH009）。

PRACTICAL META-ANALYSIS

元分析（Meta-analysis）方法应用指导

（美）马克·W.利普西　　（美）戴维·B.威尔逊　**著**

刘　军　吴春莺　**译**

U0350441

重庆大学出版社

作译者简介

马克·W. 利普西(Mark W. Lipsey) 1972 年获得约翰霍普金斯大学(Johns Hopkins University)心理学博士学位,现任范德比尔特(Vanderbilt)大学公共政策系教授。他的研究领域:未成年人犯罪的风险和干预问题以及项目评估研究中的方法论质量问题。其著作有《评估:方法与技术》(第 6 版)①等。利普西教授是《评估动态》(*New Directions for Evaluation*)的前主编,同时也是《美国评估杂志》(*American Journal of Evaluation*)等多家著名刊物的编委会成员。获美国评估协会保罗·拉扎斯菲尔德(Paul Lazarsfeld)奖。

戴维·B. 威尔逊(David B. Wilson) 1995 年获得克莱尔蒙研究大学(Claremont Graduate University)应用社会心理学博士学位。2005 年至今任乔治梅森大学(George Mason University)副教授,致力于预防犯罪及犯罪者改造效果的元分析研究。1999 年获得美国评估协会颁发的马西亚·古藤塔格(Marcia Guttentag)奖。

刘军 1970 年生,博士,西安交通大学社会学教授。2003 年获北京大学社会学博士学位。研究方向是关系社会学、社会学方法论,提出"关系整全论"思想。主持三项国家社会科学基金、三项教育部人文社会科学基金项目。出版专著、编著、译著 18 部,发表学术论文 40 多篇。

吴春莺 1972 年生,博士,丽水学院副教授。2006 年获哈尔滨工程大学经济管理学院管理学博士学位。出版专著《中国资源型城市产业转型研究》(2015),主持黑龙江省哲学社会科学规划项目一项。主要研究领域:福利经济学、马克思主义中国化。

---

① 该书中文版已由重庆大学出版社出版。

元分析：过程及意义

元分析（Meta-analysis）是一种数据分析方法。它对关于同一个问题的多项独立的定量研究结果进行再分析,进而得出更具普适性的结论。元分析已经有半个多世纪的历史,最初主要应用于医学领域,随后广泛应用于社会科学中。这里简要介绍元分析的过程、优缺点以及应用于社会学时遇到的困境。

半个多世纪以来,随着定量研究范式的扩张,关于同一个问题的定量研究越来越多。各种文献所采用的方法、样本之间可能存在很大差异,得到的结论也可能大相径庭。如何梳理这些文献? 能否从中得到一个统一的结论? 元分析法是解决上述问题的一种有效方法。

一、元分析的含义

元分析是对有关同一个主题的多项独立的定量研究进行再次分析,进而得出一般性的结论。该方法的思想可追溯到 1904 年,卡尔·皮尔逊分别计算了 5 个独立样本中伤寒接种和死亡率之间的相关系数,并求出均值。20 世纪 40—70 年代,元分析发展缓慢。在国外,最早的元分析方法有关文章发表于 1955 年,作者综合了 15 份独立研究结果,对 1 000 多名不同疾病患者服用安慰剂的疗效进行分析,得出了安慰剂具有 35% 疗效的结论(转引自何杰、刘树贤、刘殿武,2000)。该方法随后在临床医学中得到了大量运用。该方法出现在教育学的时间是 1976 年,这一年美国教育学家格拉斯(Glass)首次将该方法命名为元分析,真正创立了元分析法。以 "Meta-analysis" 为关键词在 Elsevier、EBSCO 等全文数据库中检索,会得到几万篇文献,国外有关这方面的专著也不下几十部。在国内以 "元分析" 为关键词在 CNKI

的社会科学数据库上检索,得到 1 734 篇论文(截至 2019 年 2 月 9 日),数量明显少于国外,并且绝大多数文章都发表在医学杂志上,少量发表在地质学、生态学、心理学、教育学等杂志上。虽然中文论文数量较少,但还是呈每年递增之势。

元分析在诊断、治疗、危险度评价、干预措施、预防对策等方面有着独特的作用(赵宁、俞顺章,1993)。随着社会科学量化研究的加深,该方法从 1970 年代开始逐渐渗透到生态学、心理学等学科领域(彭少麟、郑风英,1999;郑风英、彭少麟,2001;Lipsey & Wilson,2001),不过在社会学领域中的应用却较少(Goldschmidt, 2006)。

Meta-analysis 这个词在国内有多种译法,如荟萃分析、元分析、汇后分析、综合分析、后设分析等,台湾学者认为应该翻译为整合分析,并认为这是首选的译法。实际上,即使在英文文献中,类似的研究也有几种表达方式,如 overview,quantitative synthesis,research synthesis,meta-analysis 等,不过 Meta-analysis 基本上是最公认的叫法。

考虑到这种方法是回到数据进行再一次分析,国内翻译为"元分析"的也相对最多,因此本书把它翻译为元分析法。元分析最初的含义是从关于同一个问题的文献中搜集足够多的定量研究结果,经过统计分析后加以汇总。对元分析的具体含义,格拉斯提出的定义:对由多项研究结果构成的集合进行统计分析,目的是对已有的发现进行综合。萨克斯(Sacks)等提出的定义:对以往的研究结果进行统计学合并的严谨的综述方法。1991 年,弗莱斯和格罗斯(Fleiss & Gross)给出了现在比较通行的定义:元分析是一类统计方法,用来比较和综合针对同一学科问题所取得的研究结果,比较和综合的结论是否有意义,取决于这种研究是否满足特定的条件。

二、元分析的过程

元分析的步骤与一般的量化研究既有共同点,也有差异,下面进行简要论述。

(一)确定课题

首先,研究者根据自己的兴趣确定元分析研究的课题,即拟解决哪一个存在分歧的问题。元分析关注的一般都是存在争议的领域。

(二)收集文献

明确入选的单个研究及排除标准,也要明确查阅文献的方法及要采取的统计分析方法。在具体检索时,可借助计算机,也可进行手工检索,年代久远的研究更有可能需要手工检索。需要注意,检索的内容要广泛,包括过刊、现刊、综述性文献和未出版的文献,如会议论文、私人交换资料、硕博论文等。在检索过程中不得遗漏重要文献,必要时还需要向专家咨询,请专家列出文献清单,特别是重要文献的清单。

(三)质量评定和筛选

应根据具体的目的和专业知识等制订评价标准,如确定受试对象的标准、样本量、随机分组方法、盲法观察、变量之间的关系(单变量、双变量或多变量关系)、自由度等。剔除不满足标准者,是为了确保元分析的有效性。

(四)文献编码

收集完文献之后,要逐一检查,从如下方面进行编码(Lipsey & Wilson,2001:85)。

1.有关文献的实质性方面。包括:样本的来源;人口统计学特征(如社会经济地位、年龄、性别、教育、族群),个人特征(如认知能力,人格特质),诊断特性(如临床病人,少年犯);自变量(如干预或治疗),理论取向,所描述的层次(如剂量、强度、持续时间等),组织的特征(如年龄、规模、行政结构),治疗实施的模式,干预人员的特征;等等。

2.量化研究的方法和步骤。包括抽样步骤或方法(如随机概率抽样),调查设计(如邮寄法、电话法、访谈法、历时性研究、横剖性研究、预测性研究、回顾性研究等),统计功效,测量的性质,数据分析的形式,自变量(如干预或治疗),安排各种条件的方法,控制组的性质(如有无受到治疗、得到安慰剂、预备性治疗),设盲(blinding),实验者扮演的角色,等等。

3.对文献的来源进行描述。出版的形式(杂志、书、博士论文、技术报告等),出版的年份,出版的语言,研究的发起方和/或资金来源,研究者的特征(性别、学术机构等)。

(五)资料的综合

由于研究的目的各不相同,各项研究的指标不尽相同,因此元分析首先要将各项研究中的指标转化为统一的指标,即效应值(effect sizes),它是元分析的核心概念。元分析收集的定量信息可以有很多类,对应每一类也存在不同的效应值。给出各个效应值之后,应该分析其分布,计算其均值,计算置信区间,对同质性进行评价。各种效应值统计量及其标准误参见(Lipsey & Wilson, 2001:72)。

1. 平均效应值。对这些值进行综合加权,计算合并后的平均统计量。平均效应值的计算是通过每个效应值(ES_i)根据其方差的倒数(w_i)加权进行的,即每个效应值乘以各自的权重,求总和后再除以权重之和。

2. 计算置信区间。一个平均效应值的置信区间是以均值的标准误和 z 分布的一个临界值为基础的。均值的标准误等于方差权重倒数之和的平方根(Lipsey & Wilson, 2001:114),表示为:

$$SE_{\overline{ES}} = \sqrt{\frac{1}{\sum w_i}},$$

有了均值的标准误,就可以计算置信区间,其下限和上限分别为:

$$\overline{ES_L} = \overline{ES} - z_{(1-\alpha)} SE_{\overline{ES}} \text{和} \overline{ES_U} = \overline{ES} + z_{(1-\alpha)} SE_{\overline{ES}}。$$

3. 同质性检验(homogeneity test)。元分析有一个前提条件,即多个独立研究之间应该相似。如果各个独立的研究之间具有同质性,便可以将多个统计量进行加权合并;若不一致,可以考虑剔除特大、特小的或方向相反的统计量后再综合。如果经过这一步仍然达不到要求,就不能采用元分析方法了。常用的同质性检验方法有:

(1) 图示法:大多数常见的作图技术,如直方图、茎叶图、散点图、误差条形图和盒须图(box-and-whisker plots)都可用来分析同质性。

直方图和相关的图形技术,如茎叶图,能够有效地传递一个效应值分布的集中趋势、变动量和正态性。在用元分析数据诊断一些问题(如极度偏态性和极端值)的时候,这些图特别有用。在元分析中最常见的图是效应值相对于样本量的散点图,称为"关于预期的散点形状的漏斗图(funnel-plot)"。漏斗图可用来探测因小样本研究的代表性小而造成的潜在偏差。

对于一个定类变量的不同层次来说,为了同时比较其分布的集中趋势和分散程度,一个常用的图形展示便是盒须图。盒须图可以针对两组或多组效应值,展示其中位数、第 1 四分位点、第 3 四分位点、极差和极端值。

图形展示并没有给出具体的同质性数值,因而还需要另外一种检验方法,即 Q 检验。

(2) Q 检验:以 Q 统计量为基础的卡方统计量服从自由度为 $k-1$ 的卡方分布,其中 k 是效应值的数量。

Q 检验的零假设为 $H_0:Y_1 = Y_2 = \cdots = Y_k$,即全部效应值都来源于一个总体。公式为 $Q = \sum w_i (ES_i - \overline{ES})^2$,其中 ES_i 是个体效应值,i 从 1 到 k(效应值的数量),$\overline{ES}$ 是 k 个效应值的加权平均效应值,w_i 是 ES_i 的个体权重。若 Q 大于自由度为 $k-1$ 的卡方分布的临界值,则表明同质性零假设被拒绝。因此,在统计上显著的 Q 意味着一个异质性分布 (Lipsey & Wilson, 2001:115-116)。对具有同质性的统计量进行加权合并,综合估计出平均统计量,对该统计量进行统计检验和推断,最后确定结论。如果统计量不具有同质性,可采用分组分析进一步分析。

(六)灵敏度分析

除了综合若干研究结果的效应均值之外,元分析还有一个目的,即分析研究的特征与效应值之间的关系。研究特征包括实质性特征和方法论特征。前者包括研究的人、时间、地点、研究本身的特征等;后者包括文献筛选、测量指标和权重的方式等。通过这种分析,可以揭示各项研究之间存在差异的原因,评价元分析的质量和有效性。

灵敏度分析(sensitivity analysis)是评价元分析真实性的指标之一,灵敏度高说明结论正确性强,外在真实性好即应用范围广,有较高的参考价值。评价灵敏度可从以下几方面考虑:①原始文献的质量评价(quality assessment)。元分析的灵敏度取决于各个原始文献的科学性和严谨性,如果原始资料较差,那么分析所得的结论也不会是高质量的。原始文献的质量主要以研究设计是否严格符合科学研究的规范进行衡量。②对各项研究的方差进行评价。③抽样偏差的大小。下面重点分析抽样偏差问题。

在一个给定的元分析中,抽样偏差是否大到影响结论的程度? 在评估这一偏差的潜在大小时,一个简单的方法是比较元分析中未发表研究与已发表研究的平均效应值。例如,如果未发表的研究的平均效应值为 0.40,已发表的研究为 0.50,那么由于省略未发表的研究而引起的抽样偏差可能不会超过0.10。这一方法要求必须有足够数量的已发表的和未发表的研究，以便获得每一子类研究的均值的可靠估计值。

我们还可以计算由罗森塔尔（Rosenthal）提出的失安全数 N（fail-safe N）统计量（Lipsey & Wilson, 2001:165-166）。失安全数 N 估计报告了无效结果未发表的研究数量，用它把贯穿各项研究的累积效应减少到非显著性的程度，或者说需多少阴性研究结果才会使结论逆转。

（七）总结成文

结论中应详细陈述：分析的目的；文献查找方法及取舍标准；所综合的单个研究的特征；所应用的统计分析方法；提供包含各个研究统计结果的图表；提供灵敏度分析结果；结论可能遇到的偏倚及处理方法；讨论分析结果的应用价值；等等。

三、元分析的优缺点

（一）元分析方法的优势

元分析方法主要解决以下的问题（赵宁，俞顺章，1993；Lipsey & Wilson, 2001:5-10）。

1. 增加统计功效。由于元分析整合了多项研究结果，因而可以有效地降低甚至排除单一研究结果中存在的测量误差、抽样误差等，从而可以提高结论的论证强度。由于单个试验往往样本太小，难以明确肯定某种效应，如果要求从统计学上来肯定或排除这些效应，则需要较大的样本，而若采用元分析方法要比一项大规模的研究更为可行，而且把许多具有可比性的单个试验结果进行合并分析，可以改善对效应的估计值。不需要研究者进行实际调查就可以得到真正大样本的研究结果，有处理大量文献的能力，不受研究数量的限制。

元分析可应用于样本量小的多项研究，能够对同一问题的多个文献进行全面整合。单项定量研究结果是进行元分析的初始资料，因此，元分析是更高层次的研究。特别是当研究的项数超过某个临界值时，元分析法的系统编码程序，以及为了记录结论信息而构建的数据库，可记录来自每一项研究的详细信息，并且能够包含的研究数量很大。通过系统的元分析过程，研究者就能评估作者的假定、程序、证据和结论，而不是无条件地相信结论的正确性。在医学领域里应用元分析方法，可以定量地综合分析多个研究结果，得出科学、合理、可信的结论,为疾病的预防、治疗、诊断等诸方面提供更全面更可靠的依据。在社会学领域,国外有学者对离婚问题和移民问题的定量研究进行了元分析(Goldschmidt,2006)。

2. 评价各项研究结果之间的不一致性。对同一个研究问题,各个试验结果可能不一致,甚或存在分歧争议,利用元分析方法可以得到对该问题的全面认识,得出科学的结论。

3. 寻求新的假说。元分析方法可以回答单个试验中尚未提及或不能回答的问题,特别是用于对随机对照试验设计所得的结果进行综合评价时,可以提出一些尚未研究的新问题,发现一些隐藏在汇总性研究中的效应或关系。元分析相比单个研究能产生出统计功效更大的综合性效应估计值。

(二)元分析方法的缺点及争议

1. 元分析法的一个缺点是它比较专业,需要相当程度的专业知识。恰当的效应值的选择和计算,以及应用于其中的统计分析等,都特别需要专业知识。

2. 苹果和橘子问题(apple and orange problem)。有些学者认为,元分析方法将很多采用不同的技术、步骤、检验方法和样本的研究放在一起分析,就好像把苹果和橘子混合起来比较,这没有什么意义。有人认为,如果一系列研究在各个方面都相同,那就没有必要去比较,因为除了统计误差外,它们应该有相同的结果。如果一些统计量是对不可比的研究结果的汇总,那么它们是没有意义的。有学者把范围广泛的多种精神疗法研究包含在一起进行,因为他们对精神疗法的总有效性问题感兴趣。但是,批评者认为,利用平均效应值来汇报诸如行为疗法、心理动力疗法和格式塔疗法这样性质截然不同的研究结果会引起误导。

实际上,元分析的基础是各项研究在某些方面相同,在此基础上分析各项研究具备的共性和区别。从这种意义上说将苹果和橘子放在一起分析是必要而有意义的(都是水果)。对于在研究方法上存在较大差异的诸多单项研究来说,一个较好的元分析法应该将这种差异考虑在内,设置必要的调节变量。

另外,在表述一项元分析中多项性质截然不同的研究结果的子类时,可以把它们分别取出,各个效应值的分布及相关的统计量也可分别报告,从而得以在它们之间进行比较。另外,元分析技术的发展也使得对同质性进行统计检验成为可能,进而判断来自各类研究的一组效应值表现出来的变异量是否比仅仅来自抽样误差的期望变异量多。它也提供了一种经验检验,即检验这些研究是否表现出相当异类的结果,以至于似乎不能假定它们是可比较的。从另外一个角度讲,当代的元分析法越来越专注于效应值分布的方差,而不是这些分布的均值。也就是说,关注的主要问题常常与区分出各项研究结果之间的差异的根源有关,而不是把各个结果聚集在一起得出一个总的均值。这个专注点针对性质不同的研究结果的子群体进行了认真的处理,因而较少受到批评。

3. 出版偏差(publication bias),指的是资料选择中存在的出版偏见现象。研究报告往往针对已经出版的研究,忽略了未出版的研究。这就可能产生误差,因为已出版与未出版的研究间往往存在着很大的差异,这就是所谓的"出版偏差"。一般来说,达到显著性水平的研究结果较容易得到出版机会,而那些显著性不明显的研究虽然可能也包含对研究目标相关的重要信息但却较少有出版机会。如果都按照出版的研究结果进行分析则会产生误差。所以应该建立起系统收集文献的方法,全面、广泛地收集与主题相关的文献。

4. 资料的非独立性问题。将一个研究的多项结果当作独立的结果来分析,这会引起误解,即这些结果会被看成是一致的。事实上,在大多数时候,这些结果是不同的。有很多方法来解决这个问题。例如,将单一研究的多个结果平均起来,以每个研究作为分析的单位。

5. 研究结果的质量优劣问题。一些学者认为各个原始研究结果的科学性和方法的严谨程度会直接影响分析结果。如果不加区别地将质量优劣不一的研究放在一起,有可能会产生低品质的分析结果。对于同一项元分析会将来自不同方法论性质的多项研究结果混在一起,一些批评者论证道,一项综合性研究应该只依据最高质量的研究结果,而不应该把那些在方法论上存在缺陷的研究结果包含在内,因为这会降低研究的质量。但也有人指出,实证研究的质量与效应值的大小之间并无强相关关系,而且质量较差的研究既然已经完成了,逻辑上就不应该去忽略它们,而应该去评估它们。可以将研究质量作为干扰变量,探讨它与效应值之间的关系。此外,用方差权重的倒数作为研究质量的加权数,从而使质量较高的研究获得较大的权重,这样做也可以比较准确地估计整体效应的大小。

还有一个困难在于,构成方法论性质的因素是什么,这在研究人员之间很少达成共识。许多研究领域不能提供完美的研究,关于这个问题有两种解决方法。一种是继续保持严格的方法论标准。在这种情况下,元分析者能够保证这种综合根据的仅仅是"最佳"证据,但是其结果也许是对范围狭窄的研究领域的总结,并且结论的推广性小。另一种方法是将各项研究之间的方法论差异看成元分析的一部分,是需要加以研究的一个问题。在这种情况下,元分析者需要对可能影响研究结果的方法论特性进行认真的编码。

需要补充的是,元分析法已经有一些软件可以利用。另外,有学者指出,对此类数据的分析也可采用多层线性模型(Hierarchical Linear Model, HLM,参见 Raudenbush & Bryk, 2007/2002,《多层线性模型》,郭志刚等译,社会科学文献出版社)来进行。但是在笔者看来,HLM 固然可以处理很多元分析性的数据,但是不全面。元分析软件的功能相对更大一些。

四、元分析为什么在社会学中难以应用

目前,相对于在医学领域的应用,元分析在国外社会学界的应用也比较少,在我国社会学界更少见,其原因可能有如下几个方面。首先,元分析是一种较新的研究方法,国内社会学界对元分析的了解比较少。其次,元分析研究对文献的数量和质量有一定的要求,而国内社会学研究无法满足这两个基本要求。由于目前我国社会学者数量有限,对某个问题的研究也在研究数量上无法达到元分析的要求。最后,研究的质量参差不齐,即使目前国内在某个问题上的研究数量相当多,但由于相关研究在质量上参差不齐,限制了元分析研究的应用。

综上所述,要推动元分析研究在国内社会学中的应用,需要学术界积极介绍元分析技术,引入元分析的专著及文献。就此而言,我们应该向国内心理学界和教育学界学习,因为心理学和教育学领域出版的教材和专著已经有一些章节专门介绍元分析法,关于元分析的专著也在零星出版。我们期望,随着国内社会学界关于同一类问题的高质量定量研究的不断出现,元分析方法也逐渐被积极应用。

翻译分工

　　本书的翻译是集体合作的结果,具体分工如下。陈卓翻译第2章;张玉娟翻译第3,4,5章。卢杨旭翻译第6,7章。刘永根翻译第8章,附录A,附录B。吴春莺负责第1,2,3,4章的译校,并对全部译稿进行了校对,加入少量译者注。刘军翻译第1章、附录C、附录D、附录E,并负责全书的译校、定稿工作,加入大部分译注。感谢重庆大学出版社的编辑们,他们的严谨与认真使本译著增色颇多。本书涉及比较多的专业术语,译文不当之处,请读者发信 liujunry@163.com 加以指正。

刘　军

2018 年 6 月

参考文献

[1] 何杰,刘树贤,刘殿武. Meta-analysis 方法的研究进展[J]. 河北医科大学学报,2000(3).

[2] 赵宁,俞顺章. Meta-analysis:一种新的定量综合方法[J]. 中国慢性病预防与控制,1993(6).

[3] 彭少麟,郑凤英. Meta-analysis:综述中的一次大革命[J]. 生态学杂志,1999(6).

[4] 陶峻. Meta-analysis 方法浅析[J]. 统计与决策,2006(9).

[5] 郑凤英,彭少麟. 元分析中几种常用效应值的介绍[J]. 生态科学,2001(6).

[6] Lipsey, M. W. , &, Wilson, D. B. 2001. *Practical Meta-Analysis*[M]. London：Sage Publications. (实用数据再分析法. 刘军,吴春莺,译. 重庆:重庆大学出版社,2008.)

[7] Goldschmidt, R. ,2006. *Possibilities and limits of meta-analysis in the sociology*. In http://www. fisoz. uni-koeln. de/www/fileadmin/docs/events/meta-analysis/presMETAGENA. pdf.

[8] 宋佳萌,范会勇. 社会支持与主观幸福感关系的元分析[J]. 心理科学进展,2013(8).

致　谢

　　感谢史蒂夫·莱夫(Steve Leff)和他的"人类服务研究所"(HSRI)[1]的同事们,是他们促成了最初的元分析"工具箱",该工具箱已经得到推进并融入本书中,感谢他们在提升最终软件产品方面给予的帮助。感谢桑德拉·乔·威尔逊(Sandra Jo Wilson)慷慨惠允我们分享关于未成年触法者挑战(Juvenile delinquency challenge)项目的元分析例子,这是本书通篇使用的例子;向威尔·沙迪什(Will Shadish)致谢,他在本书的手稿改进阶段提出了宝贵的建议和激励;感谢吉姆·德宗(Jim Derzon)在许多元分析项目上与我们的热情合作,这些项目加深了我们对这个领域的理解;谢谢劳丽·塞缪尔斯(Laurie Samuels)不辞辛劳编制索引。最后,出席我们的讨论班和专题研讨会的同学们对本书草稿的各种版本贡献良多,感谢他们耐心、得体的编辑协助。

---

[1]　HSRI 是成立于 1976 年的非营利性机构"人类服务研究所"(Human Services Research Institute)的缩写。该研究所的宗旨是帮助政府加强精神健康方面的服务。——译者注

献给比尔·加维(Bill Garvey)，如在自己的工作室中一样，他在研讨室中绘制了一幅大图。

——马克·W.利普西

苏(Sue)付出了全部的爱和支持，本书献给她。

——戴维·B.威尔逊

目　录

第 1 章

导　论

1952 年,汉斯·艾森克(Hans Eysenck)论证了精神疗法对患者没有什么有益的效果(Eysenck,1952),从而在临床心理学领域引起了一场激烈的争论。到 20 世纪 70 年代中期,涌现出了数以百计有关精神疗法的研究,其结果既有积极的,也有无效的,甚至消极的,回顾这些研究无助于解决这场争论。为了评价艾森克的观点,吉恩·V.格拉斯(Gene V. Glass)对 375 项有关精神疗法研究中的治疗组-控制组之差(treatment-control difference)在统计上进行了标准化和平均化处理,他称自己的方法为"元分析"(Meta-analysis)。他和同事玛莉·李·史密斯(Mary Lee Smith)在现已堪称经典的论文中阐述了他们的研究成果,结论认为精神疗法确实有效(Smith & Glass,1977)。艾森克不相信这种方法,称之为"超级愚蠢的操练"(an exercise in mega-silliness)(Eyesenck,1978),并进而试图质疑该方法。尽管艾森克和其他学者都持批判态度,但元分析法如今已被广泛接受,并成为行为科学、社会科学和健康科学领域中用来汇总经验研究结果的一种方法。

大约在格拉斯研发他的元分析法的同时,罗森塔尔和鲁宾(Rosenthal & Rubin,1978)在人际关系的预期效果领域,施密特和亨特(Schmidt & Hunter,1977)在职业测试(employment tests)的效度推广领域也分别开发着与这种综合研究相类似的一些统计方法。**元分析**这个专有名词涵盖了由以上这些及其他学者提出的所有综合性的定量研究方法和技术。自 20 世纪 70 年代的开创性研究以来,学术界又出现了数以千计的元分析研究,并且在元分析的方法论方面也有诸多重大进展。

元分析法的应用情境

可以把元分析理解为一种形式的调查研究,不过在这种研究中,调查对象是一些研究报告而不是人。这需要研制一种编码表(调查计划书,survey protocol),需要收集到由多项研究报告构成的一个样本或总体,其中的每一项研究都要被它的编码员"访谈",编码员会认真地阅读研究报告并对有关其特征和定量结果的信息进行编码。然后利用常规统计技术的特定修正技术分析出现的数据,以便探究、描述在所选择的一系列研究的各项结果中出现的模式。

在从各个学科选择出来的多种学术研究中,有多种方法可用来汇总、整合和解释学术成果,元分析不过是其中的一种,并且它有一种重要的,但在某种程度上是限定性的应用领域。第一,元分析仅适用于经验研究,不能用它来汇总一些理论性的论文、常规性的研究综述以及政策建议等。第二,它仅适用于产生了定量结果的经验研究,也就是说,这些研究利用了变量的定量测量,汇报了诸多用来汇总最终数据的描述统计量或推断统计量。上述规定就排除了质性形式的研究,如个案研究、民族志研究和"自然主义"的研究。第三,元分析是一种对汇总研究结果的诸多统计量进行编码和分析的技术,这些统计量典型地出现在一些研究报告中。如果能够得到我们感兴趣的研究的全部数据集合,那么通常在这种情况下直接采用常规的步骤来分析它们即可,用不着对一些汇总性统计量进行元分析。

另外,由于元分析关注的是不同研究结果的聚集和比较,因而有必要保证对这些研究结果的比较是有意义的。这意味着这些结果必须:(a)在概念上具有可比性,即处理的是相同的构项(constructs)和关系;(b)以相似的统计形式呈现。例如,在有关抑郁症治疗效果的一系列研究中,如果能够判断各种治疗手段之间可进行有意义的比较,并且治疗结果采用相同的基本形式——例如都是对治疗组和控制组的抑郁对比进行测量,那么在这种情形下,可以对这些研究进行元分析。在同一种元分析中一般不包括具有显著差异的主题,例如把对抑郁症治疗手段的研究和空间可视化的性别差异研究放在一起进行元分析,这就是不恰当的。在元分析中这一点经常被指称为"苹果和橘子"问题,即试图对那些实际上处理不同构项和关系的研究进行汇总和整合。

与之类似,把来自不同研究设计并以不同的统计量形式呈现的诸多研究结果组合起来,即便这些研究处理的是相同的课题,一般来讲这也是不适宜的。例如,利用治疗组和控制组之间的比较而进行的抑郁症治疗的实验研究通常不会与观察研究结合在一起,后者探讨的是抑郁程度与接受的服务之间的关系。虽然这两类研究在某种形式上都涉及抑郁症与治疗方式之间的关系,但是它们在研究设计、构成这些研究结果的那些定量关系的实质,以及那些结果的含义等方面的差异如此之大,以至于很难将它们整合在同一项元分析中。当然,有学者可能针对每类结果分别采取适当的步骤,进而对实验研究结果和相关研究结果分别进行元分析,并且围绕这两种元分析得出结论,这样做是合理的。

一项元分析中包含的研究结果集合必须源于实践和概念上具有可比性的研究设计,元分析用各种"**效应值**"(effect sizes)的形式来代表每项研究的结果。一个效应值就是一个统计量,它对来源于每个相关研究结果的关键定量信息进行编码。不同类型的研究结果通常要求不同的效应值统计量。例如,相对于那些在因变量的均值上对多组对象进行比较的研究来说,那些生成双变量关系的研究更能够利用不同的效应值统计量来进行元分析。与之类似,有些研究结果针对单个对象样本汇报出前—后均值差,这些结果仍然要使用一个不同的效应值统计量,并且还有另外一些更专业的统计量。

在已知各种统计形式具有可比性的情况下,需要界定哪些研究结果在概念上具有可比性并可用于元分析。在一个研究者看来是截然不同的结果对另一个分析者来说却可能相似。例如,格拉斯对心理治疗有效性的元分析(Smith & Glass,1977)就受到了批评,因为他把来自性质完全不同的领域,如认知行为学、心理动力学、格式塔心理学等的诸多疗法结果混合在一起。格拉斯声称,他致力于考察类型广泛的各种心理疗法的总体有效性,并对不同的类型进行比较,因此在元分析中必须表述出所有类型的结果。另外一位分析者的兴趣范围可能稍小一些,例如他可能仅针对恐蛇症脱敏疗法的研究结果进行元分析。然而,无论哪种情况,分析者都必须对兴趣的范围有一个界定,并且阐明把哪些研究包含在元分析之内,哪些排除在外。其他人可能批评这种界定和阐述,但是只要这些界定和阐述是明确的,那么每位评论者会自行判断这些做法是否有意义。

效应值—— 一个关键概念

假定一系列定量研究结果处理的是同一个课题且包含了可比的研究设计,那么对于想把这些结果编码成一个数据库,从而能够进行有意义的分析的学者来说,还存在一个重要问题。除了个别例外,这种研究的一些关键变量将不会使用相同的操作化(测量步骤)。例如,假设我们选择了针对抑郁症治疗的有效性的群体对比研究。有一些研究可能使用贝克抑郁量表(Beck depression inventory)作为结果变量,某些可能使用汉密尔顿抑郁自评量表(Hamilton rating scale for depression),一些可能使用治疗者对抑郁的评估,还有一些研究可能采取这种构项的其他特殊但合理的测量。这些差异很大的测量产生了诸多不同的数值,而这些值仅仅相对于所使用的特定操作化和量表来说才是有意义的,那么以什么方式对它们的定量结果进行编码,从而允许对结果在统计上进行组合和比较呢?

答案与元分析的本质特征有关,实际上,这种特征使元分析成为可能,并且展现了整个元分析过程据以围绕的轴心。在元分析中,用来对不同形式的定量研究结果进行编码的各种效应值统计量是以"**标准化**"这个概念为基础的。效应值统计量对诸多研究结果进行统计标准化,从而使得到的数值在涉及的全部变量和测度中保持一致,具有可解释性。这种情境下的标准化与我们在测验和测量中谈到的标准分值具有同样的意义。例如,我们可能把数学测验的分数转换成百分数,或在一个样本值的标准差基础上转换为标准化的 z 值,从而能够与另一类变量,如阅读成绩进行有意义的对比。约翰尼(Johnny)的数学成绩可能处在第 85 个百分位上,而在阅读方面则仅仅在 60 个百分位上。

与这种方式类似,在元分析中,最常用的一些效应值统计量要基于所关注的测度值的样本分布的变异进行标准化。因而,与治疗者的平均评价值以及所有其他关于抑郁症的此类定量测度一样,贝克抑郁量表中治疗组和控制组之间的均值差也可以用标准差单位来代表。在标准差单位的量纲中,我们可以对来自不同测度和操作化的结果进行组合和比较。利用贝克抑郁量表的一项研究可能表明,治疗组和控制组之间的差是 0.3 个标准差,而对于采用治疗者自己的评价值的一项研究来说,该差值也许是 0.42 个标准差。假定这两个样本据以抽取的总体是相同的,我们就可以比较这些数字,在统计分析中用它们来计算均数、方差、相关系数等值,并通常把它们看成代表同一事件的有意义的指标。就本案例来说,相对于估计到的总体抑郁变动量而言,治疗组中调查对象所体验到的抑郁量之差就是有意义的指标。

因此,元分析的关键在于定义一个效应值统计量,它能以标准化的形式代表一系列研究得到的定量结果,从而允许在各项研究之间进行有意义的数值比较和分析。这里存在许多种可能性。一种基本形式的效应值就是把研究结果进行二分处理,分成在统计上显著和不显著的结果,稍有不同的另外一类效应值便是针对每一种统计显著性检验的 p 值(如 $p = 0.03$, $p = 0.50$)(Becker,1994)。然而,这些都不是非常好的效应值统计量。较好的统计量应该既表征关系的**大小**,又表明其**方向**,而不仅仅是统计上的显著性。另外,它们是被明确界定的,从而相对来讲很少与其他问题如样本量等混淆在一起,尽管样本量在显著性检验的结果中是举足轻重的。

为了给有待考察的一系列研究中特定的研究设计、定量结果的形式、变量和操作化等提供恰当的标准化,元分析者应该利用一种效应值统计量。在某种情境下,可利用多种效应值统计量,但是在实践中,只有少数被广泛应用。经验结果可归为许多类,而大多数结果都落入其中的一类,学者们针对此类已经提出并广泛认可了一些特定的效应值统计量和相关的统计程序。第3章将定义一系列有用的效应值统计量以及它们最适用的研究情境。

元分析的优势

为什么人们应该考虑利用元分析法来总结并分析一批研究成果,而不采用常规的研究综述技术? 总的来说,如下四个原因构成了元分析的主要优势。

第一，元分析程序向研究结果的汇总过程施行一种有用的准则。好的元分析本身被实施成为一种结构化的研究技术，因此要求对各步骤都要进行记录并接受审查。它包括制订标准，由它来界定所讨论的研究结果的总体，还包括有条理的研究策略，进而区分并搜索合格的研究，对研究特征和结果的正式编码，以及对数据进行分析以便支持得到的结论。通过这种明确并系统的研究总结过程，研究者就能评估作者的假定、程序、证据和结论，而不是无条件地相信结论的正确性。

第二，元分析法表征着一些重要的研究结果，相对于依赖定性总结的常规研究综述程序或者依赖统计显著性的"唱票法"（vote-counting）而言，元分析法的表征方式更为独特和复杂。对于一系列研究中的每种相关的统计关系来说，通过对其大小和方向进行编码，各个元分析的效应值便构成一个变量，该变量易受到质量不同的各项研究结果的影响。相比之下，可用统计显著性来区分那些发现了效应的研究和未发现效应的研究，这种做法容易引起误解。统计显著性既反映了所估计的效应的大小，也反映了围绕该估计值的抽样误差，而后者几乎就是样本量的一个函数。因而，由于低统计功效，小样本研究可能发现一定数量虽在统计上不显著，但却有意义的效应或关系（Lipsey，1990；Schmidt，1992，1996）。

第三，元分析法还能够发现一些隐藏在其他汇总性研究中的效应或关系。对多项研究结果进行定性的、叙事性的总结尽管包含丰富的信息，但它本身却不能对各项研究间以及各项研究发现之间的差异进行细致的审查。然而，在元分析中，通常的做法是对诸多研究特征进行系统的编码，这允许对研究结果和诸如回答者的特征、治疗的性质、研究设计、测量程序这样的研究特征之间的关系进行一种解析性的精确考察。进而言之，通过估计每一项研究中的效应值，汇总各项研究中的估计值（对较大的研究给予较大的权重），元分析就会比个体研究产生拥有更大统计功效的综合性的效应估计值。因此，在诸多研究之间达成共识的一些有意义的效应和关系，以及关系到各项研究之间的差异的差分效应（differential effects）都更容易被元分析法而非不太系统的、解析性的方法所发现。

第四，元分析用一种有序的方式处理来自有待汇总的大量研究结果的信息。当研究的项数或者从每一项研究中提取出来的信息量超过某个相当低的临界值时,记笔记或索引卡片编码等方法就无法有效地记录全部细节。相比之下,元分析法的系统编码程序,以及为了记录结论信息而构建的计算机化的数据库就几乎拥有无限的容量记录来自每一项研究的详细信息,并且能够包含大量的研究。例如,由本书作者之一进行的一项元分析就生成了一个数据库,它包含了大约500项研究,每项研究都用150多项信息来记录(Lipsey,1992)。然而,我们马上就补充的是,元分析不要求有大量的研究,它在某些情况下可有效地应用于少至两项或三项研究结果的分析之中。

元分析的劣势

元分析法不是没有劣势的,来自某些领域的严厉批评也主要集中在这方面(Sharpe,1997)。元分析法的一个劣势无非是它需要相当数量的努力和专业技术(Sharpe,1997)。如果按照严格要求去做,那么相对于常规的定性研究综述来说,针对数量比较大的研究结果进行元分析是费时费力的。另外,元分析的许多方面都要求有专业知识,特别是恰当的效应值的选择和计算及应用的统计分析等都需要专业的知识。当然,本书的宗旨是在实践层面上将这些专业知识提供给那些对此感兴趣,并希望执行或理解元分析的人士。

对元分析的另外一个关注点涉及它的结构化和稍微机械性的程序,从另一方面讲可以把这一点看成它的强项。对于某些应用(一些批评者认为是对于全部应用)来说,对来自各项研究的数据要素和效应值进行的相对客观的编码,以及此类数据所诉诸的分析类型,也许对一些重大问题不敏感,如研究所处的社会环境、理论影响和含义、方法论性质,有关设计程序或结果的比较微妙或复杂的方面等。相对于前文所说的调查研究来说,元分析是致力于对诸多研究结果进行汇总的一种结构性、封闭式的问卷研究。某些调查的实施则要求一种比较开放的方式——如无结构式的访谈或焦点团体等来考察某些主题的复杂性或精巧性。也完全有可能针对某些研究问题要求更多的定性评估和总结,而这是元分析所不能满足的。当然,为什么在同一系列研究结果中不能同时进行元分析性和定性的汇总并从二者中得到总的结论,原则上讲没有什么原因不可以这样做。有一种元分析方法,即斯莱文(Slavin, 1986, 1995)所说的**最佳论据综合法**(best evidence synthesis)试图做的工作就是在同一项研究综述中把定性的和定量的综述技术组合在一起。

对元分析的最持久的批评可能在于它把各类研究混在一起(前文已经提到苹果和橘子问题)。批评者根据某种正当的理由论证指出,元分析法会产生一些平均效应值和其他诸如此类的汇总性统计值,如果这些统计量是对一些不可比的研究结果汇总,那么它们是没有意义的。例如,如果把有关药物滥用者的镇静剂维持、社会技能的性别差异和工会化对职工士气的影响的研究结果混在一起,进而构建各个效应值的分布,那么这种做法的意义就不大。另一方面,很少有人会反对对本质上来自同一项研究的多次重复得到的结论进行元分析。无论如何,大多数批评者在这一点上已经远远没有那么极端了。当元分析者把那些明显是非重复的,但据称与一个更广的主题有关的研究结果包含在内时,中间的灰色区域就变得富有争议了。如前文所指出的那样,史密斯和格拉斯(Smith & Glass, 1977)在开创性的元分析中把范围广泛的多种精神疗法研究包含在一起,理由是他们对精神疗法的总体有效性问题感兴趣。但是,他们也受到一些研究者的尖锐批判,这些研究者看到不同疗法之间以及不同结果变量之间存在着巨大差异,同时也感觉到,对于诸如行为疗法、心理动力疗法和格式塔疗法这样性质截然不同的研究,以及诸如恐惧和忧虑、自尊、总体调整、情绪—体质问题以及工作和校园活动等这样各异的结果,利用平均效应值来汇报它们就会引起误导。

当然,当来自不同类型的研究结果被平均化为一个总的平均效应值的时候,问题才会出现。希望处理大课题的元分析者越来越倾向于把他们的课题作为比较性的而非聚合性的任务来研究。当元分析在表述多项性质截然不同的研究结果的子类时,可以把它们分别取出,也可以分别报告各个效应值的分布以及相关的统计量,从而允许在它们之间进行比较。另外,元分析技术的发展也使得对同质性进行统计检验成为可能,进而决定来自各类研究的一组效应值表现出来的变异量是否比仅来自抽样误差的期望变异量多。它也提供了一种经验检验,即这些研究是否表现出如此异类的结果,以至于似乎不能假定它们是可比较的。换言之,当代的元分析法越来越专注于效应值分布的方差而非均值。也就是说,关注的主要问题常常与区分出各项研究结果的差异的来源有关,而不是把各个结果聚集成一个总的均值。这个着重点为处理研究结果性质不同的子群提供了更为细致的办法,也不易招致关注这种区别的恼人的批判。

还有一个相关的、更加麻烦的问题在于,在同一项元分析中把方法论质量有别的多项研究结果混在一起。一些批判者论证道,一项综合性研究应该仅仅依据最高质量的研究结果,而不应该把那些在方法论上存在缺陷的研究结果包含在内,因为这会降低研究的质量。的确,在需要囊括哪些研究方面,某些元分析方法设定了非常严格的方法论标准,例如前文提到的最佳论据综合法(Slavin,1986)。导致这一点富有争议的原因在于,不管元分析者采用何种方式,总需要进行棘手的权衡和判断。一个困难在于,构成方法论性质的因素是什么,除了可用几个简单的标准加以判断之外,研究人员之间很少达成共识。此外,很少有研究领域会提供所有评论者一致认为在方法论上完美的研究结果,并且其数量多到可进行有意义的元分析的程度。许多研究领域,特别是那些涉及应用性课题的领域,实际上不能提供完美的研究,并且那些与教材中的标准最接近的研究也许不是在元分析者最感兴趣的典型性环境中开展的。例如,在方法论上严格的精神疗法研究通常出现在示范性项目和大学诊所之中,而不是在常规的心理健康实践中(Weisz,Donenberg,Han & Weiss,1995;Weisz,Weiss & Donenberg,1992)。因而,我们在某些问题上拥有的大多数知识都存在于在方法论上是不完善并可能引起误解的研究中。对于那些被判断可理解但有缺陷的研究结果来说,元分析者必须决定在多大程度上包含这样的结果,因为他知道,放松方法论标准也许会导致"垃圾进,垃圾出"(garbage in, garbage out)这样的嘲笑性的非难,而严谨的标准则可能排除大量或者绝大多数关于主题的现成的证据。

关于这个问题,出现了两种解决方法。一种是继续保持严格的方法论标准,这就要接受如下后果,即严格的方法论标准将限制包括在元分析之内的现有及相关研究结果的比例。在这种情况下,元分析者能够保证这种综合根据的仅仅是"最佳"证据,但是其结果也许只是对范围狭窄的研究领域的总结,并且结论的推广性小。另一种方法是将各项研究之间的方法论差异看成元分析的一部分,是需要研究的一个经验问题(Greenland,1994)。这种情况下只需要不很严格的方法论标准,但是元分析者需要对可能影响研究结果的方法论特征进行认真的编码。而某阶段的统计分析会探究各种方法论特征在多大程度上与研究结果相关联(如在治疗研究中,对象的指定是随机还是非随机的)。如果一项有争论的方法论实践与研究结果没有可论证的关系,那么对应的结果就包括在最后的分析中,这样做的好处是可以获取它们包含的证据。然而,如果有争议的实践结果明显不同于没有该争议的实践结果,就可以把它们从最终结果中排除,或者只在统计调整校正其偏差后才可以利用。

元分析法的近期历史与当代应用

最早出版的针对不同研究结果的定量综合性研究可追溯到 1904 年,当时卡尔·皮尔逊(Karl Pearson)①分别计算了 5 个独立样本中伤寒接种(inoculation for typhoid fever)和死亡率之间的相关系数,并求出均值(Cooper & Hedges, 1994)。然而,如本章开头提及的那样,现代的元分析领域开始于格拉斯关于精神疗法的研究(Glass,1976;Smith & Glass,1977;Smith,Glass & Miller,1980),施密特和亨特(Schmidt & Hunter,1977)关于职业测试的效度系数的研究,以及罗森塔尔和鲁宾(Rosenthal & Rubin, 1978)关于人际期望效应的研究。

主要在这些迷人的应用的激励下,下一个发展阶段主要关注元分析的方法论和统计基础。该阶段开始于 20 世纪 80 年代初,其标志是出版了大量有关各种版本元分析的概念、方法和统计理论的长篇评述(Glass, McGaw & Smith, 1981;Hedges & Olkin, 1985;Hunter,Schmidt & Jackson,1982;Light & Pillemer,1984;Rosenthal,1984;Wolf,1986)。这些文献提供的实用性和方法

---

① 卡尔·皮尔逊(Karl Pearson,1857—1936)是英国著名的哲人科学家,是 19 和 20 世纪之交罕见的百科全书式的学者,也是一位身体力行的社会改革家、统计学家。——译者注

论的指导连同开创性工作所激发的兴趣一起,共同导致了针对元分析法的应用和评论的激增。元分析法在社会科学领域,特别是在教育学和心理学领域迅速传播,在健康科学领域更是流行起来,学者的热情极高,并将其制度化为整合临床实验研究结果的首选方法(Chalmers et al., 1987;Olkin, 1992;Sacks et al., 1987)。

　　与此同时,另外一代更加精致的方法论和统计研究进一步扩展并加强了元分析的基础(如 Cook et al., 1992;Cooper, 1989;Hunter & Schmidt, 1990b;Rosenthal, 1991)。上述这些工作的高峰是在罗素赛奇基金会(Russell Sage Foundation)的赞助下出版了《综合性研究手册》(*Handbook of Research Synthesis*)(Cooper & Hedges, 1994),其中的 32 章纲要性文献实际上覆盖了元分析的每个方面,其作者也是该领域的一群卓越的开创者。在这种知识背景之下,本书的任务即在于整合最新的方法论方面和统计方面的工作,并将其转译为一本具有可操作性的指南,用于对社会科学和行为科学的经验研究结果进行最前沿的元分析。

本书概要

　　通过对效应值数据的分析和阐释,第 2—8 章提供了进行元分析的操作指南。第 2 章讨论如何形成一个课题,如何区分相关的研究以及回收这些研究的报告。第 3—7 章探讨如何对各项研究进行编码以及如何组织并分析得到的数据。为了展示元分析的各个方面,我们构造了一个由 10 项研究构成的例子,它们都是关于"挑战"项目对未成年人触法(juvenile delinquency)的效果的研究①。这些挑战项目采用一些对身体的挑战,如攀岩或野外生存训练等作为改变态度和行为的一种手段(稍后详谈)。

　　本书旨在对元分析进行简明的介绍。我们的目标读者是那些在行为科学和健康科学中希望熟练运用元分析法的研究生和专家。大多数现有关于

①　这种元分析是由桑德拉·乔·威尔逊(Sandra Jo Wilson)提出来的,感谢她欣然惠允该例用在本书中。

元分析的著述要么技术性太强,要么技术已经过时。我们努力提供最先进的元分析训练技术,尽量让本书简单易懂,使任何对统计学和研究方法有基本了解的人都能够理解。对背后更技术性的统计理论和在进行中的论辩感兴趣的读者可参见(Cooper & Hedges,1994;Wang & Bushman,1998)。另外,我们设法在这种综合过程的所有方面都提供实践性的指导,而这在有关该主题的其他大多数著述中没有很好的论述。

第 2 章

问题指定和研究回溯

与任意研究类似,元分析也应开始于详细陈述即将研究的题目或将要回答的问题。这种陈述会指引着对调查研究的选择,对来自这些研究的信息的编码,以及对结果数据的分析。问题陈述要求直接、完整,但在该阶段不需要非常详细(在确定了合格标准之后需要详细陈述问题,后文对此将有讨论)。对于我们将使用的挑战项目研究例子来说,用于该例子的问题陈述如下:

> 挑战项目在降低有行为问题的未成年人后来的反社会行为方面起到多大作用?最有效的和最无效的项目有哪些特征?这些项目对其他结果,如与朋辈的关系、控制点和自尊等有积极的影响吗?

注意,这种问题陈述初步指定了所关注的研究文献(有关挑战项目对有行为问题的未成年人的影响研究)、感兴趣的主要自变量类别(项目的特征)以及关注的关键因变量(反社会行为、人际关系、控制点和自尊)。

辨别需要进行元分析的诸项研究结果的形式

定量研究结果可采取多种不同的形式。元分析者感兴趣的形式可能是组均值之差、变量间的相关系数、特定类别中观察项所占比例等。与元分析者提出的题目或问题相关的研究结果最终必须用某种效应值统计量(effect size statistic)来编码。因此,为了相互比较并且进行有意义的分析,必须使用**相同的**效应值统计量对一项既定的元分析中的**全部**结果进行编码。因此,元分析者必须辨别出与元分析题目有关的研究结果的形式,并且确保能用一个共同的效应值统计量来表征。否则,应该对所关注的研究结果进行分类,以便区别出那些要求有不同的效应值统计量的结果,并且对得到的各个类别分别进行元分析。

本书第3章描述的是元分析者可能用到的各种效应值统计量。现在我们仅关注与元分析者想要探究的主题或问题密切相关的研究结果的一般形式。尽管某些研究结果的形式可能用元分析中广为应用的一些效应值统计量[如标准化的均值差、相关系数和机率比(odds-ratio)]来表征,不过其他形式则要求更专业的效应值统计量,这是需要特殊开发的,并且这种统计量即便在当代前沿研究中也可能开发不出来。带着这种看法,我们提供一个简单的列表,列举出某些研究结果的形式。这些结果通常可用元分析者在一般性应用中构造并描述的一些"唾手可得"的(off-the-shelf)效应值统计量来表征。

集中趋势描述。此类研究发现描述的是在单个回答者样本基础上测量得到的一个特征。该变量的各个值的分布用代表其集中趋势的某个统计量,如均数、中位数、众数或比例等来汇总。例如,某项调查研究可能报告在一个指定样本中经历过偏头痛的妇女所占的比例。如果各种各样的研究在大量的样本中都提供了这种研究发现,那么就可以用元分析技术来总结这些发现在各个样本中的分布,并且分析它们与各种研究和样本特征的关系。在这种研究中,**如果所关注变量的操作化在全部研究发现中都相同**,那么大多数描述集中趋势的常见统计量都能被设定成在元分析中使用的效应值统计量。也就是说,所有的研究都需要使用同样的测量方法,如可利用贝克抑郁量表对多个未成年人药物滥用者样本进行一系列研究,以便测量其平均抑郁水平。

前-后对照。来自单一样本的另一种形式的研究发现是把在一个时间上测量的某个变量的集中趋势值(如均数或比例)与在另外一个时间上针对同一个变量测量得到的集中趋势值进行比较。其目的经常是考察变化,例如,对于一个儿童样本来说,他们在学年结束比学年开始时阅读成绩有多大提高?通常情况下,用来表征这种发现的描述性统计量或者直接用两个集中趋势值之差来表示,或者用每个回答者在时间1的取值和时间2的取值之差的集中趋势来表示。为了普遍用于元分析,贝克尔(Becker,1988)构造了表达前-后对照的效应值统计量,即标准化的均值之差,至于其他更专业的一些统计量也易于构造。

组间对比。这类研究结果涉及在两个或多个回答者群体之上测量得到的一个或多个变量,并进行组间对比。通常汇报的描述统计量是集中趋势值,如均值和比例,在此基础上对各组进行比较。元分析者感兴趣的组间对比研究有如下两种形式:

(a)实验性或临床试验研究。在这种情况下,被比较的应答组(respondent groups)代表在一项实验或准实验中的条件,如一个治疗组和一个控制组。可以把实验组和控制组在一个结果变量值上的对比解释为治疗的效果。例如,在我们的挑战项目研究例子中,各项研究都比较了参加挑战项目的一组与不参加项目的控制组的结果。

(b)组间差研究。在这种场合下,需要根据某种基准(而不是所指派的实验条件)区分出待对比的各个应答组。用来区别小组的诸个特征也许是自然发生的,也许由研究者或某些其他社会机构来界定。例如,性别差异研究会在某些选定的变量上比较男性和女性。与之类似,某项研究也可能比较其他多个人口统计组、患者的不同诊断类型等。某种研究关注的是有学习障碍的学生和无学习障碍但接受能力差的学生之间在阅读能力方面的差异,这种研究得到的结果即属于此类。

不论是实验研究还是组间差研究,从中引出的、涉及两组对比所得的研究结果的效应值统计量都在元分析中有论述并被广泛使用(Rosenthal,1994)。的确,元分析最经常应用于此类研究结果,特别是用来评价治疗或干预效果的实验研究。如果所讨论的问题是三个或更多组之间的比较,那么可以两两相比,但是不存在对三个或多个小组同时进行比较的通用技术。

变量之间的关联。此类研究结果代表着回答者在两个变量上的协变,目的是确定二者之间是否存在关联。例如,此类研究可能考察家庭的社会经济地位和小学生数学成绩之间的关系。此类结果可能用相关系数来报告,或用源于变量交互表的某些关联指标,如卡方系数、机率比、λ系数等来报告。在

这种常见的研究类别中,也存在如下两类相当独特的变体,元分析者也常常对它们感兴趣:

(a)测量研究(Measurement research)。在此类研究中,待研究的关联涉及测量工具的特征。例如,一个检测—再测信度系数(test-retest reliability coefficient)就代表这样一种相关。另外一类常见的情况是有关预测效度的研究,例如 SAT① 测试分数和日后大学成绩之间的相关系数就被用来评价 SAT 的效度,以便选出在大学中有可能表现好的学生。

(b)个体差异研究(Individual differences research)。这是一类更普遍的相关关系研究,它考察个体在所选择的特征或经验上的协变。例如,此类研究可能考察兄弟姐妹数量和智商之间的关系,酒精消耗和家庭暴力之间的关系,或高中生在家庭作业上的耗时和成绩之间的关系。

对所关注的两个变量之间的关联或相关性研究结果进行元分析是比较常见的,并且在这些情形下也有很多可用的效应值统计量(Hunter & Schmidt,1990b;Rosenthal,1994)。的确,在许多这样的应用中,积矩相关系数(product-moment correlation coefficient)本身就可以被设置成为一个效应值统计量。

上述每种形式的研究结果通常都可以用一种直接的方式进行元分析,这要用到下一章将讨论并确立的效应值统计量。此外,除了上述结果以外,其他形式的研究结果则难以进行元分析。在某些情况下,主要的研究结果不能轻易地用任何常见的效应值统计量来表征,但是其他汇报出来的数据却能。例如,多元回归分析的结果一般不能用一个效应值统计量来表示,但是一项研究也许会报告多元回归所依据的相关系数矩阵。从该矩阵

① "学术水平测验考试"(Scholastic Assessment Tests,SAT)是由美国大约 3 900 所大学共同组成的文教组织,即美国大学委员会(The College Board)委托教育测验服务社(Educational Testing Service,ETS)定期举办的世界性测验,作为美国各大学申请入学的参考条件之一。SAT 测验分为 SAT Ⅰ 和 SAT Ⅱ 两种。SAT Ⅰ 主要测验考生的英文程度及数学推论能力,可作为比较不同学校毕业生程度的参考;SAT Ⅱ 主要测量考生在某一学科的知识及其运用能力,共有英文写作、文学、数学、生物、化学、语言及听力测验等 22 种学科。考生每次最多可报考 3 科。——译者注

中选出来的双变量关系系数即可用作各个效应值;前文已经描述过,它们
构成的研究结果便是以变量之间的关联形式存在着。在某些情况下,一个
熟练的元分析者所给出的效应值统计量能够用于所关注的研究结果。然
而,因为充分可用的效应值统计量必须伴有充分的统计理论来指定它们的
标准误,所以,这种特定提法(ad hoc development)一般要求有高水平的技
能技巧。

尽管有一些形式的研究结果无法用已有的效应值统计量来进行元分
析,但是现有的大范围社会科学研究产生的结果还是采用了上文列举的形
式。主要的例外来自多变量分析,如多元回归、判别分析、因子分析、结构
方程模型等得到的结果。元分析者还没有开发出能够充分代表这种研究
结果形式的效应值统计量,并且这些统计量的复杂性以及各项研究在选择
变量方面的多变性也使得这项任务不可能完成。因此,本书将集中于上文
区分的研究结果形式的元分析,将全部其他类型的元分析留待其他更专业
的处理。

研究的合格标准

元分析者提出的课题一旦得到确定,并且清楚地认识到与该课题相关的
研究结果的类型,他的预期任务就可转向去识别适合进入元分析中的调查研
究。出色的元分析有一个特征,即研究者非常清楚由即将被考察和总结的研
究结果构成的总体是什么。这使得元分析的用户很容易明白自己感兴趣的
研究领域是什么,并且重要的是它也为在元分析中选择或拒绝哪些研究提供
了关键指导。

我们强烈建议未来的元分析者心中带着这些目的制订一份细致的书面
说明,具体指出如果一项研究的结果将包括在元分析中,那么该项研究必须
符合什么标准。合格的具体标准取决于元分析的主题,但对于大多数应用来
说,如下这些常见的类型应该被考虑:(a)一项合格研究的独特之处;(b)研
究对象;(c)关键变量;(d)研究设计;(e)文化和语言的范围;(f)时间架构和
(g)出版物类型。每一类合乎标准的这些细目将因元分析的不同而差异极

大,这要看综合的焦点和目的是什么,并且既可能是相对限定性的,也可能是具有包容性的。下面将对每一类进行讨论。

独特之处。与元分析的题目相关的一项研究有哪些特征? 例如,如果元分析论及干预的效果问题,那么一个重要特征就是干预的本质。因而,合格性标准可能指定一项干预必须拥有的相关特征,需要提供什么样的定义,甚至提供例子说明什么被包含在内及排除在外。如果元分析处理的是组间对比问题(如性别差异),那么这些标准将指定各个群体的性质以及待解决的比较是什么。如果元分析的课题处理的是两个构项之间的关系,那么该标准将界定那些构项,并指出如何对它们实现操作化。

研究的对象。在适用于元分析的一项研究中,提供数据的研究对象(对象样本)应该有哪些相关特征? 例如,相关的研究也许仅把未成年人(juveniles)作为研究对象,在这种情况下应该给出未成年人的定义(年龄在18岁以下,还是21岁以下? 未成年人和成年人混在一起的样本是怎样的?)与之类似,元分析者也许希望把合格的研究限定于那些带有其他人口统计特征的对象,在特定情境(如小学)发现的对象,出现或不出现特定征兆的对象,以及那些拥有特定文化(如仅讲英语),在特定地区居住的对象,等等。另外,元分析者的兴趣也可能要求他对研究对象的相关特征给予极有包容性的说明。

关键变量。在一项适合于进行元分析的研究中,必须表征的关键变量是什么? 例如,就干预或治疗研究来说,这个标准可能指的是一些特定的结果变量,用这些变量处理目标问题。在组间比较研究中,它也许指的是用来比较各组的那些关键变量。在相关研究中也许要求有一些协变量或控制变量,还要有在关键的相关关系中表征的一些特定构项,如前所述,这类相关关系由研究中的诸多特性来界定。另外,由于元分析是围绕着效应值统计量的编码来表征研究结果的,因此,一个必要的此类标准要求在一项研究中汇报大量的统计信息,以便计算或估计适当的效应值统计量或者其他有关关键变量的效应或关系的汇总性信息。

研究方法。哪些研究设计和方法论特征使得一项研究符合元分析的要求,哪些又不能? 当然,一个主要标准就是要指定相关研究结果的形式,本章前一节对此已有所讨论。例如,在干预研究中,这个标准必然关注实验设计并指明随机指派的控制组研究是否符合条件,还要关注各种类型的准实验等。并且,在任意一个既定的研究领域,各式各样的其他方法论特征或程序特点似乎也很重要。例如,元分析者可能仅希望在研究中包含双盲研究(double-blind studies),或有安慰剂控制的研究,或仅仅是预期性的研究,或那些使用特定的一系列有效并可信的测度的研究等。在这一点上,也许值得回顾一下第 1 章讨论的部分,即元分析者在设定方法质量标准时面对着诸多权衡。本节结尾部分将进一步考察这个问题。限制性标准使元分析以最佳研究为基础,但可能限制了合格研究的数量和范围。比较放松的标准可充分利用现有的研究,但也可能在元分析中引入误差或偏误。

文化域和语言域。即将包含在元分析之中的研究有怎样的文化域和语言域? 诸多研究是在多个国家,以多种语言进行的。元分析者应该指出,哪些研究与将提出的研究问题相关,并对不符合该研究问题的任何限制条件进行说明。例如,仅仅出于翻译上的实际困难,元分析者可能排除那些不是用英文报告的研究,这种情况也并非罕见。如果在这种限制性条件下生成的文化相对同质性适用于所研究的问题,就应该界定相关的选择标准。如果文化的或语言的限定性对于探寻研究问题来说不是必要的,那么在任何这样的限制性因素中存在的偏见和局限都应该作为元分析的一部分来加以考虑和说明。

时间框架。合理的研究所处的时间框架如果存在的话,它是什么? 元分析者可能仅对最近的研究感兴趣,例如,可能追溯到某种争论浮出水面之时,或追溯到某种方法、工具出现之时。或者对于感兴趣的特殊研究来说会有一个最适合的特定的时间段,例如有关 20 世纪 60 年代"性解放"期间的态度研究。伴随着上述文化和语言的标准,元分析者应该认真地考虑一个问题,即什么时间框架是适当的并给出标准,而不是进行武断的辩护。

出版物类型。何种类型的研究报告适合于元分析? 可行的报告类型的范围相当广泛,包括已出版的期刊文章、书、博士论文、技术报告、未出版的手稿、会议发言稿。如果对元分析中包含的研究报告的类型进行某种限制,那么这种限制应该是具体的、正当的。就前文提到的英文文献问题来说,元分析者在解决这个问题时经常只是出于方便,例如仅使用正式出版物,因为它最容易查找。有时候这种限定性的根据考虑的是,由于参考的是已经出版的文献,代表的是高质量的研究,这个标准因而代表方法论质量。但是这条根据通常不令人信服。在许多研究领域中未出版的资料也许与出版的资料一样好,并且在任何情况下,最好根据明确的方法论标准而不是出版状态来作出决定。更重要的是,众所周知,在已出版的研究中报告中的效应普遍比未出版的研究报告中的效应更大(Begg, 1994; Lipsey & Wilson, 1993; Smith, 1980)。从作者考虑是否为了出版而成文,到编辑判断是否出版它,这些决策都受到研究效应的大小和相关的统计显著性程度的影响(Bozarth & Roberts, 1972)。这意味着,把未出版的研究排除在外的元分析者很可能在即将被发现的效应值中引入偏高的误差。因此,根据出版物的来源来限定研究,这个合格标准应该加以非常认真的思考和充分的论证。

资料 2.1　针对未成年人触法行为的挑战项目进行元分析的合格标准

(a)**显著特征**。合格的研究必须包括应用挑战项目来降低、阻止或处理触法或与触法类似的反社会行为。挑战项目指的是那些在**如下两个**相互关联的维度上都利用体验学习的项目:挑战维度(身体方面的挑战活动或事件)和社会维度(与朋辈和/或项目成员的亲社会的或治疗性的互动)。如果新兵训练中心、非自然环境项目和无人居住项目等研究报告既显示出挑战维度,也显示出社会维度,它们就都是合格的研究。娱乐性项目(如午夜篮球、自行车俱乐部、其他运动项目)是不符合要求的,除非它们专门把挑战维度和社会维度组合在一起。那些目标只在于物质滥用,而不关注任何其他反社会或违法行为的挑战项目是**不**合格的(关于此元分析的合格研究特性的勾勒建立在如下基础之上,即对文献综述和挑战项目研究样本进行考察)。

(b)**研究的受访者**。合格的研究必须包含反社会的或触法的青少年(12 到 21 岁)作为治疗和比较的参与者。在某些研究中,项目的参与者不被特别界定为触法青少年或反社会的青少年,但是如果结果测度包括触法、反社会行为或与之关系紧密的因素(如愤怒控制),那么这些测度对于这种研究来说是合格的(这种元分析的关注点是反社会的青少年。大多数国家都把 12 岁看成青少年的开始,21 岁是成年的法定年龄,标志着青少年时期的结束)。

(c)**关键变量**。这些研究必须至少报告一个关于反社会行为或触法的定量的结果测度。该测度必须是行为方面的,不能依赖于未成年人的情感或态度状况。只有那些可从中计算出效应值的研究才是合格的(这种元分析的目的是考察挑战项目对反社会行为和违法行为的影响,因此,只有那些汇报了这种测度结果的研究才包含在内)。

(d)**研究方法**。各项研究必须使用一种控制组或对照组设计。控制条件可以是"常规治疗"、安慰剂、候选名单(wait-list)或者没有治疗。关键在于,控制条件不应该指为了产生变化而进行的一次突击性的尝试。一种治疗-治疗比较研究只有在如下条件下才是合格的,即明确地把一个治疗看成对另外一个治疗的控制,例如"常规治疗"对创新治疗。只有当在一个触法或反社会行为变量上有前测,或有一个与触法或反社会行为高度相关的变量(如性别、年龄、触法前科)时,针对非随机指定的各组进行的非对等的比较设计(nonequivalent comparison designs)才是合格的。单组的前测-后测设计则是不合格的[这个标准考虑到了把方法论质量高的研究(即随机设计的研究)和有充分数据的研究包含在内,以便评价有待比较的各组之间的相似性],把在方法论上模棱两可的研究(即缺乏前测或一个比较组非随机的研究)排除在外。

(e)**文化域和语言域**。各项研究必须在英语国家中进行,并且用英语报告(触法和反社会行为这些概念是嵌入文化之中的。因此,把来自不同文化的犯罪研究包含在内是不恰当的)。

(f)**时间框架**。只有 1950 年以来的研究才完全合格(该项标准把元分析限定在"现代"研究范围内,界定为第二次世界大战以来进行的研究。1950 年以前进行的研究被认为在很多重要方面有特殊之处,因为它们有不同的历史语境和该时代的研究范式)。

(g)**出版物类型**。出版物和未出版物都是合格的,包括所参考的杂志、未曾参考的杂志、博士论文、政府报告、技术报告等(既然此元分析的目的是对挑战项目效果的经验证据进行总结,并且已知出版物存在潜在偏高误差,因此所有合格的研究都被认为是合格的,不管其出版形式如何)。

就我们的例子,即挑战项目对未成年人触法的影响的研究来说,资料2.1给出了关于合格标准的陈述。它展示了一些必须考虑的问题,并且给出了一些细节方面的建议,以便高效地指导人们选择适当的研究。然而,我们应该警醒的是,首先提出来的合格标准很少不经过修正就符合要求。典型情况是,一旦着手探寻合格的研究就会发现,在某种标准之下某些研究的合格性是模棱两可的,或者向标准提出了挑战,因而需要重新考虑。如此看来,合格

标准是迭代的,它们随着应用于具体的候选研究所积累的经验而演变。当然,随着那些标准的变化,它们必须可追溯地应用于在此变化前所考察的任何研究中。

再论方法论质量

元分析者利用哪些方法论标准来选择研究,由于其中存在争论,又由于在确定适当的标准方面存在困难,因此我们需要对此额外加以讨论。我们认为如下几点可供考虑。

第一,如前文所述,很难确定一项元分析的方法论变化的范围有多大。涵盖较广的研究方式的优势在于有大量可资利用的研究,可以充分展现关于某个课题的现有研究,并且有机会在经验上考察方法特征和研究结果之间的关系。然而,不可避免的是,比较宽泛的方法论标准将包含一些在批判者看来不可接受的研究,并且如果没有仔细处理的话,那么确实可能产生错误的结果。另一方面,包容性较小的研究进路也有优势,即它的结果建立在最可信的研究之上。其代价是研究的样本量小,致使潜在有用的研究数据被排除在外,并且存在一种可能,即在方法论上比较严谨的研究是在非代表性的环境中开展的,产生的结果的可推广性有限。

第二,诸多研究发现在诸项研究之间的方法论差异方面通常是不稳健的。相对较少的一些元分析考察了研究发现和广泛的方法论特征之间的关联,这种研究通常会发现二者之间有强关系(如 Lipsey,1992;Schulz et al.,1995;Sellers et al.,1997;Shadish,1992;Weiss & Weisz,1990;Wilson,1995)。更成问题的是,最重要的方法特征不一定是那些被元分析者假定为最有影响的特征。因此,元分析者提出的方法论标准可能是重要的,但是事先很难知道哪些方法问题最重要。

第三,在社会科学和行为科学的研究文献中,有关方法论的报告的质量较差。多数报告往往在重要的方法论和程序问题上保持沉默或模棱两可,这使得分析者难以确定这些报告做了什么工作。因此,在为如何选择研究而制订精确和细致的方法论标准时,元分析者经常发现,诸多研究报告并没有为那些即将被可信地加以应用的标准提供什么充足的信息。

第四,方法论质量似乎主要是仁者见仁的事情(McGuire et al.,1985)。

只有少数人能够在一些方法论准则(有效测量、随机分配等)上达成一致,相反,在一个既定的研究领域中需要优先考虑哪些方法和步骤,研究人员通常不能达成一致,并且如果折中的话后果会多么严重,他们也没有达成共识。

第五,少数研究人员和元分析者制订了用来评价方法论质量的方案。尽管其中一些人缺乏共识,但他们还是在可能重要的方法特征方面提出了许多有潜在价值的建议。后文在讨论有关元分析的编码研究的时候(第4章),将包含其中的某些建议。要想获得进一步的信息,可查阅来源资料(如 Bangert-Drowns et al. , 1997;Chalmers et al. , 1981;Gibbs, 1989;Sindhu et al. , 1997;Wortman, 1994)。

第六,在关注研究的方法论特点时,在合格标准的严格性和对所选出来的研究进行编码的程度之间应该存在一种相互关系。在元分析中,合格标准越允许方法论方面存在大的变动,对大范围的方法论和程序的特征进行编码就越重要。那些编码为元分析者提供机会来考察采用不同方法的研究在多大程度上产生不同的结果,以及为了改进结论的有效性需要作出怎样的调整。

第七,尽管大多数元分析都集中于它们所总结的研究的一些实质性方面,但是元分析对于作为问题的研究方法本身也具有同等价值(如 Heinsman & Shadish,1996;Wilson,1995)。我们可利用元分析来考察在研究中使用的各种方法和那些研究发现之间的关系。因而,元分析提供了一个机会,即发现哪些方法论特征对于研究设计来说是重要的,哪些不重要。因此,未来的元分析者应该把方法论问题看成需要加以考虑的问题,而不仅仅考虑它们与合格标准的关系。

区分、锁定并回溯研究报告

对适合于元分析的诸多研究的合格标准给出认真、全面的陈述,这样就可以界定在元分析中包括的研究总体。一般不会出现如下情况,即该总体包含足够多的研究,以至于从提取的代表性样本中可获取估计的效率。另外,元分析者经常把诸项研究划分为各种各样的类别,每一类都要有足够多的研究,从而可进行分析和比较。因此,典型的情况是,元分析者要试图区分和回溯已定义的总体(而不是来自总体的样本)中的每一项研究。

在搜索合格的研究时,第一步是提出一个细致的记账系统,用它来记录诸多候选报告的鉴别过程、每个报告的搜索状态以及表明完成搜索后的结果。虽然可能用索引卡片来完成这项工作,但是使用计算机数据库程序如 FileMaker Pro, dBASE Ⅳ或 Microsoft Access 等却有很多好处。该记账系统应该被设定成一个有关每个条目的搜索状态信息的多领域文献目录。一旦根据在确定的时间内已有的信息判断出某项研究可能符合元分析的需要,由此获得一份参考文献,就在文献目录中加入新的条目。如果存在摘要,某些元分析者也把整个摘要加进来,或在一个交互关联的手册文件中独立建立一个副本文件。每个特定的目录项都应该被赋予自身特有的标识码(Identification number),以方便在元分析中将生成的其他各种数据文件交互引用。

在这些目录文件中还有其他的域,它们对描述性信息(如果有的话)进行编码,如引证的资料库、报告的种类(期刊文章、技术报告、博士论文等)。记录每个报告搜索进展的域可能利用的编码包括诸如“即将搜索”“在 X 图书馆中可获得”“在地方图书馆中没发现或没有”“通过馆际互借”“向作者请借”“从出售方 X 处订购”等,每个编码都有相关的域显示出它的状态最后更新的日期。在这个系列中,最后的代码将表明报告被检索的特定日子,或放弃查询并说明原因(如该研究被认为是不合格的,或找不到原文件,从而无法得到报告)。要对这种记账系统进行认真的维护,这不仅有助于元分析者组织一次详尽的查询,还为其提供了这样一份记录,即被考虑候选的研究有哪些,所发现的比例,放弃哪些研究,原因是什么等。

在这个文献数据库中,还应该创建另外一系列域,用它们来监测被检索并被视为适合于元分析的那些报告的过程。例如,这些域可以对如下方面进行编码,如报告得以回溯的形式(如缩微平片、影印件、技术报告、著作等),谁审查它的合格性(如姓名的开头字母),日期是多少,它是否已被编码,并且如果编码了,什么时间编码,编码者是谁等。这个数据允许对整个书目文件的一个子文件进行复制,以便作为一种监查机制,从而保证所有回溯的报告都得到审查,并且如果合格就进行编码。它也准许追踪何时以及由谁采取重要的行动,这个追踪性信息有助于元分析者解决出现的任何问题。

搜索参考文献

我们现在转向搜索过程本身,它包括两个部分:(a)发现潜在合格的研究的参考文献目录;(b)获得有待审查的那些研究的复本,如果合格,就对它们进行编码以便进入元分析。在这两个步骤中,比较富有挑战性的是给出一个候选研究的充分参考书目。在此阶段,最佳的参考书目是那种涵盖性大,但相对集中的书目。也就是说,元分析者应该把每一个合理的,预期符合资格的参考文献都包含在内,但应该在加入可能性预期低的文献方面施加一定的限制。后者可能要下大力气追踪,如果发现它们是不合格的,则徒劳无功。

在寻找相关的引证过程中,最有效的策略是使用多个资料库,因为除了最狭窄的专业研究领域之外,没有任何一项资料库能够识别出所有潜在合格的研究报告。在一次全面的搜索中,使用的资料库包括:(a)述评性文章;(b)研究中的参考文献;(c)计算机化的文献目录数据库;(d)多卷文献目录;(e)相关的杂志;(f)会议纲要和记录;(g)所关注的领域的作者或专家;(h)政府机构。下面依次讨论这些来源。

述评性文章。好的资料源开始于在任何现存的包含相关题目的述评性文章(或先前的元分析)中的参考文献。即使对所引用的各项文献没有充足的讨论,不能确定其合格与否,不过鉴于它们出现在相关的述评性文章中,可以对它们有合理的预期。因此,搜寻过程常常应该追溯述评性文章,它们与诸多候选研究一样是有很高含金量的。

研究中的参考文献。另一个好的资料源是包括在那些被回溯的、合格和接近合格的研究中的参考文献,因为在通常情况下,有关特定题目的一项研究往往引用关于同一题目的其他相似研究。这种技巧应该在整个元分析搜索中得到使用。也就是说,随着每个候选的研究报告被回溯和考察,它的参考文献也应该被审查,以便确定它们是否指出一些尚不为人所知的候选研究。

在为了元分析而进行的详尽文献搜集过程中经常会发现,在常规的述评和多项研究之间的交叉引用中只包含一部分合格的研究。对于未出版的研究工作来说尤其如此,但是对于出版物来说其适用程度也达到一个令人惊讶的地步,尤其在应用性领域,不同学科的研究人员可能研究同样的问题。因此,元分析者非常有必要尽可能多地回溯已经界定的研究总体,所使用的搜索策略要超出由已知的述评性文章构成的网络及在这些文章中所参考的研究之间交互引用的网络。以下资料库则提供了这样做的方法,尽管其代价是产生高比例的无关项和误确认(false positives)。

计算机化的文献数据库。获得参考文献的一个重要方法是对所选择的文献数据库进行关键词检索。这样的数据库有很多是可利用的,包括一些可靠的数据库,如《心理学文摘》(*Psychological Abstracts*)(PsycINFO 和 PsychLit是其计算机化的形式),《社会学文摘》(*Sociological Abstracts*),教育资源信息中心(ERIC,Educational Resources Information Center)和 MEDLINE[通过美国国家医学图书馆(National Library of Medicine)可免费搜索]等。其他一些有用但不熟悉的资源也可利用,例如美国国会图书馆(Library of Congress)的书目索引(LC MARC),美国国家技术信息服务部(National Technical Information Service,NTIS),美国国家刑事司法文献服务部(National Criminal Justice Reference Service, NCJRS),老龄文献数据库(Ageline),经济学文献索引(Economic Literature Index)以及家庭资源(Family Resources)。附录 A 提供了其他计算机数据库和获取信息库的信息。

多数大学图书馆都用 CD-ROM 盘(尽管许多大学正在逐步淘汰它们)或互联网服务进入数据库,如 EBSCO①、FirstSearch②,美国科技信息所(Institute for Scientific Information)和 SilverPlatter③ 等。尽管小规模的、关注点集中的元分析可以在这些基于互联网的搜索工具中得到好的检索服务,但我们的经

---

① EBSCO 是一个具有六十多年历史的大型文献服务专业公司,提供期刊、文献订购及出版等服务,总部在美国,19 个国家设有分部。开发了 100 多个在线文献数据库,涉及自然科学、社会科学、人文和艺术等多种学术领域。其中两个主要全文数据库是:Academic Search Premier 和 Business Source Premier。国内大多数大学的图书馆都可以链接到该网站。——译者注
② OCLC 是美国的一个面向图书馆的文献信息服务机构,属非营利组织。它的联机检索服务 FirstSearch 自 1991 年发行以来深受用户的欢迎。1999 年,中国 CALIS 工程中心以年订购的方式购买了其中 13 个数据库,提供给 211 工程的 61 所院校检索。13 个数据库主要涉及工程和技术、工商管理、人文和社会科学、医学、教育、大众文化等领域,还包括国际会议论文、网络资源、世界年鉴等。其中 WorldCat 是世界上最大的、由几千个成员馆参加联合编目的书目数据库。它包括 458 种语言的文献,覆盖了从公元前 1000 年到现在的资料,目前记录数已超过 5 000 万条。从这个数据库可检索到世界范围内的图书馆所拥有的图书和其他资料。——译者注
③ SilverPlatter 是一个全球性的信息服务公司,它致力于出版电子版学术性的文献目录数据库,包括科学、医学、商业、技术文献数据库等。——译者注

验是,它们一般不允许进行复杂的检索(譬如下面的资料 2.2 所表明的那样),而复杂的检索对于大规模的元分析来说是常见的。这类搜索可能通过基于远程网络(telnet-based)的搜索工具来实施,譬如通过 Dialog 公司(Dialog Corporation)①或 Ovid 数据库提供商(Ovid Technology)提供的工具,尽管这些服务对于个体研究者来说费用很大。

元分析研究者也许仅试图搜索一个计算机化的数据库,假定它是最相关的,并且覆盖了任何周边数据库都会包括的一切。例如,如果对教育主题感兴趣,教育资源信息中心(ERIC)似乎足够了。然而,我们提醒注意的是,那些比较过来自不同数据库的搜索结果的元分析者(如 Glass,McGraw & Smith,1981)发现的重叠令人惊奇地少。因此,一次全面的搜索一般需要多个数据库。

在进行有效的计算机关键词检索过程中存在一定的技艺,它主要通过经验来把握。最重要的一般性建议或许是准备出每次搜索中将用到的一些关键词。计算机通常要搜索标题、摘要以及与各个词条相关的一套标准化的描述项(通常取自被指定的一个词库)。为了高效地锁定用于元分析的比例高的诸项候选研究,搜索工作必须以广泛地覆盖相关领域的一套关键词为基础。这意味着:(a)在给定的数据库中要识别出与所关注的研究可能有关的全部标准化的描述项;(b)识别出不同的研究者在他们的研究标题或摘要中可能包含的术语范围,因为它提供一个线索,即该项研究可能涉及所关注的主题。对述评性文章和先前找到的研究报告的精读将为提出适当的关键词方面提供指导。对于一个指定的数据库来说,如果存在一个标准化的解释项词库,那么也应该考虑到该词库。否则,与从一次初步的计算机搜索中涌现的那些最相关的项目有关的描述项应该应用在一

① Dialog(Thomson Corporation 的子公司)成立于 1972 年,建立了全球第一个在线信息查询系统,也是目前世界上最大的联机数据库系统。直到今天,Dialog 已成为全世界提供在线信息服务的领导者,服务于所有寻求竞争优势的企业客户。Dialog 在全球 57 个国家和地区运作,提供最高水准的客户服务给全球 103 个国家的企业精英。该数据库系统包含 600 多个数据库,收录全世界 5 万种刊物的文献摘要和引文,其中 4 000 多种为全文收录,其范围包括所有领域:知识产权、政府立法、社会科学、食品及农业、新闻及媒体、商业及金融、参考文献、能源及环保、化学、制药、科学及技术,以及医学,等等,信息量是全球搜索引擎的 500 倍。Dialog 的产品提供非常优秀的搜寻深度、广度、精确性及速度。其产品与服务能使企业精准地找到最需要的第一手信息。——译者注

次精确的搜索中。

　　大多数计算机化的文献检索程序都有一个有用的特点,即"计算机通配符"(wildcard)符号,通常为"＊"或"?"。这个特点允许对单个词的检索包含该词的多种变化。例如,搜索关键词"delinquen＊"将得到所有带有delinquent,delinquents 或 delinquency 这些词的标题和摘要。这个特点极大地扩展了搜索的能力,简化了必须搜索的关键词系列。某些计算机化的文献数据库有一个新特点,即利用内建的词库将搜索的术语自动"扩展"到相关项。

　　不可避免地,任意一次计算机关键词检索产生的结果只有一小部分"命中"了真实候选研究,许多条目都是不相关的,一些搜索更是如此。这些结果必须由一位博学的研究者进行人工识别,此人要能够阅读在一次计算机检索中得到的各个报告的标题和摘要,并且决定下一步应该怎样做,例如回溯并进一步考察,或者明显不合格,无须进一步考察。然而,熟练的搜索可能减少必须经手工过滤的无用研究的比例。最重要的做法是在计算机搜索中有效地利用关键词组合以及"合取"和"析取"命令(conjunctive and disjunctive commands)。例如,元分析者也许正在搜索一个主题,该主题中既有关于人的研究,也有关于动物的研究,但他只对关于人的研究感兴趣。大多数搜索项目都有一个 NOT 选项,据此可指定某些关键词,从搜索中去掉某种引用。例如,在有关酒精和侵犯之间关系的搜索中,我们必须指定"非鱼",这样就可以排除掉大量关于给鱼以酒精并观察其领土侵占行为的研究。

　　有一些关键词能够区分出所关注的对象样本的类型和研究的类型,把这些词包含进来就可以缩小搜索的范围,这种做法也是有用的。然而,这项工作必须非常小心,因为如果那些关键词本身就具有很大的限定性,那么很多合格的研究都将被错过。例如,如果元分析者对有关治疗对未成年人触法的效果的研究感兴趣,所包括的关键词必须既包括作为对象类型的未成年人,又包括作为研究类型的治疗效果研究,还要有那些把触法看成关键主题的关键词。在简化的形式中,这种搜索会寻找这样的研究,即把用来区分犯罪或触法(crime or delinquency)的关键词与用来区分青年样本的关键词以及区分治疗效果研究的关键词合取在一起。然而,在这种情况下,与未成年人相关的关键词和与治疗研究相关的关键词的提出必须像触法这样的关键词的提出一样小心谨慎。例如未成年人样本可能被识别为"青年""孩子""男孩"

"女孩""青少年"等。给出一套能够可信地辨认治疗效果研究的关键词甚至更加困难。资料2.2提出了一系列关键词,我们用它们来搜索有关挑战项目对未成年人触法影响的研究,它展示了在进行一次有效的搜索中必须考虑的各种可能性。这些关键词与由"或"(or)和"并"(and)构成的组合陈述结合在一起,构成了针对每个相关的数据库的一次单独搜索。

资料2.2 在搜索关于挑战项目对未成年人违法行为影响的研究中所使用的各种组合关键词实例

样本的类型

未成年人、青少年、青春期、青年、男孩、女孩、违法、违法前兆、孩子、孩子们、高中、小学、行为问题、反社会、有问题的、行为失序或侵犯

干预的类型

挑战项目、野外历奇①、拓展训练②、户外运动、绳索运动③、攀岩项目、生存训练或林地运动

研究的类型

结果项、评价、被评价的、有效性、效果、实验、实验的、控制的、控制组、随机(化的)、临床实验、影响或评估

需要特别提及几个与众不同的计算机数据库。**社会科学引文索引**

---

① 此处"野外历奇"(wilderness)的"野外"是指保留了自然环境面貌的,没有受到任何人工污染的"野外"。——译者注

② 拓展训练(outward bound)。拓展训练起源于第二次世界大战期间的英国海军纵队。当时英国船只常被德国人袭击,落入海中的水手很少能生还。而人们发现生还者中很少有年轻力壮的小伙子,多是年长的水手。专家反复研究后得出结论:当遇到灾难时,年轻的水手很容易被恐惧所吓倒,一时慌了手脚,总是想:"我完了,我死定了"。心理上的绝望,让他们丧失了求生的能力。而富有经验的年长者却能临危不惧,积极地面对现实,调整心理,发挥自身潜能,最终获救。于是,当时一位名为汉恩的德国教育家和他的朋友劳恩斯于1942年创办了"阿德伯威海上训练学校",训练年轻海员在海上的生存能力和野外生存技巧,结果在敦刻尔克战役中发挥了重要作用。第二次世界大战结束后,一些英国学者从阿德伯威中得到启发,创办了一所名为 outward bound 的学校,意为一艘小船驶离平静的港湾,义无反顾地驶向大海,去迎接挑战,战胜困难! 就这样,拓展训练逐渐风靡欧洲,1995年进入中国,训练对象由海员扩大到军人、学生、职员等。训练目标也由单纯体能、生存训练扩展到培养积极进取的人生态度和团队合作精神。——译者注

③ 绳索运动一般包括高空绳索(high rope courses)和低空绳索(low rope courses)两种。——译者注

(Social Sciences Citation Index,SSCI)可以搜索引用了在检索之初已知的报告的报告。因而,元分析者可用 SSCI 得到一系列合格的研究,并且可以识别出引用了这套研究中的任何一项研究的后续研究。其中某些研究本身常常也是关于同一主题的研究。这个数据库对于发现有关某个主题的最新材料,并在其他学科中找到研究工作(如果有交互引用)是特别有用的,否则的话其他学科中的研究会被丢掉。

另一个特殊的资料来源是**博士论文文摘在线**(Dissertation Abstracts Online)[它是国际博士论文文摘(Dissertation Abstracts International)的电子版],该数据库提供了在美国(部分在加拿大)完成的大多数博士论文的摘要。博士论文研究通常与元分析有很大的关联,特别是当人们试图识别并回溯尚未正式出版的研究的时候更是如此。**博士论文文摘在线**实际上是获取此类研究来源的一个独特的数据库。

这种搜索与计算机引文书目搜索一样是有用和方便的,但是也可能错过重要的、合格的研究。这种情况发生的原因可能在于关键词的捉摸不定,搜索方法受到局限,特殊的作者标题和摘要等。因此,一次全面的搜索要增加其他资源库来修正这些缺陷。这些资源库如下所示:

文献目录手册。许多文摘性的服务和文献目录数据库是以硬皮书的形式提供的,以用于手动检索,如每年一卷的《心理学文摘》(*Psychological Abstracts*),《社会学文摘》(*Sociological Abstracts*)和教育资源信息中心(ERIC)。即便它们包含的内容与计算机的版本一样,利用这些卷册进行手动检索也会富有成效地补充计算机搜索。对于不同的子领域来说,这些卷册中的文摘也在较广的标题下被典型地组织成为各个不同的部分。通过浏览与所感兴趣的主题最相关的那些部分中的文摘,经常会发现一些在计算机搜索中错过的合格的研究,因为在计算机搜索中缺少所依据的特定关键词。这个技术也是为计算机搜索提供一系列关键词的好方法。当发现一些有望成为所关注的摘要时,需要注意它们所使用的描述性词语,这些词语可用来指导搜索其他相关的资料。

相关的杂志。随着元分析的候选研究文献目录的增长,会发现某些杂志明显贡献了多篇文献。既然那些出版物明显承载着所感兴趣的研究类型,它们也可能包含其他尚未被识别的研究。因此,一个管用的技巧是全面浏览目录,对该杂志中处在合格标准时间范围内的全部卷次中潜在相关的研究进行检查。这当然通常要求这些卷的杂志存放在可进入的图书馆的书架上。如果很多卷次确实找不到,所关注的杂志可能包含在《当代社会科学目录》(*Current Contents in the Social Sciences*)中,它是一种可供参考的服务资源库,是从社会科学和行为科学的大量学术期刊中复制的内容目录构成的数据库。出现在该数据库的有潜力的标题可通过手动检索或计算机文献数据库检索得到,以便确定有用的详细信息,从而决定是否有必要回溯整个研究。计算机化的目录表也是有用的,如通过互联网 URL 地址可得到的 Carl UnCover 数据库①。

会议纲要和记录。某些参考文献服务包含一些非正式出版物,如会议论文[其中著名者为教育学中的教育资源信息中心(ERIC)],但这并不常见。然而,许多专业组织出版了一些会议的纲要和记录,提供了提交论文的信息,有时候也提供作者地址信息。因此,一种有用的方法是找到与所关注的课题有关的以研究为导向的专业研究协会,致信给他们的办公室或适当的工作人员,获得有关会议纲要和记录的复制材料。近几年的资料经常可得到,但多年前的资料则较难。就这些材料来说,元分析者可以写信给作者,请求他们提供所指定的论文以及作者可能拥有的相关材料的复印件。另外,在相关研究中报告的作者名字也可以在适当的文献目录数据库中进行查找,以便找到已发表的论文或其他合适的材料。

作者和专家。为了进行一次全面的搜索,我们建议写信给在相关领域中已经出版了诸多研究的那些作者或熟悉该领域的专家们,请求他们帮助识别尚未被发现的研究。这种请求也许仅需要他们找到自己的任何一篇论文或其他他们认为相关的论文。或许一种更好的方法是,给作者和专家寄送一份截止到当时的合格研究的参考书目副本,征求他们的建议,是否还有其他应

---

① UnCover 是 CARL 公司(Colorado Alliance of Research Libraries)的一个主要产品。该数据库建于 1988 年,覆盖了多种学科的主题。到目前为止,收录期刊已超过 18 000 种,大约 51% 属于科学、技术、医学和农林,40% 属于社会科学、政法、商业,剩余的 9% 为艺术和人文科学。——译者注

该被考虑的研究。也可以通过互联网上的邮寄论坛目录（Listservs）①和新闻组（Newsgroups）②来确认其他相关的作者。

政府机构。还有一个不应该被忽略的资料库是具有研究导向的政府机构，特别是那些专款或委托性研究的机构。例如，在健康领域，美国国立卫生研究院（National Institutes of Health, NIH）的相关单位可能出版了一些专著、会议记录、研究总结等，这些对元分析者来说都有用。他们也可能记录了一些有资金支持的研究计划，可从中区分出相关的研究者或正在开展的研究。这种组织的官僚结构可能使分析者难以找到恰当的，能够提供关于一个指定题目信息的办公室和人员，但坚持就是胜利。一个有用的工具是该机构的电话簿，或美国政府机构的电话簿全集，这经常可从多所大学的基金研究办公室处得到。还有一些有用的计算机数据库也可提供重要信息，如美国国家技术信息服务部（National Technical Information Service, NTIS），史密森科学信息交流所（Smithsonian Science Information Exchange, SSIE），当代研究（Current Research）和来自美国政府出版署（Government Publication Office, GPO）的一些索引，如 GPO 月度目录（GPO Monthly Catalog）和 GPO 出版参考文件（GPO Publication Reference File）。尽管在这个层面上寻找合适的办公室和人员经常是困难的，但是美国相关州政府和地方机构的资源也不应该被忽略。

回溯研究报告

随着候选研究的文献目录的给出，元分析者即开始对区分出来的研究的复制本进行回溯。在考察完每个报告的全文后，就可以比较明确地确定它是否合格。那些被视为合格的研究将进入编码阶段。

一旦获得有关一项研究的文献目录信息，即可直接进行回溯。期刊文章

---

① Listservs 是互联网的一个应用，主要是一批用户围绕一个共同感兴趣的专题进行讨论并互通信息，并且有一个软件来支持和管理讨论者之间的通信。最流行的这类软件有 Listserv，Unix List，Processor，Listproc，Mailbase，Mailserv 和 Majordomo 等。据报道各种专题的 Listservs 已达到 5 000 多个。Listservs 有 3 个主要功能：传递信息、探讨问题、文件交换。——译者注
② 新闻组（Newsgroup）是一个通常在 Usenet（Usenet 一词来自 User Network，常写成 Usenet，是共享新闻的计算机和网络的集合体。Usenet 不是 WWW。它有时又被称为世界最大的电子公告板）中用于存储来自不同地区的用户所发表的信息的"仓库"。新闻组这个名字本身多少会产生一点歧义，因为它通常是一个讨论组。——译者注

和书通常可在大学的图书馆里找到。另外,大多数大学图书馆都参与了馆际互借服务,即如果它在自己的馆藏中没有某种资料,那么可向其他图书馆借用或获得该资料的复印件。如果研究人员没有大学图书馆作为依托或所在的组织没有相当的图书设施,他就有必要进入一个适当的图书馆,以便进行一次全面的元分析。幸运的是,多数大学图书馆都规定允许与大学无关的研究人员使用。在其他情形下,非大学的元分析者要能够与大学中的研究人员合作,并以这种方式进入学术图书馆。

尽管大学图书馆是获得元分析所用的研究报告复印件的核心渠道,一般情形下也必须使用其他搜索方式。例如,博士论文可通过馆际互借得到,或写信给作者或系主任获得,但是这些途径通常不足以回溯到全部相关的博士论文。然而,《国际博士论文文摘》(*Dissertation Abstracts International*)上列举的大部分博士论文都在**大学缩微胶片公司**(University Microfilms Inc,UMI)上有售,它可提供平装本或缩微平片。多数大学图书馆的咨询台都有 UMI 订单,也有教育资源信息中心(ERIC)和其他文件库的订单。

随着各项研究被区分出来,元分析者应该准备写信给合适的人或机构,以便回溯研究报告。如果能找到作者,那么他们发表的期刊文章、会议论文、技术报告甚至著作经常能直接获得。我们发现,从专业组织(例如美国心理协会、美国心理学社、美国教育研究协会、美国评估协会、美国社会学协会等)那里收集会员资格目录有助于找到作者,并且获得邮寄的地址。这些材料连同其他有用的目录也经常可在大学图书馆中获得[如全美教员名录(National Faculty Directory)、教员白皮书(Faculty White Page)、医师 AMA 目录(The AMA Directory of Physicions)、美国名人录(Who's who in America)等]。

也可以写信给曾经出版或资助相关研究的机构和部门。当然,可与期刊和著作的出版商联系购买他们出版的材料。如果有些报告是可获得的,许多州和地方机关会享有它们委托的技术报告副本。与之类似,美国许多联邦政府机关也提供在他们赞助下进行的研究报告和相关材料的副本。美国政府印刷局(Government Printing Office,GPO)拥有的大量资源也不应该被忽视(附录 A 区分了对 GPO 出版物进行索引编制的计算机数据库)。

不可避免的是,某些被认为具有元分析前景的报告的回溯过程是很难的或不可能的。然而,应该尽最大努力去检索一切可行的研究,尽可能获得由合格标准定义的研究总体。任何遗漏都会潜在地造成选择上的偏误——总的来说,未被检索的研究相比被检索的研究而言,也许会产生不同的结果,这使得后者至少在某种程度上不能代表研究结果的总体。被忽略的报告越少,在元分析的结果中产生的显著偏差的机会就越小。对于无法回溯的报告来说,重要的是要保持仔细检查,以便足以确定它们的属性(如出版物类型、日期)是什么和有多少。带着这个信息,元分析者就可以记录根据合格的标准定义的总体中失去的研究所占的近似比例,并且知道它们的总体特征在多大程度上不同于那些被回溯的研究的特征。

最后,我们建议应该得到所有合格研究报告的复制件,并且作为元分析档案的一部分加以存档。有时候也可以尝试降低成本,这需要在图书馆中对诸项研究进行编码,或使用借来的、需要返还的材料。然而,元分析者经常会在元分析的后续阶段发现一些问题,这些问题需要参照原始研究材料才能解决。如果原始材料没有存档,那么重新检查或增添初始编码将比较困难,有时候甚至不可能。另外,总存在一种可能,即元分析引发的争论吸引了其他研究者的注意力,这些研究者可能希望对元分析进行重复,或激励作者重新探访原始研究,以便处理已出现的问题或批判。当手头拥有原始研究报告的复制件时,这些情况就很容易解决。

第 3 章

效应值统计量的选择、计算和编码

在元分析中,关键的一步是在某种数量标尺的基础上,对所选择的研究发现进行编码或"测量",从而使得作为结果的各个值之间可以进行有意义的比较,并且可以像分析一个变量的一系列值那样进行分析。最常见的情况是,我们感兴趣的研究发现表现为两种特定的结果构项之间的一种特殊形式的关系。例如,令人感兴趣的发现可能是在一个代表某种特定的结果构项的因变量上测量的各种实验条件之间的差异。为了达到元分析的目的,要赋予每种此类研究发现以一定的数值,该值显示了在某种特定研究(如所发现的治疗效果的大小,或者两个构项之间的相关性)中观察到的关系强度。

前文已经指出,在元分析中,用来表征研究发现的指标是**效应值统计量**。一旦确定了用来表征某种特定关系的一系列定量研究发现,那些发现就被编码成为某种恰当的效应值统计量的各个值,从而可作进一步分析。至于哪个效应值统计量是合适的,这取决于研究发现的性质、汇报这些发现时所采用的统计形式,以及在元分析中有待检验的假设。上一章描述了用恰当的效应值统计量加以表征的研究发现的一般形式。本章将对各种有用的效应值统计量进行细致的描述。然而,首先要进行一项有益的工作,即考察效应值统计量的实质以及为了计算和使用效应值统计量所必需的信息。

效应值统计量及其方差

在元分析中使用的效应值统计量体现了有关定量研究发现的方向或大

小方面的信息，或者两者兼而有之。本书仅讨论那些既显示方向又显示大小的效应值统计量。因此，诸如效应方向这样的简单指标（例如，在实验研究中，对实验组是否超过控制组进行二值化的编码）和来自统计显著性检验的各个 p 值这样的指标不在讨论之列，这些值把效应的大小与样本量混淆在一起了。把各个 p 值组合在一起的那些方法仅仅能够检验来自多种研究的结果从群体角度上看是否在统计意义上显著。这些方法不会产生有关总的效应大小或者各个效应在多项研究中的一致性方面的信息（Becker,1994；Rosenthal,1991）。

出于元分析的目的，可以把单个**研究发现**视为对一种经验关系的统计表征，它涉及元分析者感兴趣的对单个对象样本实施测量的（多个）变量。例如，针对既定的一个样本汇报出来的相关系数值就是一种研究发现。与之类似，在一项实验中，在两种条件下得到的结果变量的均值之差也是一个研究发现。需要注意的是，一次调查研究呈现出来的研究发现可能不止一个。当若干个变量在一个相关矩阵中相互关联，或者在一项实验中被用作多重结果变量时，这些发现可能涉及不同的变量；当实验结果是分别根据男性和女性汇报出来时，这些发现却可能涉及不同的样本；或者当实验组和控制组的均值之差在干预后立即报告，并且在一些时间后又被报告时，这些发现却又涉及不同次数的测量。元分析者可能对所有这些不同的发现感兴趣，也仅对其中已指明的子集感兴趣。

如果希望把多个研究发现放在一起进行分析，那么每个研究发现都必须在同一个效应值统计量上编码。也就是说，为了进行有意义的分析，在各项研究中的效应值统计量的类型必须相同。此外，所选用的效应值统计量必须适合于在所选取的研究发现中描述的关系的性质，也必须适合于这些研究发现据以汇报的统计形式。实际上，一项研究发现的编码过程无非是一个根据研究报告提供的定量信息来计算一个值的过程，该研究报告要与所选择的效应值类型保持一致。如果已报告的信息不足以计算出一个精确的效应值（这是一个常见的、令人苦恼的问题），那么仍然有可能从报告的信息中估计出效应值。有的定量信息是不完备的，有的定量信息是以不同于可直接计算的形式显现出来的，根据这些信息来估计效应值需要用到一些公式和程序，这是元分析中对效应值进行编码的一个必要的、重要的部分。

在元分析中,为了表达一个研究发现,除了效应值之外,还必须对另外一个统计量进行编码。如前文所指出的那样,尽管在某些研究设计(如实验)中,出于比较的需要可能把单个样本分成子样本,但是每个研究发现都是在单个对象样本(a single subject sample)的基础上计算出来的。样本中个案的数量几乎在每一项研究中都各不相同,因此,不同的效应值将建立在不同的样本量基础上。从统计角度上讲,建立在大样本基础上的效应值要比根据小样本计算出来的效应值更能够精确地估计出对应的总体值。也就是说,从大样本中估计出来的效应值的抽样误差要比从小样本中估计出来的效应值的抽样误差小。

效应值的这一特征使统计分析复杂化,甚至诸如计算平均效应值这样简单的分析也变得复杂起来。问题在于,在这种分析中,每个效应值从其所传递的信息的信度方面讲都不等。例如,对于一个既定的关系而言,根据包含5个对象的一个样本计算出来的效应值就没有依据容量为500的样本估计出来的效应值好。如果我们简单地求二者的均值,那么,尽管小样本的抽样误差比较大,但它对作为结果的均值的贡献却与大样本的贡献一样大。实际上,这使得综合的估计值比我们仅仅根据大样本本身得到的估计值还要糟。

在元分析中,处理上述问题的方法是利用代表效应值的精确性的某个项目对每个效应值进行加权。一种直接的方法是依据样本量对每个效应值进行加权。然而,赫奇斯等(Hedges,1982b;Hedges & Olkin,1985)证明了,最佳权重应建立在效应值的**标准误**(standard error)的基础上。标准误是抽样分布的标准差(如果重复抽取规模相同的样本并估计每个样本的统计量,统计量的分布就是抽样分布)。实际上,一个既定统计量的标准误是根据来源于统计理论的一个公式对各个样本值进行估计得到的。由于较大的标准误对应着精确性较小的效应值,所以,实际的权重要依据标准误的平方的倒数来计算——在元分析中称之为**方差权重倒数**(inverse variance weight)。因此,当选择一个效应值统计量来进行元分析时,用来计算与之相关的标准误的公式也必须同时确定下来。每一个研究发现的编码过程必须设计成能同时产生效应值和方差权重倒数的形式。

这种情形的一个含义是,元分析者在选择那些代表各种研究发现的效应值统计量方面是受到限制的。尽管在通常情况下容易形成一个用来表征某种特定研究发现的方向和大小的统计表达式,但是,如何确定与该统计量有关的标准误,从而可以计算出一个合适的方差权重倒数,这在技术上可能具有一定的挑战性。因此,在实践中,元分析的过程通常用少数效应值统计量中的一个(如标准化的均值差、相关系数和机率比),对于这些效应值统计量来说,标准误的计算公式和其他有用的统计步骤是已知的。此外,如果研究发现的性质许可,那么在元分析中,也可以利用标准误已知的一些常见的统计量,这些统计量很容易根据各个研究报告提供的信息计算出来。例如,在一个样本中,具有某些特定特征之人占一定的比例,这个简单的值就可以被用作效应值统计量。然而,对于只能利用复杂的或不常见的效应值统计量来表征研究发现而言,分析者必须或者放弃正式的元分析,或者在元分析之前就建立必要的统计理论。

　　带着这一知识背景,我们现在就可以确定和讨论效应值统计量及与之相关并在元分析中经常使用的方差倒数,还要讨论若干个简单但不经常使用的效应值统计量,这些统计量可用于一些形式的研究结果,此类结果可能就某些目的而言是令人感兴趣的。需要记住的是,对于一个特定的元分析而言,效应值统计量的类型必须在全部研究中保持一致。当然,多元元分析(multiple meta-analyses)必须在同类文献中进行,每种元分析都要利用不同的效应值统计量,该统计量要与需要加以综合的研究发现的性质相适应,也要与有待检验的特定研究问题相适应。

关于符号的注解

　　本章自始至终都使用符号 ES、SE 和 w 来分别代表效应值、效应值的标准误和效应值的方差权重倒数。用下标表示效应值、标准误或权重的类型,如 sm(standardized mean)代表标准化的均值差效应值,p 代表比例效应值。

研究发现的类型和可利用的效应值统计量

前文已指出,我们将在单个对象样本中测量得到的诸多变量之间的经验关系的统计表征定义为研究发现。为了讨论研究发现的类型和效应值统计量,我们需要区分单变量关系、双变量关系和多变量关系(多于两个变量)。然后再考虑每一类关系中关系的不同类型并确定可以用于代表每类关系的效应值统计量。

单变量关系(集中趋势描述)

仅涉及一个变量的"关系"概念看上去可能令人奇怪,但是此处我们的意思是,它指的是在单个变量的各类或各个值中的一种观察模式。例如,在诸多此类发现中得到最多汇报的就是集中趋势描述值,例如就一个统计量来说,这些值包括均值、中位值或众值等。代表各个值的分布的统计量,如频数、比例、总和等都归为此类,就像那些代表各个值的离散趋势的值如方差、标准差和极差①(range)都归属一类一样。

以单变量关系形式得到的研究发现通常不进行元分析,但是如果满足如下两种条件,就明显存在效应值问题。第一,所有的结果都必须包含采用相同的**操作化处理方式的同一个变量**(或者处理的方式足够类似,以至于各个数值在全部研究中都有可比较的意义)。例如,由研究对象自行报告的各种操作化形式所导致的"男"或"女"的各个值就满足上述条件,这就像在许多民意测验中所使用的相同的态度量表的均值一样是满足这个条件的。如果代表同一个构项的多个变量是以不同的方式被操作化的(例如不同的数学测验成绩就是这样),那么只有用某种方式对它们进行标准化处理,从而使得各个值具有可比性(例如利用具有可比性的正态分布中的百分比来表征),这时候才可以对它们进行元分析。

第二,必须界定一个用来表征所关注的信息的效应值统计量,**并且能够**

---

① 又可翻译为"全距"。——译者注

确定与该统计量相关的标准误。仅对于得到公认的一些描述统计量而言,标准误公式是容易确定的(可在一些参考书中查找),根据已知的信息可能计算不出这些统计量。因此,在如何轻易地对单变量关系的统计结果进行元分析方面,研究者是受限制的。还有一些可能更有用并且可利用的单变量效应值统计量是比例和算术平均值,其他统计量可以由元分析者通过已知的描述统计量及其标准误的公式计算得来。

比　例

某些研究发现是以带有特定特征的样本占总体的比例形式出现的,这时候可用**比例**作为效应值统计量,其取值范围为0至1。例如,在各种城区研究中,无家可归者样本中酗酒者所占比例可被元分析(Lehman & Cordray, 1993)。在这种情况下,在各项研究中确定下来的各个比例值都必须代表同一个子群,例如,物质滥用者(substance abusers)、女性、去年一起住院的人等。有两种方法可用来生成比例效应值统计量,一种是直接以比例为基础,另外一种则对比例进行 logit 转换。直接使用比例作为效应值的一些可用的统计量是用一些术语表示的,这些术语假定这些统计量可从样本值中计算出来。这些统计量为:

$$ES_p = p = \frac{k}{n}, \tag{3.1}$$

$$SE_p = \sqrt{\frac{p(1-p)}{n}}, \tag{3.2}$$

$$w_p = \frac{1}{SE_p^2} = \frac{n}{p(1-p)}, \tag{3.3}$$

在这里 k 是所关注的类型中的对象数量,n 是样本量。

我们通过电脑模拟法发现,为了元分析的需要,上述方法可以为各项研究提供合适的平均比例的估计值,但是它会低估围绕平均效应值(即比例)的置信区间的大小,却高估了各个效应值的异质性程度,特别是当观察到的比例小于0.2或大于0.8时更是如此。这是因为随着 p 接近0或1,标准误将减小。如果在一系列相似的研究中期望出现的平均比例为0.2~0.8,并且只关注该均值的话,那么这个直接得到的比例效应值统计量应该足以代表样本了。

但是,如果关注的重点是围绕平均比例出现的变化,即重点关注各项研究之间的差异,那么建议使用 logit 方法进行分析。这种方法把观察到的各个比例值转换成 logit 值,并且所有的分析都围绕着作为效应值的 logit 值展开。为了解释的方便,各个最终结果也可以转化为比例值。比例值被限制在 (0,1)。logit 可以取任意值。logit 分布接近正态分布,其均值为 0,标准差为 1.83。0.1,0.3,0.5,0.7 和 0.9 这些比例值转换成 logit 的值分别为 -2.20, -0.85,0.00,0.85 和 2.20;比例值为 0.5 对应的 logit 值为 0。比例的 logit 效应值及其标准误和方差权重倒数值分别为:

$$ES_l = \log_e\left[\frac{p}{1-p}\right], \tag{3.4}$$

$$SE_l = \sqrt{\frac{1}{np} + \frac{1}{n(1-p)}}, \tag{3.5}$$

$$w_l = \frac{1}{SE_l^2} = np(1-p), \tag{3.6}$$

其中 p 是感兴趣的类别中对象占"总体"的比例,n 是样本量。最终结果如 logit 的均值和置信区间等可以用如下公式转换成各个比例值:

$$p = \frac{e^{logit}}{e^{logit} + 1}, \tag{3.7}$$

其中 e 是自然对数的底,约等于 2.718 3,它以一个 logit 值如 ES_l 的均值为幂次。

举例来说,如果我们有 30 项有关城区的调查研究,每项研究都报告了有酗酒问题的无家可归者样本所占的比例,此时或者直接使用那些比例值,或者使用这些比例的 logit 转换值作为进行元分析使用的效应值统计量。为了进行统计分析,这些效应值应该根据它们各自的方差的倒数进行加权。这种分析可以考察出效应值的异质性(城区之间的差异)、集中趋势(所有样本中的总均值及其统计显著性)的分布,以及各个效应值与各种研究特征,如城区类型或调查中无回答率之间的关系。

算术平均数

在对研究发现进行单变量统计描述时,经常使用的统计量是算术平均数,它要用测量每个个体的量表中的各个单位来表示。例如,某种元分析可能考察各类群体的病人在各种医院中住院的平均天数。由于关注的变量在每一组中的每个个体的测量方式是相同的,即测量的是住院天数,因此,各组的均值就可以利用均值本身作为效应值统计量来进行直接的比较,公式如下:

$$ES_m = \overline{X} = \frac{\sum x_i}{n}, \tag{3.8}$$

$$SE_m = \frac{s}{\sqrt{n}}, \tag{3.9}$$

$$w_m = \frac{1}{SE_m^2} = \frac{n}{s^2}, \tag{3.10}$$

其中 x_i 是对象 i 的单个值($i = 1, \ldots, n$),n 是总样本量,s 是 x 的标准差。

例如,假定对于在一个管理式保健系统(managed care system)内的 25 家医院而言,可以得到中风病人的平均住院天数数据。由于对所有的医院来说,变量的操作化(住院天数)是相同的,因此,可以直接把均值用作效应值统计量。接下来的元分析将使用方差的倒数对这些效应值进行加权,从而可以考察所有医院的均值、各个医院之间的差异以及平均住院天数与医院的某些特征之间的关系等,并检验其统计显著性。

双变量关系

在社会研究和行为研究中,双变量关系无处不在,与之相应,这种关系也构成了最经常进行元分析的一类研究发现。对于那些被用来描述此种关系的效应值而言,带有重要含义的这种关系在性质和形式方面有若干不同的变化。我们在这里的讨论特别区分出:(a)**前-后对比**(pre-post contrasts),其中,用来对比的两个变量只在测量的时间上有差异;(b)**组间对比**,即由一个二分自变量定义的两个小组在一个因变量上进行比较;(c)**变量之间的关联**,它代表在单个样本之上测量出来的两个变量之间的协变。

前-后对比

前-后对比是将前一次测量得到的变量的集中趋势值(如均值或比例)与后一次对同一个样本使用同一方法测量出来的同一变量的集中趋势值进行比较。其目的常常是考察变迁情况,例如,一个学生样本在学年始末的阅读

分数提高了多少。这里给出两个效应值指标:(a)非标准化的均值增量和
(b)标准化的均值增量。如果用于进行元分析的前后研究发现包含相同的
操作化,例如,具有相同的态度量表,那么可以直接用时间 1 和时间 2 之间的
非标准化的均值差作为一个效应值统计量。如果前后研究的发现包含了一
个构项的不同的操作化测量,如对药物使用采取不同的测量方法,那么必须
对前-后对比均值之差进行标准化处理。

非标准化的均值增量。非标准化的均值增量效应值统计量适用于如下
情况:**所有**需要进行元分析的时间 1 和时间 2 研究发现对所涉及的变量都采
用相同的操作化(即相同的测量),从而使得来自不同样本的发现的各个均
值都能够在数值上进行比较。例如,这可能用于如下数据,如学年开始和结
束之时,很多学校中——如在一个国家或地区内的全部学校——特定年级的
学生在相同的标准化阅读测验中的平均成绩。元分析者可能希望探究相对
于各个学校特征而言平均增量分数的分布是什么。当对所有的样本来说前
测和后测所使用的测量工具都相同时,则无须将各个值进行标准化即可进行
比较。这样看来,各个效应值统计量可以定义为:

$$ES_{ug} = \overline{X}_{T2} - \overline{X}_{T1} = \overline{G}, \tag{3.11}$$

$$SE_{ug} = \sqrt{\frac{2s_p^2(1-r)}{n}} = \sqrt{\frac{s_g^2}{n}}, \tag{3.12}$$

$$w_{ug} = \frac{1}{SE_{ug}^2} = \frac{n}{2s_p^2(1-r)}, \tag{3.13}$$

这里的 $\overline{X}_{T1}$ 是在时段 1 测量得到的均值,$\overline{X}_{T2}$ 是在时段 2 测量得到的均值,$\overline{G}$ 是
第二次均值减去第一次均值获得的增值,s_p^2 是第一次得分和第二次得分的联
合方差(pooled variance),具体说是 $(s_{T1}^2 + s_{T2}^2)/2$,s_g^2 是各个增量值的方差,n
是第一次与第二次测量中共同的样本量,r 是第一次测量值与第二次测量值
之间的相关系数。我们不要把这种情况与常见的对两个独立群体均值之差
的分析(下文"组间对比"部分将讨论此类分析)混淆在一起。这里假定的情
况是回答者只有一组,它有两类得分,分别是在时段 1 和时段 2 中观察得到
的。与之对应,汇报前-后差异的推断统计量将从相互关联或非独立样本的 t
检验、方差的重复测量值或者类似的程序(而不是从为独立样本而设计的常
见方法)中产生。

估计的步骤。在计算非标准化的均值增量效应值以及与之相关的方差权重倒数时,只有一项是比较难以获得或估计的,即前测值与后测值之间的相关系数。否则,需要知道的全部信息就是它们各自的均值、均值差和标准差。当标准差没有被直接汇报时,附录 B 提供了估计标准差的有用信息。但是应该注意使用正确的步骤。利用适用于常见的两个独立组之间均值比较的步骤会得出一个错误的标准差。

在每一项研究中,在获得或估计第一次和第二次值之间的相关系数方面都面临着特殊的困难,因为通常情况下有关这一问题的充分信息是不会汇报出来的。大多数情况下,元分析者需要通过外部资源来估计它。例如,由于所关注的各个变量仅在测量时间上有所不同,所以它们之间的相关系数应该接近于检测-再测信度(test-retest reliability)系数值,该值可能从其他来源获得,例如来自有关该测度的心理计量性质的研究,或来自元分析中所包含的其他研究。要注意的是,这个相关系数只影响到方差权重的倒数,不影响效应值统计量的值。由于对平均效应值的估计相对于赋予每个效应值的权重的适度变化来说是稳健的,因此,任何有关相关系数的合理值都将适合于平均效应值的计算。另一方面,一些推断统计量,特别是围绕平均效应值的置信区间和效应值异质性程度的估计值则受到权重变化的影响,因此,如果我们利用前测和后测值之间的非常不确定的相关系数,那么在解释它们的时候需要谨慎。

举例。假设我们有关于喝酒前后对一个可视刺激物的反应时间的一系列研究。提供刺激物和被试者的反应(如按一个按钮)之间的时间都用毫秒来测量。喝酒产生的损害程度,它与被试者的年龄和研究中使用的酒量有怎样的关系,不同的反应时间程序是否影响结果,元分析者的兴趣点在于把这些研究发现综合在一起。由于在所有的研究中反应时间都是以可比的方法用同样的数量单位测量的,因此,无须对效应值统计量进行标准化处理。如果关注在已经选出来的一些研究中反应时间前-后的变化,那么元分析者可以利用非标准化增量效应值统计量来代表相关的研究结果,并将它们作为多项研究特征的一个函数来分析。

标准化的均值增量。根据定义,一个前-后对比是指对每个样本在两次测量过程中对变量都采用相同的操作化。但是,如果这种操作化在不同的样本中是不同的,那么在元分析中将它们综合在一起的话,作为结果的各个数值将不可比较。在这些情况下,有必要用一定的方式对各个前-后对比值进行标准化处理,即这种方式使全部样本和研究中的值可以进行有意义的比较。贝克尔(Becker,1988)提出一个可用于元分析的,表达前-后对比的效应值统计量,它以时间 1 和时间 2 之间均值差的标准化形式来表示,其定义如下:

$$ES_{sg} = \frac{\overline{X}_{T2} - \overline{X}_{T1}}{s_p} = \frac{\overline{G}}{s_g / \sqrt{2(1-r)}}, \tag{3.14}$$

$$SE_{sg} = \sqrt{\frac{2(1-r)}{n} + \frac{ES_{sg}^2}{2n}}, \tag{3.15}$$

$$w_{sg} = \frac{1}{SE_{sg}^2} = \frac{2n}{4(1-r) + ES_{sg}^2}, \tag{3.16}$$

这里的 $\overline{X}_{T1}$ 是时间 1 时测量得到的均值,$\overline{X}_{T2}$ 是时间 2 时测量得到的均值,$\overline{G}$ 是第二次均值减去第一次均值获得的增值,s_p 是时段 1 和时段 2 之值的联合标准差(pooled standard deviation),具体等于 $(s_{T1}^2 + s_{T2}^2)/2$,s_g 是各个增量值的标准差,n 是第一次测量与第二次测量中共同的样本量,r 是时间 1 测量值与时间 2 测量值之间的相关系数。如前文描述的非标准化的均值增量效应值统计量一样,在前-后对比中汇报的统计信息将被转换成效应值统计量,在计算和解释这种统计信息时也需要谨慎。元分析者发现的用来汇报这些情形的统计量以及为了达到估计的目的而进行的计算都应该适合于单样本的重测数据,换言之,它们应该是相互关联的或非独立的样本统计量。

同样,必须注意到,标准化的均值增量效应值统计量的形式和意义不同于标准化的均值差效应值统计量,在元分析中,后者经常被用于描述两个独立样本的均值之差(后文将讨论这一点)。在某些场合中,把前-后形式的研究发现看成代表了与组间对比的研究发现相同的信息很可能是种冒险,例如,当组间对比是有关治疗组和控制组之间的比较,并且前-后的结果可被解释为治疗与"作为自我控制的被试者"之间的比较时就是如此。然而,通过之前的各种效应值统计量与后面的代表标准化均值差的效应值统计量之间的对比,我们会明显地看到,这些公式是不可比较的,我们不能期望从中产生一些可比较的值。由此推断,不应该在同一次元分析中把这两类效应值统计量混在一起。如果所关注的研究既包含前-后形式的结果,又包含组间对比形式的结果,那么应该把这些不同的结果分开,每种形式都用合适的效应值统计量进行编码,并且对每一类作为结果的效应值分别进行元分析。

　　估计的程序。用于计算标准化的均值增量效应值统计量及与之相关的方差权重倒数的公式与前文描述的非标准化情况的公式是一样的。如在前文描述的情况一样,在导出关于两次测量值之间的一个满意的相关系数时会产生问题。此外,标准化的均值增量效应值统计量的方差倒数项包含该统计量本身。当然,对它的估计值仅需通过考虑针对一个既定样本计算出来的效应值统计量的值即可,并且用该值来计算方差倒数。附录 B 对其他估计步骤进行了述评。

　　[例子]　假设一位元分析者对暑假前后高中生数学知识的遗忘情况感兴趣。所搜索到的一系列研究都对一个学年末和下一个学年初的同一个学生样本进行了数学成绩测验。由于他感兴趣的研究结果代表了对同一个对象样本前后的测量,因此,前-后效应值统计量是适用于元分析的。然而,由于不同的研究使用不同的数学成绩测验,所以它们的结果不能进行数据上的比较。这种情况要求对基于那些测验的研究发现进行标准化,从而使它们之间能够进行比较。因此,对于元分析者来说,标准化的前-后均值增量效应值统计量是用来描述这些研究结果的合适方法。

　　组间对比

　　以组间对比形式给出的研究发现包含这样的一个变量,即该变量是在两个或多个回答者小组基础上进行测量的,然后在各组之间对该变量进行比较。典型地刻画这种情况的描述统计量就是每个变量的均值、标准差和每个群体的样本量。另外,可以根据每组是否显示出我们感兴趣的特征的比例来比较各组。对此类群体之间差异的考察通常利用我们熟悉的一些统计检验,如 t 检验、方差分析(ANOVA)、卡方检验、曼-惠特尼 U 检验(Mann-Whitney U-test)等。

　　包含组间对比的研究是广泛存在的,也经常被进行元分析。例如,大多数实验和准实验研究都提供这种形式的研究发现,例如实验组与控制组之间在一个或多个因变量上的比较即如此。没有进行实验安排的组间比较也比较常见,如在一些调查研究中,对涉及态度、意见、汇报的行为等变量的多个人口统计组之间的比较就是如此。与之对应,还有多种效应值统计量可用于代表组间对比的结果,每一个统计量都是根据某种不同的研究情境或某种形式的统计结果而量身定制的。我们将专门讨论四类效应值统计量:(a)**非标准化的均值差**;(b)**标准化的均值差**;(c)**比例差**;(d)**机率比**。

　　在有待进行元分析的所有研究发现中,当对感兴趣的一个变量采用相同的操作化方式,并且该变量是连续变量时,就可以直接根据两组均值之差来构造一个效应值统计量,即**非标准化的均值差**效应值统计量。如果感兴趣的变量是二分变量,并且在全部研究中都采用相同的测量方式,那么类似的效应值就是**比例之差**。然而,还有一种比较常见的情况涉及组间对比,这种对比是在某种构项或者某系列构项基础上进行的,而这些构项在不同的调查研究中采用了不同的操作化方式。例如,我们连续使用的例子关注的是一些挑战项目对未成年人触法的影响,正如在实验研究中干预组与控制组之间发现的差异所显示的那样。但是,在这一主题上所报告的研究发现却使用许多不同的触法测度作为因变量,因此,尽管它们处理的是同一个构项,但在全部研究中所产生的结果却不能进行数据比较。为了在元分析中把这类发现综合在一起,有必要使用某种效应值统计量,该统计量用使它们的数值可进行比较的方式对来自原始测量的各个值进行标准化处理。在这种情形下,可采用如下两个不同的效应值统计量,从统计学理论和实践角度讲,这两个统计量都得到了广泛的应用和充分的推进。一个就是**标准化的均值差**,可用它来进行组间对比,当然这些组之间的关系要用各组在某个变量上的均值之差的形式来表示。另一个是**机率比**(odds-ratio),它所界定的组间对比是用两组之间的相对频次之差或比例之差的形式展示的。某些研究发现既包含算术平均值的对比,也包含相对频次或比例之差的对比,对于希望对这些发现进行元分析的元分析者来说,这些发现会带来一些特殊的问题。我们将在考察四个组间对比效应值统计量之后来讨论这种情况。

　　非标准化的均值差。在有待元分析的全部组间对比研究发现中,当对关注的变量采用相同的操作化方式,即使用相同的测量步骤和数据量表,并且该变量是连续变量时,就可以直接根据两组均值之差来构造一个效应值统计量。当元分析者仅对包含一种特定的,能产生多个连续值的测量工具的差值

（如关于 WISC-R[①] 智力测验的值）感兴趣时,这种情形就会出现。对于这种情况而言,可以简单地通过两组均值之差来构造一个非标准化的效应值统计量,如下所示:

$$ES_{um} = \overline{X}_{G1} - \overline{X}_{G2}, \tag{3.17}$$

$$SE_{um} = s_p \sqrt{\frac{1}{n_{G1}} + \frac{1}{n_{G2}}}, \tag{3.18}$$

$$w_{um} = \frac{1}{SE_{um}^2} = \frac{n_{G1} n_{G2}}{s_p^2 (n_{G1} + n_{G2})}, \tag{3.19}$$

其中 $\overline{X}_{G1}$ 是第一组的均值, $\overline{X}_{G2}$ 是第二组的均值, n_{G1} 是第一组的个案量, n_{G2} 是第二组的个案量, s_p 是组合的标准差,定义如下:

$$s_p = \sqrt{\frac{(n_{G1} - 1)s_{G1}^2 + (n_{G2} - 1)s_{G2}^2}{(n_{G1} - 1) + (n_{G2} - 1)}}, \tag{3.20}$$

这里的 s_{G1} 是第一组的标准差, s_{G2} 第二组的标准差。

估计步骤。这种效应值统计量的计算比较简单,仅需要待分析的两个均值或直接用二者之差、标准差和它们所基于的样本量。即使这些值中的某个值没有被给出(通常可能是标准差),也可以根据其他已知的统计量,如来自 t 检验的各个 t 值、一元方差分析表等推导或估计出来。附录 B 提供了这些步骤的指南。

[**例子**]　上瘾程度指标(Addiction Severity Index, ASI)被广泛用来测量实施物质滥用治疗的病人的摄入量。在关于各种治疗场地的研究中,元分析可以用来自大量病人样本的描述统计量考察在上瘾程度指标上的性别差异,

---

① 智商(IQ)是表示一个人智力能力的分数。智商的计算最早是用心理年龄除以生理年龄再乘以 100。韦克斯勒(Wechsler)放弃了心理年龄的概念,提出离差智商的概念,即采用统计学中概率分布的均数和标准差来计算个体相对于同龄伙伴的位置。魏氏量表由魏克斯勒在 1939 年发展出来,它包括 6 个言语测验和 5 个非言语操作测验,是得到最广运用的智力测验。魏氏量表经多年发展,分为 3 套量表:魏氏成人智力量表(Wechsler Adult Intelligence Scale-Revised,简称 WAIS-R)用于 16～74 岁人群;魏氏儿童智力量表(Wechsler Intelligence Scale for Children-Revised,简称 WISC-R),用于 6.5～16 岁儿童;魏氏学前儿童智力量表(Wechsler Preschool and Primary Scale of Intelligence,简称 WPPSI),用于 4～6.5 岁儿童。WISC-R 已从美国引进,1986 年分别在北京、上海、长沙进行了标准化。该量表是目前临床上应用十分广泛的智力评估方法之一,主要用于智力低下、学习困难及一些儿童发育和行为问题的诊断和鉴别诊断。——译者注

这些样本采集自在不同的治疗机构开展的研究。由于所有的值都来自同一种测量工具(ASI),所以在每一项研究中,男性均值和女性均值之差无须标准化即可直接用来生成各个效应值统计量,这些统计量在全部研究中是可比的。

标准化的均值差。该效应值统计量可应用于如下研究发现,这种发现在某种因变量上对两个小组的均值进行比较,但是该变量的操作化方式在各项研究样本中是**不同的**。最常见的此类情况是在治疗效果研究中,实验组与控制组的测量结果的均值之间的比较。但是,它也有另外一种恰当的应用,即对非实验性限定的各组之间的均值进行比较,例如在性别差异研究中男女之间的比较。有一些重要文献是关于这种效应值统计量的统计性质的,还有更多的文献报告了该统计量在各类元分析中的应用(例如 Cook et al., 1992; Cooper & Hedges, 1994; Hedges & Olkin, 1985)。在一项调查研究中,标准化的均值差效应值统计量可以依据如下公式从该研究汇报的统计信息中计算出来:

$$ES_{sm} = \frac{\overline{X}_{G1} - \overline{X}_{G2}}{s_p}, \tag{3.21}$$

该公式中各项的界定等同于前文的公式(3.17)到公式(3.20)中的相应界定。但是,当根据小样本特别是规模小于 20 的样本计算时,该效应值指标的偏差会趋于增加(Hedges,1981)。赫奇斯(Hedges)为这一偏误提供了简单的修正,并且所有后续的计算都将使用这个已修正的或**无偏**的效应值的估计量,如下所示:

$$ES'_{sm} = \left[1 - \frac{3}{4N - 9} \right] ES_{sm}, \tag{3.22}$$

$$SE_{sm} = \sqrt{\frac{n_{G1} + n_{G2}}{n_{G1} n_{G2}} + \frac{(ES'_{sm})^2}{2(n_{G1} + n_{G2})}}, \tag{3.23}$$

$$w_{sm} = \frac{1}{SE_{sm}^2} = \frac{2n_{G1} n_{G2}(n_{G1} + n_{G2})}{2(n_{G1} + n_{G2})^2 + n_{G1} n_{G2}(ES'_{sm})^2}, \tag{3.24}$$

这里的 N 是总的样本量($n_{G1} + n_{G2}$),ES_{sm}是在公式(3.21)中所展示的有偏误的标准化的均值差,n_{G1}是第一组的个案量,n_{G2}是第二组的个案量。

按照惯例,在比较治疗组和控制组时,如果治疗组的表现比控制组

"好",就赋予效应值一个正号;治疗组的表现比控制组"差"时,赋予一个负号。需要注意,这些符号未必对应于来自简单的均值减法的算术符号。当自变量得分高即表明表现好时,就根据这个惯例赋予符号;但是当分数低却表明表现好时,符号必须倒过来。同样的考虑也可适用于非实验性的组间对比。

在针对一些实验研究的某些元分析应用中,治疗组的标准差本身可能受到治疗的影响。例如,对个体对象产生不同影响的各个治疗会增加治疗组中因变量测度的变异。在其他情况下,治疗的效应可能会减少变异。例如,一个有效的教育项目可能使能力天生各不相同的学生达到一个共同的成绩水平。在此类情况下,最好仅利用控制组的标准差来估计效应值,因为通常假定该值不受治疗的影响,因而是对各自的总体方差的一个较好的估计。史密斯和格拉斯(Smith & Glass,1997;Smith,Glass & Miller,1980)在他们关于精神疗法效果的经典元分析中,就利用这项技术作为预防方法,尽管他们不清楚该技术在该例子中是否必要。当在该问题上有什么疑虑时,明智之举是对有待分析的两组(如治疗组和控制组)的标准差分别进行编码,后续的分析因而可以检测出其中是否存在任何系统差异。如果没有,在方差估计中可以把二者组合在一起,从而显示出大样本量的优势(Hedges,1981)。然而,如果存在显著差异,那么在效应值统计量的分母中可仅利用比较有代表性的那个值。

估计步骤。某些研究并不汇报用于计算效应值的均值或标准差或方差,这种情况也时常出现。在这类案例中,效应值有时可以根据其他已汇报的统计量估计出来。例如,标准化的均值差效应值可以直接根据来自独立的 t 检验的 t 值,或根据针对两组的一元方差分析(two-group one-way analysis of variance)的 F 比率值计算出来。根据所获取的信息的不同,对该效应值的接近程度也各不相同。对于两组比较来说,从最不接近到最接近,这些类别依次如下:

(a)根据提供的描述性信息可计算出均值和标准差。

(b)提供了完全显著性检验的统计量,例如,来自 t 检验的 t 值和自由度(df),或来自一元方差分析的 F 值和自由度,以及各个样本量。

(c)针对 t 检验或者一元方差分析汇报的一个准确的 p 值,提供了每一组的样本量或总的样本量。

(d)针对 t 检验或一元方差分析汇报出归类性的 p 值(如 $p < 0.01$, $p < 0.05$ 等),并提供每一组的样本量或总样本量。

除此之外还有如下一些情形,即根据来自其他统计量或更复杂的方差分析的信息也可能估计出效应值。附录 B 提供了一系列指导性原则,可用于估计在多种情形下的标准化的均值差效应值。沙迪什、罗宾逊和卢(Shadish, Robinson & Lu,1999)开发了一种计算机程序,在根据一些研究报告中发现的各类信息来估计标准化的平均效应值方面,该程序是十分有用的。

[例子]　　第 2 章描述的挑战项目元分析关注的是比较研究,即比较在实验性或准实验性设计中的一个控制组与参加挑战项目的被试组。所关注的主要结果构项是触法行为。一些合格的研究会展示出与这种结果项有关的许多变量,这些变量有不同的操作化方式,如在既定时间段内被逮捕的次数、各种形式的自填问卷、受学校处分的次数、儿童行为量表①(Children Behavior Checklist, CBCL)这样的标准化测量工具等。由于对触法行为的多种操作化在所应用的测度及与之相关的数据量表中各不相同,因此,即使它们处理的是同一个一般的构项,它们的结果也不能直接进行比较。因此,标准化的均值差效应值统计量就是描述挑战项目对违法的影响的一种合适的方式。通过根据对应的组合的标准差(pooled standard deviation)对干预组和控制组均值之差进行标准化处理,治疗的效果就可以根据多个单位的标准差来表征,而不用考虑最初的操作化的性质,并且这些治疗的效果还可以在各项研究中进行有意义的综合和比较。

比例之差。组间比较的结果还能以比例之差的形式出现。例如,一项元分析可能收集有关因犯的各种研究,以便考察暴力犯罪者和非暴力犯罪者在孩童时被虐待的比例之差。给出关于什么因素构成了孩童被虐待的有可比较性的定义的条件下,就可以根据与各自的组有关的比例之差这个简单的值来构造一个效应值,公式如下:

$$ES_{pd} = p_{G1} - p_{G2}, \tag{3.25}$$

---

① 阿肯巴克儿童行为量表(Achenbach CBCL 是 Achenbach Child Behavior Checklist 的缩写),是心理学家阿肯巴克(T. M. Achenbach)最早于 1981 年提出来的一种量表。——译者注

$$SE_{pd} = \sqrt{p(1-p)\left(\frac{1}{n_{G1}} + \frac{1}{n_{G2}}\right)},\tag{3.26}$$

$$w_{pd}[1] = \frac{1}{SE_{pd}^2} = \frac{n_{G1}n_{G2}}{p(1-p)(n_{G1}+n_{G2})},\tag{3.27}$$

这里的 p_{G1} 是第一组的比例,p_{G2} 是第二组的比例,n_{G1} 是第一组的个案量,n_{G2} 是第二组的个案量,p 是 p_{G1} 和 p_{G2} 的加权均值,具体等于 $(n_{G1}p_{G1} + n_{G2}p_{G2})/(n_{G1} + n_{G2})$。

估计步骤。该效应值的计算仅需要两个有待区分的比例值以及每个比例所依据的样本量。这些值通常会在有关两组之间的一项比较研究中汇报出来,或者可以轻松地从表格中的一些值或频数分布中估计出来。如果这些值不是以这种相对直接的形式给出来的,这个效应值统计量就不太可能从其他已知的统计量中估计出来。

比例之差既简单又直观。如弗莱斯(Fleiss,1994)所指出的那样,比例之差的优点可能仅在于此。它的一个缺点是,ES_{pd} 的各个可能值取决于 p_{G1}(或 p_{G2})在 0 和 1 之间出现的位置。也就是说,如果 p_{G1} 等于 0.5,那么 ES_{pd} 的最大值也是 0.5;如果 p_{G1} 等于 0.1,那么 ES_{pd} 的最小值是 −0.1,最大值是 0.9。按照弗莱斯的看法,这可能使得在各项研究中产生明显的异质性,因而难以解释各项研究之间的差异。我们利用计算机模拟法证实了这样的预期,该方法表明,对各个效应值之间的异质性程度的估计一致偏高,而对围绕着均值比例之差的置信区间的估计则偏低。因此,除非各项研究发现都在 p_{G1} 值方面很相近,并且只分析均值 ES_{pd},否则,在关注的变量为二分变量的情况下,我们推荐使用机率比效应值统计量。诸如加权多元回归分析这样复杂的分析也应该用机率比方法来执行。

机率比[2]。机率比(odds-ratio)是一种效应值统计量,它根据各组关于一种状态或事件,如死亡、疾病、成功的结果、得到治疗的收据、性别、暴露在毒素之下等(Berlin, Laird, Sacks & Chalmers, 1989; DerSimonian & Laird, 1986; Fleiss, 1994)的相对机率来比较各组。机率比通常被错误地解释为两个条件

---

[1]　原文此处为 w_{pg},应为 w_{pd}。——译者注

[2]　odds-ratio 又可翻译为比值比、比数比、机率比、胜算率、成败比、风险比、差异比、优势率、优势比、发生比率、概率比率、交叉乘积比等。笔者翻译为机率比。——译者注

概率之比[比率比(rate ratio),也被称为风险比率(risk ratio)]。为了理解机率比,有必要首先澄清**机率**的意义。一个事件的机率被定义为:

$$一个事件的机率 = \frac{p}{1-p},$$

这里的 p 就是事件的概率。例如,如果一种治疗出现成功结果的概率是 0.25,该结果的机率就是 0.33,即 0.25/(1 - 0.25)。因此,在既定治疗的情况下,一个成功结果的机率是 1/3(1 项成功对 3 项失败),而成功的概率是 1/4(4 个案例中 1 个成功)。对控制组来说,假设一个成功结果的概率是 0.2。在没有给定治疗的情况下,一个成功结果的机率就是 0.25,即 0.2/(1 - 0.2)。对于治疗组和控制组各自成功的机率来说,我们可以计算出机率之比,它是这两个机率之比,即 0.33/0.25,等于 1.32。就这个虚构的数据来讲,治疗组取得成功结果的可能性是控制组的 1.32 倍。

机率比适用于那些使用二分变量并利用相对频次和比例的形式展示出来的研究发现,如用交互表描述的结果。它特别适合于对事件的研究,如在一个既定年份内的一个样本中死于心脏病的人数所占的比例。正是由于这个原因,它才被广泛用于对医学研究的元分析之中。

可以用一个 2×2 表格中的结果来界定机率比,这些结果或者被表述为频数,或者表述为比例,其中 a, b, c 和 d 表示频数,p_a, p_b, p_c, p_d 表示每组在每种状态下的比例(参见表 3.1)。有关诸多状态变量的例子包括诸如再犯与不再犯,怀孕与没怀孕,通过考试与没通过考试和孩童时是否被虐待等。在一个 2×2 表格中,机率比既可以根据频数,也可以通过比例计算出来,公式如下:

$$ES_{OR} = \frac{ad}{bc} = \frac{p_a p_d}{p_b p_c} = \frac{p_a/p_b}{p_c/p_d} = \frac{p_a(1-p_c)}{p_c(1-p_a)}, \tag{3.28}$$

(如果 a, b, c 或 $d = 0$,那么所有格值都加上 0.5)[1]

---

[1] 在一个 2×2 表格中,如果 a, b, c 或 $d = 0$,那么 ES_{OR} 公式不可应用。为了保持计算的连续性和稳定性,需要在所有格值都加上 0.5。——译者注

表3.1

	频　次		比　例	
	状态 A	非状态 A	状态 A	非状态 A
第一组	a	b	$p_a = a/(a+b)$	$p_b = b/(a+b)$
第二组	c	d	$p_c = c/(c+d)$	$p_d = d/(c+d)$

机率比有一种会引起不方便的格式,即它以 1 而不是 0 为核心,1 表示没有关系,0 和 1 之间的值表示负相关,大于 1 的值表示正相关。因此,机率比为0.5与机率比2(0.5 的倒数)表达相同的相关强度,但是方向相反。为了弥补这一特质,所有的分析都在机率比的自然对数基础上进行。对数机率比的分布形式接近于正态分布,其均值为 0,标准差为 1.83。因此,一个负值反映负相关,正值反映正相关。使用对数机率比在计算上的另一个优点是标准误的计算变得容易了。对数机率比、标准误和方差权重倒数分别根据如下公式计算:

$$ES_{LOR} = \log_e(ES_{OR}), \tag{3.29}$$

$$SE_{LOR} = \sqrt{\frac{1}{a} + \frac{1}{b} + \frac{1}{c} + \frac{1}{d}}, \tag{3.30}$$

$$w_{LOR} = \frac{1}{SE_{LOR}^2} = \frac{abcd}{ab(c+d)+cd(a+b)}, \tag{3.31}$$

(如果 a, b, c 或 $d=0$,那么所有格值都加上 0.5)

其中各个字母的含义由表 3.1 界定。一些汇总性的统计量,如均值和置信区间等也可以通过取反对数方法转换成机率比,如下所示:

$$ES_{OR} = e^{ES_{LOR}}, \tag{3.32}$$

这里的 e 是自然对数的底,约等于 2.718,ES_{LOR} 是某个取了自然对数的机率比。

对数机率比也可以用另一种形式表示,这种形式展示了它与许多社会科学家所熟悉的标准化的均值差效应值统计量之间的关联。特别是,对数机率比可以通过每组对数之差计算出来(参见前文给出的等式3.4),用符号表示如下:

$$ES_{LOR} = \log_e\left[\frac{p_{G1}}{1-p_{G1}}\right] - \log_e\left[\frac{p_{G2}}{1-p_{G2}}\right], \tag{3.33}$$

这里的 p_{G1} 是第一组中属于所期望类别的人数所占比例,p_{G2} 是第二组中属于所期望类别的人数所占比例。因此,可以把对数机率比直接解释为每组中经过对数转换的"成功"机率之差。

格值频次等于 0。当频次等于 0 时,在元分析中使用机率比作为效应值统计量就会出现问题。注意,只有在所有项都大于 0 时,公式(3.28)和公式(3.30)才可以被成功地计算出来。为了消除任何零值,在每个格值上增加 0.5 就可以解决这一问题,但是却产生了偏小的偏差(Fleiss,1994)。在一系列结果中,如果只有少数代表研究发现的 2×2 列联表包含 0 值,那么在这些少数表的每个格值频次上加 0.5 是切实可行的,并且会产生一些合理的、准确的估计。糟糕的是,这些少数的估计值将倾向于保守,稍微低估了关系的强度。然而,如果在关注的研究域中经常出现零值频数,就应该利用曼特尔-亨塞尔机率比组合法(Mantel-Haenszel method of combining odds-ratios,简写为 M-H 法)(Hauck,1989)。这种方法不依赖于单个计算出来的机率比,所以它避免了零值问题。遗憾的是,M-H 方法不支持本书通篇给出的用来构造并分析元分析数据的普遍框架,并且如果没有每个个体的机率比值,在第 6 章中给出的各种分析选择项的充分补充就不能进行。如果你的元分析包含小样本($n < 100$),并且许多频次等于 0 的话,那么请参见弗莱斯(Fleiss,1994)关于 M-H 法的具体论述。来自 M-H 法和以上文给出的效应值统计量为基础的对数机率比方法的一些结果会随着样本量的增加而趋于一致(Fleiss,1994),后一种方法常常被用作 M-H 法的近似法。

　　[例子]　假定一位研究者希望对某些项目在阻止未成年人高中辍学方面的效果进行元分析。把符合条件的诸多项研究的研究设计限制为干预组和控制组之间的实验比较。所有关注的结果变量都是二分指标,即有关辍学还是坚持学业直到毕业的学生的数量或比例的二分指标。由于自变量(干预组对控制组)和因变量(放弃与不放弃)都是自然的二分类,所以机率比是最适于进行元分析的效应值统计量。

　　把在连续量表和二分量表基础上测量的组间差混合在一起。在对组间差研究的元分析中,一个常见的问题是,感兴趣的构项据以计量和测量的方法之间是不一致的。也就是说,本质上是连续的构项既可以根据连续量表,也可以利用二分量表来测量。连续性构项最初可能是以二分方式测量的,或者连续性测度被研究者人为地二分化。例如,在经过一个挑战项目干预后出现的触法行为可以用一个包含多项的、自我汇报的违法量表来测量,该量表可以产生连续性的数值或者一个二值变量,表明干预 6 个月后未成年人是否被捕,研究者可以根据初始形式来分析和展示连续性的自我报告值,也可以对之进行二分化处理。由于标准化的均值差和各个机率比效应值统计量在数值上不可比较,对于那些拥有来自连续测度和二分测度的相同构项的研究发现来说,把它们综合在一起是有问题的。

　　许多元分析者采用的一种解决方法是使用标准化的均值差效应值统计量,并且当面临二分因变量时,要利用一种转换,以便适应于二分法。常见的转换方法包括probit、logit和反正弦(arcsine)转换。probit的转换逻辑易于理解。一个比例值p的probit是标准正态分布的某个z值,在分布中比例为p的部分在该值之下。换句话说,正是作为标准正态分布分割点的这个z值才再次生成了已知的"成功"和"失败"比例这个二分法。p=0.5的probit是0,因为z=0是标准正态分布的中点。如果变量是连续变量并服从正态分布,那么两个probit之差(即各自z值之差)就是对标准化的均值差效应值的一个估计。从理论上讲,probit应该是对标准化的均值差效应值的一个极佳的估计。但是,随着潜在的分布偏离正态性,probit也倾向于高估标准化的均值差,除非分割点位于一个偏态分布的尾部。这一高估值可能达到最大,超过对应的标准化均值差值的75%。

　　logit方法的基础是对数机率比[公式(3.28)、公式(3.29)、公式(3.33)]。logistic分布近似于正态分布,其标准差为1.83。一个对数机率比可以除以1.83(或者乘以0.55)而得到重新计量,从而可以直接与标准化的均值差效应值进行对比,并且与probit转换更加接近。在一项元分析中,如果大部分(而不是全部)研究都使用一个二分测度来考察组间差,那么针对二分测度使用logit转换,针对连续测度使用标准化均值差可能是最好的方法[有关把各个对数化的机率比和标准化的均值差效应值结合在一起的更详细论述,参见哈塞尔布拉德和赫奇斯的文章(Hassleblad & Hedges,1995)]。

　　反正弦方法是从统计功效分析(statistical power analysis)中(Cohen,1988)借用来的,相应的效应值被定义为一组中的比例的反正弦和另一组中比例的反正弦之差。这种方法为比例之差构造了一个效应值,其统计功效p和1−p与0和1之间的位置无关,并且它与标准化的均值差效应值近似相等。但是,除了极端偏态情形之外,反正弦产生的标准化的均值差效应值的估计值经常比probit方法的小,并且低估了标准化的均值差。

元分析者如何行事？有若干合理的方法。首先,元分析者可以简单地选择把关于一个构项的连续因变量和二分因变量分别综合在一起。如果各自的一系列变量本质上是连续变量和二分变量,也就是说,从实质上讲,一个系列的变量服从连续分布,另外一个系列的变量却服从二值分布,那么从统计上讲,这就是最好的理由正当的步骤。然而,尽管保持了统计上的纯粹性,对不同的效应值统计量分别进行分析却存在一个缺陷,即对于通常令人感兴趣的各项研究之间的比较(between-studies comparisons)而言,它降低了每项分析中的效应值的数目。此外,诸如下列个案的情况也不太多,即在这些个案的研究发现中,相同的因变量构项在本质上既可以进行连续表达,也可以进行二分表达。更典型的情形是在一些混合测量案例中,实际关注的构项背后有一种连续的分布,可以根据某些测量操作化方式简单地简化为二分法。

当假定某个构项在本质上具有连续性时,元分析者可以使用反正弦、logit 或者 probit 方法来估计二分因变量的标准化的均值差效应值,估计连续因变量的标准化均值差,然后把全部效应值放在一起进行分析。然而,该过程必须小心谨慎,应考察其研究发现,进而评价它在多大程度上影响来自元分析的某些重要结论,例如,要确保不管针对二分变量采用哪种效应值方法,这些结论都是稳定的。

我们相信,对于大多数目的而言,比较保守的反正弦方法应该优先考虑。在元分析中,当我们已经使用了反正弦估计法和各个标准化的均值差效应值时,通过灵敏度分析显示出,二分变量的反正弦效应值有点变小,但差距不太大。在针对各项研究之间的差异进行的所有回归分析中,作为一种保障措施,我们要加入一个虚拟变量(dummy variable),用来表征效应值是否使用了反正弦方法。在这些分析中,该虚拟变量有时候在统计上是显著的,并且意义重大,这使我们更有必要注意:不要把与效应值近似值相关的各项差异与各项研究之间的实际差异混淆在一起。当然,如果期望在所有的研究样本中我们关注的构项都服从正态分布,那么 probit 方法,或者它的近似法 logit 可以提供一个更好的估计。至于评估每一种方法在各种条件下的适宜性,则需要进一步的理论和经验工作。

某些研究发现代表了各组之间在因变量上的比较,为了帮助选出关于这些研究发现的一个恰当的效应值统计量,图3.1展示的决策树总结了前文给出的讨论和建议。

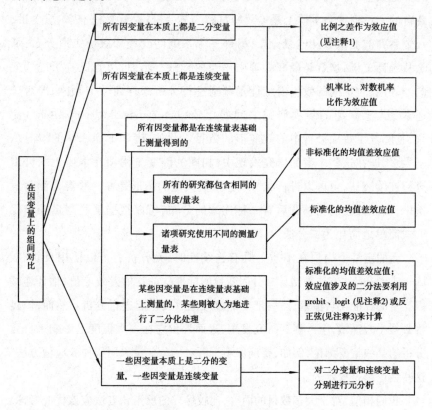

注释1:效应值随着$0 < p < 1$而变;存在潜在的异质性问题。
注释2:当潜在的分布不是正态分布时,会高估效应值。
注释3:当潜在的分布不是正态分布时,会低估效应值;但比 probit 或 logit 方法好。

图3.1　针对在因变量上进行的组间对比研究的效应值决策树

变量之间的相关

当研究发现涉及两个变量之间的协变,在这种常见的情形下元分析者也可能需要另一个效应值统计量。此类情形是很多的,特别是当对来源于调查、访谈或记录的数据进行分析的时候更是如此。例如,有学者可能考察家庭社会经济地位与高中生英语成绩之间的关联,或者对心理健康病人先前的药物滥用报告与症状的严重程度之间的关系感兴趣,或者关注的关联是可预测性的,如在某个时间测量的风险变量与随后出现的行为问题之间的关系。许多测量问题也涉及这种关联性。例如,对信度的评价通常通过同一个测度在两种情况下的值之间的相关系数来进行,对效度的考察则根据一种测度与一个基准变量之间的相关系数来进行。在这些案例中,元分析所使用的效应值指标通常是我们熟悉的**皮尔逊积矩相关系数**(Pearson product-moment correlation coefficient)及其各种变体。对某些情况而言,其他相关的效应值统计量包括前文讨论过的**机率比**和**标准化的均值差**。

在讨论反映两个变量之间关联的效应值统计量的特性之前,需要恰当地指出一个简短的题外话,即各类研究发现在本质上都可被看成双变量关系。特别是,我们必须意识到,可以把任何两个变量之间的关系看成一个双变量相关关系。例如,关于组间对比的研究发现可被描述为一个二分自变量(组)与一个因变量之间的相关。当因变量是一个连续性测度时,在这种条件下便可以典型地利用标准化的均值差效应值统计量。当因变量是二分变量时,便使用机率比效应值统计量。虽然这些效应值统计量比较自然地表征了那些关注组间差的发现,但是这些发现还可以被描述为一个被二分编码的自变量(如小组 =0 或 1)和因变量之间的相关关系,而因变量也可能是二分变量。

标准的积矩(product-moment)相关系数是根据两个连续变量(即其取值是从低到高逐渐增加的)计算出来的。如果对非此类变量采用同样的计算方式,就会使相关系数产生各种变化。例如,**点二列相关**(point-biserial correlation)系数就是一类积矩相关系数,是为了计算一个二分变量与一个连续变量之间的相关而得到的系数,与此类似,phi 系数[也称为四分点相关(fourfold point correlation)]①就是为了计算两个二分变量之间关系而得到的积矩相关系数。

---

① 这种指标用来表达任何两个系列值之间的关系,这些值都可以被表示为有序的二值维度(ordered binary dimensions)(如男、女)。皮尔逊积矩相关系数是基本的形式,根据它修改的一些著名的系数包括点二列相关(point-biserial correlation)、斯皮尔曼等级差相关(Spearman rank-difference correlation)、四分点相关(fourfold point correlation)和相关比率(correlation ratio)。表达定类变量之间的关系一般只能用列联系数(contingency coefficient)。有学者针对两个定类变量之间的关系推广了皮尔逊系数,得到 K' coefficient,它避免了列联系数的内在缺陷。——译者注

但是,使用二分变量计算出的相关系数有某些怪异之处。如果假定二分变量有一个服从正态分布的潜在连续统(continuum),那么实际观察到的相关系数将比使用连续测度时所得到的相关系数小(Hunter & Schmidt,1990a;McNemar,1996)。例如,在被进行二分化测量(即分为高和低两类的)社会支持与被连续地测量的抑郁之间的相关系数将比对社会支持进行连续地测量的时候得到的相关系数要小。如果该连续变量服从正态分布,那么对于一个5-5开(50-50 split)的二分测量而言,相关系数将缩小到在使用连续测度时所得到的相关系数的0.8。随着二分法逐渐趋于偏态,衰减的程度也越大。就一种测度来说,它的9-1开(90-10 split)得到的相关系数将是在没有进行两分情况下的相关系数的0.59。当相关的两个变量都是二分变量时,二分法的影响将得到消解。

这种情况的一个结果是,在一个变量或两个变量都是二分变量时得到的相关系数在数值上将不能与使用连续变量得到的相关系数进行比较。因此,当考虑以双变量相关形式表现的研究发现的效应值统计量时,必须注意变量被计量的方式。带着这些想法,我们来思考双变量相关的各种形式及其对效应值统计量的含义。

两个二分变量(机率比和φ系数)。以两个本质上为二分变量(如男-女,生-死,被捕-未被捕等)之间关系的形式存在的研究发现可以利用(前文描述的)机率比效应值统计量来表征,也可根据积矩相关系数(稍后描述)来表征,该系数的应用将产生φ系数。虽然在二者之间进行选择的根据不是板上钉钉之事(cut and dry),但是仍然有一些明显值得思考的地方。最重要的一点可能是取二分变量的每个值的案例数量之间不成比例的程度。当某个二分变量的两个值的分配比较极端,例如3-7开或更高,而另外一个变量的二分法却不太极端时,φ系数的最大值就明显受到限制,即便变量之间从数学上讲可能出现最强的关系(Guilford,1965),该系数也可能远远小于1。例如,对于一个2×2表而言,如果其中一个变量为9-1开,另一个变量为5-5开,那么最大可能的φ值是0.33,远远小于1。如果前一个变量为2-8开,那么φ的最大值只增加到0.50。另一方面,机率比相对于边缘比例,即对每一个二分变量的比例分配的变化不灵敏,因此它很适合于描述低频次事件。

但是,机率比通常被解释为一个二分因变量的两个子样本之间的对比,而自然把 φ 系数简单地解释为在一个既定样本之上测量得到的两个变量之间的关系强度或预测性强度。因此,当我们感兴趣的研究发现关注的是易于区分的两组之间在一个二分因变量上的差异时(例如死亡率中的性别差异),尽管 φ 系数表达的信息可能相同,但机率比可能更易于解释。相反,当研究发现关注两个变量之间关系(例如,在一次成绩测试中两个条目之间的通过-失败关系)时,相关系数则可能更容易解释。这些视角上的差异(组间差对变量之间的关系)可能反映在所关注的研究发现中通常汇报的统计量当中,这些统计量往往具有实践意义。如果大多数研究都给出了相关系数,那么元分析者应该明智地选择该系数作为效应值统计量。如果列联表或与之类似的形式显示出子样本的频次或比例方面存在差异,那么一般来讲可以证明机率比易于计算,可作为效应值统计量。

最后,机率比有一些适用于进行元分析的统计性质,而 φ 系数则是有问题的(Haddock et al. , 1998)。特别是,φ 系数对边缘比例方面变化的灵敏性会产生"过量的"异质性(Fleiss, 1994)。也就是说,假定已知一系列 φ 系数被用来估计一个公共相关系数(common correlation),那么它们的分布将错误地呈现出异质性。这也影响到 φ 系数均值的置信区间。另一方面,机率比却很好地符合统计理论。通过计算机模拟可以看到,来自使用机率比的重复元分析的研究发现都趋于总体值,并且产生一个精确的同质性统计量(homogeneity statistic)和置信区间。

[**例子**] 假设一位元分析者正在进行有关肺癌患者死亡率的性别差异的一系列研究,目的是确定男性的死亡率是否更大。由于性别和死亡率实质上都是二分变量,并且可以期望大多数研究都用 2×2 表或与之类似的形式来汇报这两个变量之间的关系,所以,机率比是用来表征研究发现的一种恰当的效应值统计量。

一个二分变量和一个连续变量(点二列相关系数和标准化的均值差)。以一个本质上为二分变量(例如男性-女性、治疗-控制)和一个连续变量(如考试成绩、住院天数)之间的关系形式存在的研究发现可以被恰当地表征为一个标准化的均值差效应值统计量或一个积矩相关系数,作为适合于描述此类变量的一个相关系数,该系数采用的是点二列相关系数形式。这种情况十分类似于上文讨论的有关两个二分变量的情形。如果其中一个二分变量的分布比较极端,例如 8-2 开或更高,那么点二列相关系数的范围就受到严格的限制,在这些情况下,二分变量就没有什么特别吸引人的性质(Hunter & Schmidt,1990a;Guilford,1965;McNemar,1966)。另一方面,标准化的均值差却不会遇到这个问题,并且就满足元分析的目的而言它有一些优秀的统计性质。因此,如果关注点是一个二分变量和一个连续变量之间的相关性,那么建议使用标准化的均值差效应值。为了解释的方便,标准化的均值差效应值统计量及与之相关的统计量(如均值、置信区间)可用如下公式转换成一个点二列相关系数量纲:

$$r_{pb} = \frac{ES_{sm}}{\sqrt{(1/p(1-p)) + ES_{sm}^2}}, \qquad (3.34)$$

这里的 ES_{sm} 是任意一个标准化的均值差效应值,p 是第一组中的调查对象所占比例,$1-p$ 是第二组中的调查对象所占比例。如果两组的规模相等,即 $p = 1 - p = 0.5$ 或者说 $n_{G1} = n_{G2}$,那么上述公式可简化为:

$$r_{pb} = \frac{ES_{sm}}{\sqrt{4 + ES_{sm}^2}} \text{。} \qquad (3.35)$$

同样,对于任意一项汇报了点二列相关系数的研究来说,都可以利用如下公式计算出标准化的均值差:

$$ES_{sm} = \frac{r_{pb}}{\sqrt{p(1-p)(1-r^2)}}, \qquad (3.36)$$

这里的 r_{pb} 是相关系数,p 的定义如上述所示。同样,当 $p = 0.5$ 时,该公式可简化为:

$$ES_{sm} = \frac{2r_{pb}}{\sqrt{1 + r^2}} \text{。} \qquad (3.37)$$

两个连续变量(积矩相关)。当有待于进行元分析的研究发现包含两个连续变量之间的双变量关系时,积矩相关系数就是直接可用的效应值统计量。当然,事实上所有这些研究发现在初始研究中都是用相关系数汇报出来的,所以,考虑用任意其他效应值统计量来描述它们,这显然是不明智的。变量 x 和变量 y 之间关系的相关系数被定义为:

$$r_{xy} = \frac{\sigma_{xy}^2}{\sigma_x \sigma_y}, \tag{3.38}$$

这里的 σ_{xy}^2 是 x 和 y 之间的协方差,σ_x 和 σ_y 分别是 x 和 y 的标准差。因此,积矩相关系数就是 x 和 y 之间的协方差除以每个变量的标准差之积。相关系数已经是一个标准化的指标,因此,即便相关的两个变量的操作化方式不同,它的初始形式仍然可以作为元分析的效应值统计量。正是这种内在的标准化才产生了相关系数,不管它所使用的变量的取值范围如何,相关系数的取值范围都为 $-1 \sim 1$。

但是,积矩相关系数的标准化形式有一些我们不太希望出现的统计性质,即它包含一个较棘手的标准误公式(Alexander et al. , 1989;Rosenthal, 1994)。我们知道,标准误被用于决定在分析过程中所需的方差权重倒数。因此,当把各个相关系数用作效应值时,它通常使用如下所示的费雪 Z_r 转换公式(Fisher's Z_r-transform)进行转换(Hedges & Olkin,1985):

$$ES_{Z_r} = 0.5 \log_e \left[\frac{1+r}{1-r} \right], \tag{3.39}$$

这里的 r 是相关系数,$\log_e$ 是自然对数。被转换的值既可以用相应的计算机程序根据该公式计算出来,也可以根据 Z_r 转换表,如用库珀和赫奇斯(Cooper & Hedges,1994:552),赫奇斯和奥尔金(Hedges & Olkin,1985:333)和海斯(Hays,1988:942)给出的表查找出来。为了解释的方便,任何一个经过 Z_r 转换的相关系数或均值相关系数都可以反过来被转换成标准的相关形式。这需要使用如下所示的 Z_r 转换公式的反函数形式来实现[1](Hedges & Olkin, 1985):

$$r = \frac{e^{2ES_{Z_r}} - 1}{e^{2ES_{Z_r}} + 1}, \tag{3.40}$$

---

[1] 应该注意,不是所有的元分析者都喜欢利用经过 Z 转换的相关效应值。亨特和施密特(Hunter & Schmidt,1990)认为这些值的偏差会增加,因而他们更喜欢把未经过 Z 转换的相关系数组合在一起。然而,这种方法给元分析者将要进行的其他计算,例如涉及效应值方差和权重等的计算带来一定程度的混乱。我们将利用比较方便的经过 Z 转换的相关系数来展示一些后续公式,但是感兴趣的分析者可能还需要参考亚历山大等学者(Alexander,Scozzaro & Borodkin,1989;Hedges & Olkin,1985;Hunter & Schmidt,1990b;Rosenthal,1994;Shadish & Haddock,1994)关于该问题的更详细的讨论。

这里的 r 是单个相关系数或平均相关系数,ES_{Z_r} 是对应的单个 Z_r 转换的相关系数或平均相关系数,e 是自然对数的底,约等于 2.718,用我们已经对其他效应值统计量所使用的形式来表示,现在我们可以将相关系数描述为一个效应值统计量,公式如下:

$$ES_r = r, \tag{3.41}$$

$$ES_{Z_r} = 0.5 \log_e\left[\frac{1 + ES_r}{1 - ES_r}\right], \tag{3.42}$$

$$SE_{Z_r} = \frac{1}{\sqrt{n - 3}}, \tag{3.43}$$

$$w_{Z_r} = \frac{1}{SE_{Z_r}^2} = n - 3, \tag{3.44}$$

这里的 r 是相关系数,n 是样本总量。

估计的步骤。由于探究变量之间相关的大多数研究都直接使用积矩相关系数来汇报研究发现,因此,效应值的编码一般只是要求记录这种相关。然而,元分析者可能会遇到这样一些案例,即相关信息是用其他形式表示的,最常使用的是交互表。在这些情况下,可能需要计算或估计所需要的相关系数。与前文讨论的标准化均值差效应值的情形一样,这种估计过程也可以根据 p 值或由统计显著性检验所产生的其他此类信息来进行。附录 B 针对这些情况提供了一些有用的步骤。

[**例子**]   假设一位元分析者希望探讨在一次求职面访中由人事部经理给出的排名等级的效度。他为此搜集到一系列相关的研究,汇报出在各种职业和工作情境中访谈者的评价等级与被访者后来的职业表现测度之间的关系强度。分析者的主要关注点在于相关关系,大多数研究都用相关系数来汇报研究结果,并且访谈者的评价和职业表现一般都根据连续变量来测量。在这种情况下,积矩相关系数就是一个恰当的效应值统计量。出于进行某些分析的方便,研究者可能利用效应值统计量的费雪 Z_r 转换形式,然后把计算的结果反过来转换为常规的相关系数,以便于解释。

二分变量和连续变量的混合配对。在创造性方面参差不齐的研究领域中,元分析者在希望加以分析的一些双变量关系研究中,最经常发现的是各种变量类型和统计公式。即使元分析者感兴趣的关系中的构项和变量的定义相对狭窄,相关的双变量研究发现也可能把每个变量的连续形式和二分形式同时包含在各种组合中。更复杂的是,当初始研究中的变量被设定为二分变量时,它们可能是人为设置的。也就是说,变量本质上可能不是像男-女之分那样的二分变量,而是被强加在一个潜在连续统之上的一对二分类别。例如,如果相关的研究发现报告了年轻人的学术成就与吸毒之间的关系,那么很自然地,这两个变量最好被看成连续变量——年轻人有一定程度的学术成就,在一定程度上吸毒。但是,在一些研究中,对这些构项的操作化可能将学术成就二分为“高”与“低”,或“通过”与“未通过”,同时也将吸毒二分化为“因吸毒而被捕过”与“从未被捕过”,或者“吸毒者”与“不吸毒者”。

　　这种情况产生了两个问题。第一,当双变量关系中的一个变量在本质上是连续变量,而在测量或分析的时候却被人为地二分化,从技术上讲,标准的积矩相关系数就不是用来代表这种关系的最合适的统计量。如果两个变量中的一个被人为地进行了二分化处理,那么二列相关系数[①](biserial correlation)就能够较好地代表这种关系,如果两个变量都被人为地二分化,那么四分相关系数[②](tetrachoric correlation)才更为合适(Guilford, 1965; McNemar,1966)。但是,这些系数都不能简单地根据适用于计算二分变量的标准积矩系数公式来求得。进一步说,它们都含有不同的标准误形式,因而要求有不同的方差权重倒数,同时也在潜在的连续变量的正态性方面作相当强的假定。由于它们是来源于标准积矩相关系数的一个不同类型的变种,因此,在同一次分析中把它们与标准系数结合在一起是有问题的。

　　实际上,除了在有关测量的普遍性和效度的领域之外,在有关相关系数效应值统计量的元分析中,一个自然的二分法和强加在一个连续统上的人为二分法之间的技术差异被大大地忽略了。然而,当标准的相关系数是根据二分变量计算而来,特别是当这些二分变量的分割不接近于5-5开时,剩余的问题就涉及对该相关系数的值进行限制。这意味着元分析者可能得出代表

---

① 二列相关系数就是当一列或两列数据已经被整理成分组数据,或成为次数分布表时采用的手工计算皮尔逊相关系数的替代性方案。在 SPSS 中只需直接计算两列连续变量的皮尔逊相关系数即可。——译者注

② 该统计量也只适用于2×2表,如果2×2表表示的是两个连续性变量各自被强行分为两类的结果时,tetrachoric 相关系数就可以估计两变量之间的线性相关。——译者注

同一种关系强度的两种研究发现,但是如果在一种结果中有一个二分变量或两个变量都被二分化,而在另外一种结果中不被二分化,那么它们将产生不同的效应值。同时,由于设定的相关系数被限制在一个相当狭小的范围内(绝对值为 0~1),所以,相对于所关注的相关系数的数量来说,与二分法有关的曲解程度可能较大。当然,这可能给元分析者想要分析的有关双变量强度的一组效应值带来不可忽视的偏差。

幸运的是,如果正态分布假定得以成立,那么由人为的二分化带来的减小的相关系数是可以修正的。这一修正需要的信息仅仅是有关处于二分法下半部分和上半部分的案例所占比例,而这常常在研究报告中是已经提供的信息,或者可根据报告中提供的信息估计出来。亨特和施米特(Hunter & Schmidit, 1990a)对这一修正进行了详细的讨论,本书第 6 章也给出了一些总结性公式。因此,在既利用二分测度,也利用连续测度来汇报相同的两个构项之间的一些双变量关系的情形中,只要假设所有连续变量测量的一般性连续统都可以被人为地进行二值化处理,就可用相关系数效应值统计量来描述全部结果。这样看来,包含一个二分变量的每个相关系数都可用亨特和施密特(Hunter & Schmidt,1990a)的程序进行调整,从而使得产生的多个值能够更恰当地与来自两个连续变量之间的相关系数进行比较。

需要额外注意的是,在任何包含由来自不同的统计形式或者变量类型的多个效应值构成的混合情境中,应该明智地将关于每个效应值所依据的变量类型或统计形式的信息进行编码。例如,可以对相关信息进行编码,以便表明在已知的相关关系中哪些变量是二分变量,该变量的分布的极端程度如何(如 9-1 开,8-2 开等),以及元分析者是否把针对二分化的修正应用于这种特定的相关关系之中。在分析各个效应值时,元分析者可以探究这些值的变化在多大程度上与二分变量的存在、它们分布的偏态性或在已经应用的修正中的不一致性有关联。这不但提供了诊断性信息,即关于由二分变量和连续变量的混合相关而对效应值产生的误导性信息,还允许进行额外的调整,即根据本书第 6 章所解释的方法,在分析阶段把这些诊断性项目看成协变量。

为了指导人们认识不同混合类型的相关关系,并选择恰当的效应值统计量,图 3.2 针对各种情境展示了一个决策树,在对变量之间的相关关系进行元分析时常常遇到这些情境。

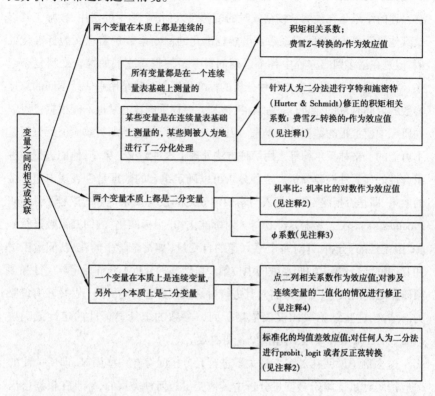

注释1：对人为二分化的调整需要假定潜在的分布是正态分布；如果不是正态分布，调整可能
　　　　是错误的。

注释2：通常把它解释为子样本之间的组间差或对比。

注释3：ϕ 系数的上限和下限是比例分割（proportion split）的一个函数，如果比例非常极端则
　　　　可能产生问题。

注释4：当二分变量有一个极端的分割时，上限和下限受到约束。

图3.2　涉及变量之间相关或者关联的一些研究的效应值决策树

多变量关系

　　许多有趣的研究发现涉及两个以上变量，即多变量之间的关系。例如，某些研究问题是通过多元回归、结构方程模型、因子分析、判别分析等方法来探究的。多变量关系给元分析带来特殊的挑战。然而，还是存在一些用来处理此类研究的方法。例如，格林沃尔德等学者（Greenwald, Hedges & Laine, 1994）致力

于把关于资源投入与学校绩效之间关系的定量多变量模型综合在一起。他们感兴趣的结果是在预测学校绩效时的资源投入(每个学生的费用、教师工资以及其他资源投入)的回归系数。虽然标准化的回归系数顾名思义为标准化的值,但是在诸多回归方程中各个系列的自变量使得对它们的综合变得复杂起来。特别是,一般假定来自每种分析的标准化回归系数是用来估计不同的总体参数的。同时,每个回归系数的标准误和方差权重倒数通常也不能根据已发表的研究中所汇报的数据计算出来。因此,该书通篇描述的那类效应值元分析是不可能的。格林沃尔德等人用两种方法处理了这种情况。第一,他们进行一种组合性的显著性检验分析。这种分析可以确定组合的数据是否表现出显著性的效果,即是否拒绝"资源投入与学校绩效之间没有关系"这个虚无假设(null hypothesis)。第二,格林沃尔德等人对标准化和"半标准化"的回归系数进行一种"限定性的"分析,针对每个感兴趣的自变量(如每个学生的花费、职员工资和其他资源)计算出回归系数的中位数。虽然这种分析不允许评定异质性和多项研究之间的效应(第6章将对其进行讨论),但是它可能得到一些比较有说服力的结论,这些结论要比仅仅依赖于回归参数的统计显著性的定性或唱票(vote-counting review)法得出的结论更有效。

这个例子说明在对多变量关系进行元分析时存在一些困难,即所关注的效应值统计量依赖于多变量分析中其他变量是何种类型的,并且在根据已出版的研究报告中提供的信息来获得方差权重倒数方面也存在困难。因此,尽管如格林沃尔德等人所做的那样,为了达到目的可以进行简单的组合和描述性比较,但是通常情况下,不能针对多变量关系进行一个完整的、恰当的、以效应值为导向的元分析。

还有一种思路,即在实践中通常倾向于用元分析把来自各项初始研究的多变量分析所依据的各个统计量(通常是相关系数)进行综合。然后可以根据综合的相关系数矩阵进行多变量分析。在相关文献中,针对多变量的此类元分析例证包括贝克尔(Becker,1992),普雷马克和亨特(Premack & Hunter,1988)和贝克尔(Becker,1996)。贝克尔(Becker,1992)分别针对男女科学成就的一些预言项之间的相关系数进行了综合,并用多变量分析来评价同一系列变量对两性来说是否都重要。普雷马克和亨特(Premack & Hunter)考察了一个有关组建工会的雇员决策模型,该模型包含 5 个预测项,而贝克尔(Becker,1996)对诸多相关矩阵进行了综合,以便进行因子分析。尽管这种研究有发展潜力,但是它忽略了来自大多数多变量研究报告的全部相关系数矩阵,这一点限制了它的应用。对多变量研究发现的元分析可以通过出版规范的变化而得到极大推进,从而使得即将报告的相关矩阵变成标准的矩阵。

在对效应值进行编码时的非显著性报告和缺失数据问题

在对元分析的诸多研究进行编码时遇到的困难是,一些符合要求的研究发现却没有充分的信息来计算效应值。例如,一项研究可能仅仅简单报告了一种效应在统计上不显著,或者在统计上显著但没有报告诸如均值、标准差或一个 t 值这样的定量信息。与所有的缺失值情形一样,问题在于这种缺失现象不是随机的。也就是说,如果报告的效应值通常较大(而不是较小或无效应)并且提供了充分的信息用来计算效应值,那么元分析的结果将有偏差。元分析者采用了若干方法来处理这一问题。

最早的方法,也是被许多元分析者采用的一种方法是完全忽视这一问题,仅仅考虑那些提供了全部必要信息的效应值。尽管这种方法比较诱人,但它通常不是最好的。

第二种方法是将各个缺失的效应值归为一个值,例如 0。也就是说,如果一项研究仅仅报告了效应值是不显著的,就可以将效应值编码为 0。对于在统计上显著,并且没有给出具体的概率水平的效应值来说,可以根据 $p = 0.05$ 这个假设来估计。换句话说,用附录 B 讨论的方法,在样本量给定的情况下,可以确定为了获得 $p = 0.05$ 所必需的最小的效应值是多少。这种方法被公认是比较保守的,它导致各项研究的平均效应值的一个下降的偏差。它仅仅在满足拒绝如下虚无假设,即"总体中所关注的效应为零"方面是充分的。当回答"效应是多大?"和"对不同类型的研究来说效应也不同吗?"这样的问题时,这种下降的偏差就有问题了。我们建议,对于那些其目的在于回答后面这些问题的分析来说,不要使用这些来自统计上非显著的报告中被归为零的效应值。有关这种方法存在的问题的讨论,参见皮戈特的文章(Pigott,1994)。

鉴于有些研究发现的效应值是计算不出来的,第三种方法就是对与这些结果相关的效应的方向,如正、负、无差异和不知道等进行编码。各个"缺失"的效应值的效应方向的分布可以与观察到的效应值方向的分布进行比较。因此,尽管该方法是不完备的,但它提供了评估缺失值问题严重程度的一种简单方法。如果上述两个方向分布是相似的,那么在观察到的效应值分布中即使存在缺失效应值也不会出现任何严重偏差,这似乎是合理的。这种方法与综合性的唱票法(见 Bushman,1994)有关。为了把有关效应方向的各个唱票与标准化的均值差或者相关类型的效应值结合在一起,布什曼和王(Bushman & Wang,1995,1996)提出一种统计程序,据此可产生针对总平均效应值的一个估计值。这种方法有助于评价仅在多个效应值基础上得到的元分析结果的稳健性。

　　不可计算的效应值问题也与第 8 章讨论的"文件柜问题"(file drawer problem)[1]问题有关。某些研究不但可以有选择地报告一些显著性的效应,而且那些产生显著性效应的研究更可能被写就并出版。如何确保你的元分析结果不会因为缺乏未观察到的和不能观察到的各个效应值而出现偏差,目前还没有简单的方法。积极地查找未出版的手稿,在合格研究和合格的效应值方面有清晰的标准,同时在编码和分析方面给予认真的关注,这些都是防止严重偏差出现的最佳屏障。

　　为了降低潜在的出版偏差效应和文件柜问题,克雷默等学者(Kraemer, Gardner,Brooks & Yesavage,1998)提出了一个根本的方法。他们建议把元分析限定在有充分统计功效的研究上来,即限定在有关大样本的研究。这种方法没有充分利用关于一个主题的现有经验证据,同时也忽视了元分析的一个最大优点,即能够从一系列低功效的研究中获得高度统计功效。克雷默等的建议以如下假设为基础,即只有统计显著性的结果才能出版。在这种极端的假设下,平均效应值估计量的偏差在一些典型条件下将是实际存在的。然而,通过考察几乎任何一种元分析的数据发现,在统计意义上不显著的结果的确出版了,只不过其比率稍稍小于显著性结果的比率而已。

效应值统计量:小结

　　为方便起见,表 3.2 总结了本章讨论的多种效应值统计量,以及与之相关的标准误和方差权重倒数公式。但是,这些效应值统计量只能在参考本章的讨论以及它们的应用之后才可以使用。

---

[1]　进行文献评述时,不可能找出有关某个假设所进行的全部研究,有人称之为"文件柜问题"(file drawer problem),因为那些对研究假设无显著意义的研究发现,往往被研究者丢在一边。——译者注

表 3.2　不同效应值类型的效应值、标准误及方差权重倒数公式

效应值的类型	效应值统计量	标准误	方差倒数
单变量关系——集中趋势描述量			
比例——直接方法	$ES_p = p = \dfrac{k}{n}$	$SE_p = \sqrt{\dfrac{p(1-p)}{n}}$	$w_p = \dfrac{n}{p(1-p)}$
比例——logit 法	$ES_l = \log_e\left(\dfrac{p}{1-p}\right)$	$SE_l = \sqrt{\dfrac{1}{np} + \dfrac{1}{n(1-p)}}$	$w_l = np(1-p)$
算术平均值	$ES_m = \bar{X} = \dfrac{\sum x_i}{n}$	$SE_m = \dfrac{s}{\sqrt{n}}$	$w_m = \dfrac{n}{s^2}$
双变量关系——前后对比			
均值增量——非标准化的	$ES_{ug} = \bar{X}_{T2} - \bar{X}_{T1} = \bar{G}$	$SE_{ug} = \sqrt{\dfrac{2s_p^2(1-r)}{n}} = \sqrt{\dfrac{s_g^2}{n}}$	$w_{ug} = \dfrac{n}{2s_p^2(1-r)}$
均值增量——标准化的	$ES_{sg} = \dfrac{\bar{X}_{T2} - \bar{X}_{T1}}{s_p} = \dfrac{\bar{G}}{s_g/\sqrt{2(1-r)}}$	$SE_{sg} = \sqrt{\dfrac{2(1-r)}{n} + \dfrac{ES_{sg}^2}{2n}}$	$w_{sg} = \dfrac{2n}{4(1-r) + ES_{sg}^2}$
双变量关系——组间比较			
均值差——非标准化的	$ES_{um} = \bar{X}_{G1} - \bar{X}_{G2}$	$SE_{um} = s_p\sqrt{\dfrac{1}{n_{G1}} + \dfrac{1}{n_{G2}}}$	$w_{um} = \dfrac{n_{G1}n_{G2}}{s_p^2(n_{G1} + n_{G2})}$
均值差——标准化的	$ES_{sm} = \dfrac{\bar{X}_{G1} - \bar{X}_{G2}}{s_p}$ $ES'_{sm} = \left[1 - \dfrac{3}{4N-9}\right]ES_{sm}$	$SE_{sm} = \sqrt{\dfrac{n_{G1}+n_{G2}}{n_{G1}n_{G2}} + \dfrac{(ES'_{sm})^2}{2(n_{G1}+n_{G2})}}$	$w_{sm} = \dfrac{2n_{G1}n_{G2}(n_{G1}+n_{G2})}{2(n_{G1}+n_{G2})^2 + n_{G1}n_{G2}ES_{sm}^2}$
比例之差	$ES_{pd} = p_{G1} - p_{G2}$	$SE_{pd} = \sqrt{p(1-p)\left(\dfrac{1}{n_{G1}} + \dfrac{1}{n_{G2}}\right)}$	$w_{pd} = \dfrac{n_{G1}n_{G2}}{p(1-p)(n_{G1}+n_{G2})}$
对数机率比	$ES_{LOR} = \log_e\left(\dfrac{ad}{bc}\right)$	$SE_{LOR} = \sqrt{\dfrac{1}{a} + \dfrac{1}{b} + \dfrac{1}{c} + \dfrac{1}{d}}$	$w_{LOR} = \dfrac{abcd}{ab(c+d) + cd(a+b)}$
双变量关系——变量之间的相关			
积差系数 r	$ES_r = r$ $ES_{Z_r} = 0.5\log_e\left[\dfrac{1+ES_r}{1-ES_r}\right]$	$SE_{Z_r} = \dfrac{1}{\sqrt{n-3}}$	$w_{Z_r} = n-3$

注：每个公式的定义参见正文。

第 4 章

提出编码框架，对研究报告实施编码

　　元分析的编码过程是围绕着一个编码计划书展开的，该计划书将具体指定从每一项合格的研究中选出怎样的信息。编码者将通读一篇研究报告，并用该研究中的相应的回答来填写编码计划书。元分析法的编码研究的本质与调查研究类似。编码者需要准备一份问卷，对一份研究报告进行"访谈"，进而根据该研究报告提供的信息来填写问卷。与调查研究一样，元分析者也要认真地准备问卷，培训访问员(编码者)，考察所获数据的完备性、信度和效度等，这些都很重要。本章将讨论如何准备一个编码计划书，讨论利用它对各项研究进行编码的步骤，以及如何培训编码员。

编码计划书的提出

　　在讨论编码计划书中应包括哪些内容这个重要问题之前，还有一些常见的问题需要考虑。首先，我们必须区分编码计划书中的两个很不同的部分：一部分是对各项研究的特征方面(研究描述项，study descriptors)进行编码，另外一部分是对研究得到的经验发现信息(效应值)进行编码。从概念上看，这种区分类似于自变量与因变量之分。各种研究发现是以多个效应值的形式来表示的，它们就是元分析中的因变量，是各项经验调查研究得到的"结果"。各种研究特征，如方法、测量、样本、构项、治疗、情境等都是元分析中的自变量，它们代表可以影响各种结果的性质和大小的一些因素。在这些研究特征之中，我们需要进一步区分出能够代表所研究的现象的那些特征(如对某些总体中的某些构项产生影响的治疗方式是什么)和代表研究方法(如特定的设计方案、测量、程序、研究者、调查情境等)的那些特征。在理想情况下,后者应该是中立的;也就是说,一些典型的变动不会对研究的结果产生太大的影响。遗憾的是,情况通常不是如此,所以有一点很重要,即元分析者要对有关研究过程的充分信息进行编码,从而至少能够部分地把与所感兴趣的现象的变动相关联的研究发现从那些与方法和过程方面的差异相关联的结果中区分出来。

在操作层面上,我们要把研究描述项与效应值区别开来,因为它们代表一项研究中的不同层次的编码。研究描述项通常用于整个研究,例如使用的特定研究设计,数据来源于拥有某些特征的样本等。但是,效应值代表的是在一项研究中所测量的变量之间发现的经验关系。由于一项研究可以包括大量已经得到测量的变量(如在一个治疗研究中的多个结果测度),它们代表着各种各样的构项,因此,对于每一项研究来说,需要进行编码的、性质各异的潜在效应值也很多。因此,一般来讲,编码计划书必须根据多个模块来制订:一个模块要对应用于整个研究的信息进行编码,另一个模块对关于效应值的信息进行编码。一个完备的编码将包括研究层面的模块和诸多效应值模块,需要用后者对各项研究汇报的全部相关的定量结果进行编码,需要多少就构建多少。

同时,由于编码的目标是建立一个数据库,以便进行统计分析,所以,编码计划书最好尽可能地使用封闭式项目。元分析者应该针对每个编码项尝试预先确定可能出现的选项,并且用如下方式来编制计划书,即编码者可以简单地核对相应的回答,或记下具体一点的信息(如样本量)。遗憾的是,在很多情况下,一个变量的某些相应类型是不能预先决定的。在这些情况中,我们就用一些开放式问题,编码者要根据这些问题对手头相关研究中的信息进行记录。然后,必须考察这些回应中存在的共性,把它们编码成可加以处理的一系列类别,或者根据一个或多个维度对其进行评估。这项工作可能耗费一段时间,并且如果记录的是不充分的信息,则可能要求参考原始文章。因此,只有针对一些关键性问题并且绝对必需的情况下,才考虑使用开放式问题。

还有一个需要考虑的问题是,编码计划书的设计方式要让编码者易于使用。通常情况下，这意味着将给出一些聚类性的项目，这些项目处理的是类似的主题，对这些项目进行编排，使之易于完成。至于如何区分每个条目和每个回答选项，受过良好培训的编码者通常仅需要编码书中的缩略性的描述性信息。要使编码的格式尽可能短，并加以编排，从而使得编码者必须填写的那部分易于标记，使编码更有效率。

另一方面，我们必须有一个有关每个条目的完整描述和编码指南，以便帮助编码者恰当地处理一些模糊的、不常见或者边缘的案例。因此，较好的做法首先是去建构一个详细的**编码手册**（coding manual），该手册将列举出每个条目试图捕获的信息是什么，对各种回答选项给出全面的界定，对如何处理模糊的案例提供指导。这种编码手册就成了编码者在遇到困难时的一个参考指南。一册在手，编码表本身便更有条理。作为一例，前文介绍了本书通篇使用的有关挑战项目研究的元分析，附录 E 也提供了这种元分析的编码手册及对应的编码表。

我们要提醒初入门的元分析者，不要给出一个模棱两可的编码框架。就所选择的诸多研究来说，尽管能引起兴趣并可用于编码的变量很多，但是实际上哪些能成功地被编码，这极大地依赖于在诸多研究文本中被常规性地汇报的内容。不幸的是，很多研究报告经常遗漏元分析者可能感兴趣的信息。同时某些潜在地令人感兴趣的特征在各项研究中可能不会出现变化。由于元分析将产生一个有待于分析的跨越各项研究的数据库，因此，对不经常报告的信息或者在每一项研究中都共享的信息进行编码，这是没有什么意义的。在最后的数据分析中，仅仅在少数研究中出现的零散的信息通常不能以一种有意义的方式进行聚合和对比，因此，对它们进行编码的要求是不会有结果的。这里可能存在一个例外，即对一些项目进行的编码只是出于描述性的目的，仅为了记录它们事实上是多么罕见或普遍。一个编码表可能包含一些通常从所关注的诸项研究中得不到的项目，为了避免这种情形，最好先审查一个由多项有代表性的研究构成的样本，确定什么样的信息是经常出现的，以至于足够进行相对完备的编码。

分析单位和编码的等级层次

在着手设计一个编码表时，一个好的办法是首先确立主要编码单位的定义,然后具体指定该单位所要求编码的各种层次或成分。在几乎所有案例中,最初的编码单位都是一项研究;也就是说,用来进行元分析的数据库是围绕着性质不同的多项研究组织起来的,每项研究都要用由多个研究描述项和多个效应值构成的一个资料来描述。虽然这看起来是明显的,但需要注意的是,必须用一个细致的定义来确认哪些因素构成了一项研究。一个好的、可行的定义是,一项研究由在一个独立研究计划指导下从被指定的一个回答者样本中收集到的一系列数据组成。注意,这一定义把一项研究与一个书面报告区分开来。一个书面报告可能展示的是来自多项研究的结果。一项研究也可能用多个书面报告来描述。这样看来,第一步就是决定哪些具体特征能够用来确定所关注的研究领域中的研究单位,提出一些指南以便指导编码者如何确定需要编码的研究单位。

一旦研究单位被确定,一项明智之举就是赋予它一个独特的研究标识码(study identification number, ID)。在由多项候选的研究构成的总文献目录中,我们建议使用同样的 ID 值,因为它使得研究的编码与原始文献信息之间的相互链接变得容易。如果单篇文档汇报了多项研究,需要在基本文档 ID 上加入额外的编码。例如,如果在总文献目录中第 105 号报告描述了两类研究,那么它们分别被赋予的 ID 编码值为 105A 和 105B 或 105.1 和 105.2。如果在文献目录中有许多报告描述的都是同一个研究,那么该项研究应根据内容最丰富(或最早出版)的报告所使用的 ID 号来编码,并且在编码的格式中可以包含一个位置,以便区分出对编码有贡献的其他报告的 ID 号。不管处理的细节如何,重要的一点是,元分析者要找到一种方法来分别区分出每一项研究,因为每篇报告都各不相同,它们仍然承载着有关文献方面的信息,从而使编码中所使用的全部书面信息源得以确认。正是这种信息才可以既使元分析者,又使那些希望考察元分析的人确定数据的来源。

一旦基本研究单位得以界定,接下来需要注意的问题是,在典型的研究结构中哪些独特成分是编码过程所关注的。我们在前文已经区分出两大类:研究层面的信息和效应值的信息。现在,我们应该考虑这些信息是否需要作进一步区分。对于研究层面的信息而言,通常不需要如此。元分析者应该能够确定所有那些描述整个研究所需要的信息项,并且用编码计划书的一个位置来收集这些项目。研究层面的信息有一个独特的特征,即对于给定的一项研究而言,它仅需要被编码一次,并且不随着变量、效应、补充的资料(follow-ups)、样本分解(sample breakdowns)等的变化而变化。诸如最早出版的时间、所使用的设计和所研究的治疗(如果是治疗研究)等项目通常归为此类。在后文的标题为"研究描述项"部分,会给出关于在此类中的一些可能条目的更详细的建议。

效应值信息指的是一项研究的如下方面,即这些方面对于元分析者希望编码的某个定量关系或者研究发现来说是独特的。例如,上述关系中包含的某些具体构项和测量都归入此类。一项既定的研究可能产生大量的结果,每个结果在其某个特性上都不同于其他发现。这意味着,能够被编码的效应值会有多种可能的变化,所以元分析者必须确定可能性的范围,决定哪些重要的效应值需要编码,设计出编码计划书,从而可以区分出各种变化并进行恰当的编码。

总的来说,我们发现,在思考对什么进行编码以及怎样建构编码计划书的时候,要通过由不同的构项、测量、样本和测量的次数等所界定的可能的效应值种类的一个等级系列来进行,这才能有所帮助。下面依次加以描述。

构 项

某些研究所收集的测度来自不止一个构项,这种情况时常出现。例如,一项有关治疗效果的研究可能考察治疗在诸如人际技巧、社会关系的性质、自尊和职业地位等方面的效果。有关吸毒的相关因素的研究可能考察症状严重性、先前的吸毒史、年龄、性别和社会经济地位之间的关系。元分析者必须先决定,在所有符合条件的研究中是所表征的全部构项还是其中的一个子集令人感兴趣,从而适合于编码。在有些情况中,感兴趣的构项可能仅有一个。例如,针对多项关于矫正阅读项目的研究进行的元分析可能仅考察作为结果的阅读能力,尽管一些合格的研究也可能测量一些其他的构项,如针对阅读的态度。如果把在所有这些构项上的效应都包含在内,那么需要考虑各种构项在一批合格的研究中出现的频数。在元分析中,仅在少数研究中出现的构项不能用任何有意义的方法对其分别进行分析,因此,这些构项可能不值得编码,除非有明确的理论基础要求这么做。一个理论基础可能是,元分析者希望把所有现有的构项聚在一起,而不是使它们各自独立(后面将有详细论述)。另一个理论基础可能是,即使在有待进一步分析的一些类别中出现很少量的构项,元分析者也要描述性地记录存在的构项有哪些,出现的频次是多少。但是,在一个合适的编码程序得以构建之前,必须作出这样的决定。除此之外,如果并非全部的构项都需要编码,就必须制订一些特定的指南,以便指定哪些构项应被包括在内,哪些需要排除在外,这样就可帮助编码者在该问题上做出可靠的判断。

测　量

要将一项研究表征的操作化或测量与这些测量所指代的构项区分开来,这很重要。在一项调查研究中,不同的测度经常代表的是同一个构项,如在描述一个孩子的行为问题时,可能得到治疗者给出的评分、父母给出的评分和孩子自己给出的评分等。元分析者必须作出的第一个决定是,在合格的研究中出现所关注的全部构项的测度是否都需要编码,或者是否采用某种标准将排除在外的测度与包含进来的测度区分开来。在某些特殊情况中,所关注的某个构项的测度可能只有一个。例如,多布森(Dobson,1989)进行的一项元分析完全关注的是认知行为疗法的效果,它们是根据贝克抑郁量表[①]来测量的。在其他情况中,可能需要忽略某个特定构项的如下这些测度,即这些测度不是常规性的,被认为有不好的性质或者有缺点或由于某些其他原因而不合适。然而,需要注意的是,决定不对某些测度进行编码的元分析者应放弃如下机会,即在经验上考察那些测度产生的结果是否不同于被选择进行编码的测度所产生的结果。

在某些情形下需要用多个测度来指代同一项研究中的同一个构项,如何对这些情形进行编码,这是元分析者必须作的第二个决定。最有包容性的方法是对每个测度分别进行编码,了解每个测度可能标示的构项是哪

[①] 贝克抑郁量表(Beck Depression Inventory, BDI)是心理学家贝克(Beck)在 1967 年提出来的。他将抑郁表述为 21 个"症状—态度类别",其目的是评价抑郁的严重程度。贝克量表的每个条目代表一个类别,这些类别包括:心情、悲观、失败感、不满、罪感、惩罚感、自厌、自责、自杀意向、痛哭、易激惹、社会退缩、犹豫不决、体象歪曲、活动受抑制、睡眠障碍、疲劳、食欲下降、体重减轻、有关躯体的先占观念与性欲减退。BDI 是最常用的抑郁自评量表,它适用于成年的各年龄段,也有适用于儿童与少年的版本,但在用于老年人时有些困难,因为 BDI 涉及许多躯体症状,而这些症状对于老年人来说则可能是与抑郁无关的其他病态甚或衰老的表现。——译者注

个,并且在后续分析中整理出最令人感兴趣或最有意义的分组、选择或组合。在一个构项的多种操作化方式和来自不同研究的多项结果的性质之间有一定的关系,上述方法允许对这种关系进行全面的经验考察。元分析者或者想要避免这样复杂的情况,即在某些研究中一些构项拥有多重测度,而在其他情况下却仅仅存在单个测度;抑或可能选出能够在各项研究中产生一致性的测度。在这些情况中,恰当的做法就是建立一定的标准,以便针对每项研究的每个构项仅选出一个测度来编码。例如,这种选择可能采用最常使用的测量(如果可以得到的话)来达到与其他研究最大化的可比性,或者仅进行随机选择。另外一个方法是建立质量标准,它允许在存在多个测度的多项案例中选出所界定的最佳测度。有时候,元分析者将对来自同一个构项的多重测量结果进行编码,但是对它们进行平均化处理,从而针对每项研究中的每个构项给出单个效应值。这种方法的优势在于,它可对有关多重测量的编码进行简化处理,但它不能进一步分析一个构项的不同的操作化对研究发现有何影响。

样　本

元分析的多个效应值的计算是为了发现一些效应或关系,这些效应或关系涉及应用于某个受访者样本的某种测度,例如对于一个青少年学生样本而言,考试焦虑测度与高中数学成绩等级之间的关系,或者在一个治疗组中食欲过剩症测度与女性控制组中饮食无常者测度之间的均值之差。除此之外,针对受访者子群体的研究发现也经常汇报出来。例如,考试焦虑与成绩等级之间的相关性也可能分别针对男性和女性展示出来,或者针对老年病人和年轻病人的食欲过剩症求出均值之差。有时候,可利用有关同一数据的不同交互表来展示多个、非独立的细分类结果,例如就年龄、族群和性别等分别抽出结果。

针对不同的子样本分别展示的诸多研究发现通常有特殊的意义——可用对应的效应值来比较关系的强度,或比较拥有不同特征的受访者的治疗效果。例如,如果每一项治疗研究都不但汇报了总的结果,而且分别针对男性和女性报告了结果,那么相应的一些效应值在探讨对该治疗的回应方面的性别差异将极具价值。更典型的情形是,某些研究给出了各个子样本的结果,而其他研究则没有。此外,那些确实展示细类结果的研究将无须对相同的子样本作进一步区分。基于某些人口统计特征的细类结果相对来讲在某些研究总体中比较常见,但是也有一些研究给出的是不常见或怪异的细类结果,这些结果不能与其他研究中的结果进行比较。

因此,在准备编码计划书的时候,元分析者必须决定,是否只针对总样本,即全部的初始研究样本的结果对效应值进行编码,或者是否也针对子样本中资料的结果对效应值进行编码。如果对子样本的结果进行编码,那么必须确定是哪些子样本。例如,元分析者可能决定对所有涉及性别、年龄和族群的细类结果的效应值分别编码,编码的根据在于这些都是仅有的被经常汇报的子样本类型,足以进行任何分析。此外,也可能存在某些理由对一项研究中资料的任何细类结果进行编码。不管在哪种情况下,元分析者都必须提出一系列编码,用它们来确定所包含的细类变量(如性别、族群)以及各个独立的子样本在该变量上的状态(如男性—女性;白人—黑人—拉丁美洲人)。如果没有这种系统形式的信息,在对所出现的效应值的多重性进行处理以便进行任何有意义的分析将极为困难。

测量的次数

针对同一个受访者群体(或子群体),可能不止一次地采用某个既定构项的某种既定的测量。例如,在治疗研究中,在治疗开始之前、之后和接下来的各种后续时期都可能有测量。根据定义,纵贯追踪研究(longitudinal panel studies)指在不同时间上在相同受访者中搜集数据,通常重复某些相同的测量。就研究总体而言,如果其中明显有一定数量的研究报告了多次测量的结果,那么元分析者必须决定是否对全部次数测量的效应值分别编码,还是仅选择一个或指定次数的测量来编码。例如,就治疗研究而言,某些元分析者仅在治疗后针对第一个结果测度的结果进行编码。在这种研究中,这是最经常被搜集和汇报的信息,也足以满足元分析的需要。另外,治疗效果持续的时间可能也受到关注,如果有足够多的研究汇报了它们,那么元分析者可能希望对以后的多次测量得到的结果进行编码。在后者情况下,后续的时间间隔不太可能对所有的研究来说都一样。因此,元分析者也必须确保对时间信息进行编码,例如从治疗结束后开始计数,从而可以得到某项特定研究在 1 个月后的结果、6 个月后的结果等。

效应值的层次

以上描述的是一些可能的效应值的大致层次或分支树,这些值在选择用来进行元分析的一系列研究中是可编码的。任何一项既定的研究都可能考察多重构项的效应或关系,每个构项都可用多重测度来操作化,每个测度的结果又都可以在子样本细类和总样本层次上来报告,而每个测度的总样本结果和子样本结果也都可以汇报出多次测量的结果。此外,在贯穿各种效应值的可能值之中,我们有描述整个研究的研究层面的信息,包括全部效应值的变动方面的信息。为了梳理出一个有效的编码计划书,元分析者必须意识到所有这些变动,并决定哪个变动需要在元分析的数据库中体现出来。编码计划书的各个特定部分需要符合每一类中的各类信息的需要,并且尤其要包括一些用来解释被编码内容的标识符。这些标识符必须提供如下信息给元分析者,例如代表的构项和测量是哪一个,所测量的样本或子样本有哪些特性,允许将各项以及以某种统一的形式(即把各项研究聚合在一起或进行比较的形式)进行分析并进行测量的次数。稍后在讨论数据分析的时候,我们会说明这些信息对于进行一次易于解释的分析来说是多么必要。

对于涉及挑战项目研究的例子来说,它的编码手册及对应的编码表体现在附录 E 中,它展示了针对多个输出构项和多次测量的一种编码格式。

效应值的编码

在元分析中,最终被选出来用于编码的每个统计结果都必须以一个效应值的形式加以记录,同时要伴有一个描述该值特性的相关信息资料。第 3 章描述了效应值统计量,可用它们来代表不同类型的研究发现。效应值的编码由如下过程构成:利用与某个统计量相应的统计公式,计算所关注的每个研究发现在该效应值统计量的值。当允许用所展示的不充分信息来直接计算一个效应值时,可能引出该值的一个合理估计值。第 3 章概述了与每个效应值统计量相关的估计步骤,附录 B 则详细地讨论了比较常见的效应值统计量的效应值估计。我们也创建了一种电子数据表计算程序,它把所有这些公式都整合在一起(详见附录 C)。对于得到广泛应用的标准化均值差效应值来说,沙迪什等学者(Shadish, Robinson & Lu, 1999)开发了一种非常有用的计算机程序,称为**效应值计算器**(Effect Size Calculator),

该程序可在**测试统计软件公司**(Assessment System Corporation)获得。

与每个效应值一起必须被编码的辅助性信息可分成若干重叠的类别,具体如下:

第一类,必须编码的信息描述的是由每个效应值所代表的变量(或相关性研究中的一些变量)的性质,如所测量的一般性构项、测量操作化的细节和变量的统计学性质(如二分的、离散定序的或连续的)。元分析者可选择仅在概括性的构项层面(如"自我尊重感")来确认变量,或者从比较具体的操作层面(如库伯史密斯自尊量表,Coopersmith self-esteem scale)来确认变量,或者二者兼而有之。

第二类,变量被测量的时间点也可能是重要的描述性信息,例如,在一项干预研究中,治疗前和治疗后的测量,或者一项历时研究中多批次收集的数据等都可能是重要信息。此外,一个变量所覆盖的时间段也是有关的信息,例如在评估被治疗对象的累犯行为时,干预后出现的事件数量涵盖的时间段。

第三类,基于研究层面样本的子样本(如仅仅男性样本)的效应值如果被编码,将需要具体的样本描述码。如果对此类子样本效应值进行编码,那么我们建议对编码计划书进行详细的筹划,从而在分析阶段,可以很容易地把基于全部研究样本的效应值从子样本效应值中区分出来。全部样本的效应值和子样本的效应值在统计意义上不独立,因而不应该包含在同一项分析中(参见第 6 章)。然而,两个非重叠的子样本,如男孩样本和女孩样本则是独立的,可以包含在单次分析中。

第四类,编码至少需要包括关于效应值和相关的方差权重倒数方面的统计信息,如均值、比例、样本量、方差或标准差、前-后相关系数、相关系数等。元分析者可能希望仅记录效应值和方差权重倒数,或者希望记录进入效应值和方差倒数计算的公式中的一些项目之值的信息。此外,编码计划书也可以包括如下统计信息,这些信息用于对诸如不可信度、二分化、范围限制之类的效应值进行修正或调整,主要包括诸如信度系数、量表类型(如是否为二分的,或者变量的取值是否有其他限制)和来自标准总体中的标准差或方差(对效应值中人为误差的修正的讨论,参见第 6 章)。元分析者希望编码的其他统计信息包括(a)对结果的统计显著性的详细阐述,例如在初始研究中利用什么类型的统计检验,是否发现统计显著性;(b)承载着缺失值的信息,如相对于研究开始时的样本量而言,由效应值所依据的样本量代表的人员自然消减量①(amount of attrition)信息;(c)便于以后对效应值进行核对的信息,如

资料4.1　对每个效应值编码需要的信息

效应值中代表的多个变量/构项

变量被测量的时间点;时间间隔;时间段

子样本信息(如果有关的话)

样本量(与特定的效应值对应)

均值或比例

标准差或方差

包括多种估计方法的计算步骤(与特定的效应值对应)

在计算得到的效应值中的置信等级

人员自然消减量(与特定的效应值对应)

效应值中代表的变量的信度

效应值中变量的二分化

效应值中对变量范围的限制

研究中所使用的效应的统计检验类型;是否显著

效应值信息在研究报告中出现的页码

效应值信息在研究报告中出现的页码,用来展示计算过程的工作表的可提供性等。资料4.1提供了一个条目清单,把它们编码成为有关效应值的辅助性信息是比较恰当的。

研究描述项

如前文所指出的那样,编码的一个层面包括有关整个研究的诸多特征,

---

① 在纵贯研究(panel studies)中,关注的一个重要问题是随着年龄的增长,被调查者自然会减少,其原因可能在于死亡,失去联络,无法回答或者拒绝继续参加调查等。这就是所谓人员的"自然消减"(attrition)。因此,如何减少这种消减,就是纵贯研究需要关注的问题之一。——译者注

我们已称之为研究描述项。在编码计划书的处理此类描述项的部分中,元分析者需要考虑诸多条目,本小节即提供有关这些条目的一般性指导和建议。在这里我们也必须注意,在一项元分析所涉及的诸多研究中,元分析者可能想描述有关这些研究的任何细节,它需要的信息几乎总比研究所报告的典型信息要多。可以肯定这是元分析的一个局限性,但是更根本地说,它更是元分析者所编码的诸项研究报告操作的一个局限。在制订编码计划书时,最好审查需要加以编码的总研究样本,确定频繁出现的信息是什么,这样才能确保编码工作是合理的。例如,在理想情形下,人们可能想要发现诸多治疗研究中使用的实验设计方面的重要细节并进行编码——实验者和受试者设盲(experimenter & subject blinding),随机的安排是怎样进行的,一些关键变量的前测差是多少,等等。实际上,元分析者可能幸运地将各项研究编码成为大致的几类设计类型。对于一位有洞察力的研究者来说,他关注的许多细节将不会被有规律性地汇报出来。带着这个防止误解的说明,我们转向有关研究描述项的一些需要考虑的具体建议。

我们的建议是,用一系列类别来确认不同类型的研究描述项。首先,我们需要考虑与研究的**实质性**方面相关联的描述项,如样本中个体的性质、所应用的治疗、文化情境或组织情境等。它们都是与所研究的现象相关联的变量,并且一般情况下当元分析者试图解释各项研究中的不同结果时,这些变量将最引人注意。此类变量允许考察一些治疗的变体是否比其他治疗的变体产生更大的效果,某些类型的个体是否更容易对治疗做出更多的反应,如此等等。元分析者通常要对诸多研究提供的全部信息进行编码,这些研究要代表研究的一些实质性方面的显著性变化。

需要考虑的第二种研究描述项与研究的**方法和步骤**有关。这些变量本身是值得关注的,因为它们是考察方法论变化与研究发现之间关系的基础,这类关系可能反映了来源于特定方法论实践的偏差和人为制造项。即便不直接关注方法论问题,元分析者也要对正在考察的研究在方法论和步骤方面的一些主要特征进行编码。元分析的经验表明,研究发现的差异通常与在各项研究之间的方法论差异有很强的关系(Wilson, 1995)。如果方法论上的差异没有被编码和考察,那么元分析者很容易错误地将它们的效果解释为实质性差异,因为方法论变量可能与实质性变量混为一谈。关于这个问题我们将在讨论数据分析和结果解释时（第6～8章）作进一步说明。现在我们仅需强调，在编码计划书中要包括所有那些方法论的和过程性的变量，这些变量的编码来源于诸项研究，并且可以想象会影响到诸多研究发现，这才是明智之举。

资料4.2　适合于编码的一些研究描述项

实质性问题

　　样本来源

　　样本描述项

　　　　人口统计学特征（如社会经济地位、年龄、性别、教育、族群）

　　　　个人特征（如认知能力、人格特质）

　　　　诊断性特征或特性（如临床病人、未成年人触法）

　　自变量（如干预或治疗）

　　　　一般的描述和类型

　　　　理论取向

　　　　所代表的层次（如剂量、强度、持续时间等）

　　　　组织的特征（如年龄、规模、行政结构）

　　　　治疗实施的模式

　　　　干预人员或工作人员的特征

方法和步骤

　　抽样步骤或方法（如随机概率抽样）

　　调查设计（如邮寄法、电话法、访谈法、历时性研究、横剖性研究、预测性研究、
　　　　回顾性研究、档案资料型研究）

　　自然消减

　　对外在效度的威胁

　　统计功效

　　测量的性质

　　数据分析的形式

　　自变量（如干预或治疗）

　　　　安排各种条件的方法

　　　　控制组的性质（如没有受到治疗，得到安慰剂，预备性治疗）

实验者和/或受试者在所安排的条件下的设盲

在治疗中实验者扮演的角色(独立的人员、提供者)

对内在效度的威胁

来源描述项

出版物类型(杂志、书、博士论文、技术报告等)

出版年份

出版的国家;语言

研究的发起方和/或资金来源

研究者的特征(性别、学术机构等)

最后一类描述项有一定程度的多样性,鉴于没有一个较好的名称,我们姑且称之为**来源描述项**(source descriptors)。这类描述项包含的因素关系到总的研究情境、出版物的特征、研究者等,它们既不具有直接的实质性意义,也不具有方法论意义。仅仅就描述性目的而言,这些变量就常常是有价值的,例如它们可以显示出在一项元分析数据库中已经出版的与未出版的研究之间的平衡,可以显示出版日期的分布等。然而,有时候其中的一些变量代表着一个实质性的或方法论的变量,该变量可能在诸多研究中没有报告或编码。就此而言,在分析中它们通常与直接的实质性变量或方法论变量一样是有用的,尽管对它们的解释一般比较困难。例如,元分析者可能发现,来自不同学科(如心理学和精神病学)的研究者所进行的研究产生的结果具有系统性的差异。在这种情况下,即便这些差异的性质在研究报告的方法部分不明显,似乎仍然可以认为,学科就代表了接受不同学术训练的研究者所采纳的不同研究实践。

通常情况下,比较恰当的做法是根据上述三类中的每一类对诸多研究描述项进行编码。至于哪些特殊的变量应该编码,这要因元分析的目的和所包含的研究的性质的不同而异。但是作为一个激励,资料 4.2 列出了通常被编码的或者(在某些案例中)我们认为应该经常被编码的一些条目。此外,回到前文所述,针对我们通篇应用的挑战项目对青少年行为问题的治疗实验,附录 E 给出了一个样本编码框架。在编码计划书中还应选择哪些条目,关于这一点的有用建议来自奥温等人的文章(Orwin,1994;Stock,1994;Stock,

Benito & Lasa,1996)。在确定需要考虑的一些重要变量方面,所关注的领域中的一些述评性文章也极具参考价值。

关于编码过程本身的编码信息

在离开元分析的编码研究这个主题之前,我们必须对一类特殊的步骤给以关注。它涉及记录判断过程的某些重要方面,该判断过程是编码者在接触一项研究报告时必然用到的。由于该判断过程因编码者而异,并且对于一个编码者来说也因研究的不同而不同,所以它会影响得出的元分析数据,对此元分析者应该明察。

在此类问题中,有一个是关于对元分析中的多项研究进行编码的信度问题。编码者信度通常有如下两个维度:一个维度是,一个编码者在不同情形下编码的一致性;另一个维度是,不同的编码者之间的一致性。在一项小规模元分析中,可能只有一个编码者对全部研究进行编码,这使得维持编码者之间的一致性似乎不那么重要。然而,即使在这样的案例中,如果编码者执行的编码如此特殊,以至于另一个编码者不容易再现这些结果,尽管编码可能有一致性,这种做法也是不可取的。因此,这两种信度问题适合于所有的元分析。

如何检查编码者信度呢?可从已经被编码的诸项研究中抽取出一个子样本,让编码者再一次对它们进行编码,并对结果进行比较。对于一个编码者在各种情形中的信度而言,需要对一个人已经编码的研究再次编码,经过足够多的次数以后,如果不参考初始编码,它们在心目中就不再是新鲜的了。对于编码者之间的信度来说,检验信度的步骤是让不同的编码者对同一个研究样本进行编码,仍然不要参考其他人已经做的编码。为了得到一个相对稳定的信度估计值,可要求信度样本由 20 项或更多项研究组成,由 50 个以上的研究构成的样本将更可取。由于许多元分析并不包含这么多项研究,所以这样的样本量通常是不可能的。对于小规模的元分析而言,在检查信度的时候有必要使用全部的研究。

在由多项研究构成的一个样本中,一旦进行了相应的双重编码工作,就要对这两个系列的结果进行逐项比较。伊通和沃特曼(Yeaton & Wortman,1993)建议,首先依据编码者的判断在多大程度上独立来对各个条目进行聚类处理。元分析中的许多条目是有条件的;也就是说,一旦在某个条目上做出了判断,就应该对后续条目的回答的范围进行约束。例如,如果一个条目询问研究设计是否涉及随机安排,其他条目询问这种安排过程的细节,那么后者应该嵌套在前面那个更一般的条目下面。在这些等级顶部的那些独立条目的信度应该分别由被它们限制的那些条目来决定。一旦实施了所希求的比较,那么任何我们熟悉的信度指标都可应用,这要看条目的格式是什么。达成共识的百分比是最常被报道的指标,尽管有证据表明其他指标通常更好一些[例如 kappa 指标,加权的 kappa 指标,r,以及组内相关(intraclass correlation);Orwin,1994]。

甚至进行过合理的判断,并且以相对较高的信度进行编码的编码者也经常遇到一个问题,即在诸项研究中报告的内容很少有共同之处。为了收集所能收集到的信息,并避免过多的缺失数据,编码者通常有必要作出合理的推断,并且有根据地猜测出对关于某些研究的编码计划书上的一些条目的恰当的回答。当然,这种实践的反面是在那些猜测中的,或者在需要猜测工作的研究的性质方面的系统偏误会给元分析数据带来一定曲解。因此,对元分析者而言,有用的做法是试图记录关键信息是否被编码,即是否在报告中明确的信息或一定的推理程度基础上进行编码。

奥温和科德雷(Orwin & Cordray,1985)建议,编码者应该对一个编码计划书中最重要的一些条目赋予一个置信等级(confidence rating)。也就是说,在完成一个关键条目之后,他们要用一个独立的等级量表来表明在他们的判断上该条在多大程度上可信。这样的一个量表可以从取很高的置信度(即表明编码者对研究报告中明示的内容进行编码),到取较低的置信度(即表明需要进行相对来讲比较粗略的猜测或估计)。附录 E 给出了样本编码表,提供了一些编码者置信等级条目的例子。可用这样的一个条目对诸多效应值的大小进行编码,这是特别合适的,因为它们才是元分析中的核心变量,并且有关变量计算方面的必要统计信息的报告在不同的研究中差异很大。

一旦收集到置信等级,它们就变成了元分析数据库中的一部分,在数据分析中可以与编码计划书中的所有其他条目一起使用。当发现诸多研究特征或结果之间的确切关系与该关系中包含的一个条目的置信等级有关时，就意味着元分析者需要进一步考察。这样的关系可能是实际的、有意义的，但是也必须考虑到如下可能，即这些关系可能在一定程度上来源于在编码者推断方面的偏误。

与研究的编码有关的最后一件事涉及缺失数据。对一项元分析中的某些研究来说，不可避免的是对某些条目不能进行编码。如果对于大多数研究而言一个条目都不能被编码的话，那么最好从编码计划书中，或在以后的结果数据库中将该条目删除。元分析只能处理在调查研究中常规汇报的内容，元分析者常见的困难之一在于，被判断为重要的、相关的信息通常总是不能根据研究中所汇报的资料进行编码。

然而，对于许多条目而言，将有充分的信息可以证明对其进行编码是合理的，但是一些研究仍不能汇报所需要的内容。在这种情况下，元分析者必须考虑到如下可能性，即那些确实报告了一个特殊的信息条目的研究与那些没有报告这类信息条目的研究之间可能具有系统性的差异（systematically different）。因此，仅从确实报告了信息条目的研究中得出的结论可能令人误解。此外，缺失数据所占比例越高，结果被歪曲的可能性就越大。因此，元分析者要非常仔细地对缺失数据进行编码，并把该信息加入数据分析之中，这才是明智之举。对于每个需要编码的条目来说，编码计划书中应包含一个明确的选项，以便编码者用它来表明自己不知道所关注的研究在该条目上处于什么状况。在一些研究领域，在某些情况下信息是缺失的，因为它不能应用于那个特定的研究，在另外一些情况下，信息是可应用的，但却没有汇报，学者们也可能希望区分出这两种情况。按照惯例，我们在编码计划书中的一些项目中既提供一个"缺失的"选项，也提供"不可用的"选项。后续的分析可能揭示出在关键条目上由于各种原因造成的有缺失数据的研究和无缺失数据的研究之间的差异，只要比较它们在编码计划书中其他主要条目的资料即可看出其差异所在。

培训编码员

对研究报告进行编码是元分析中技术要求最高的方面,一位合格的编码者不但要深入细致地理解编码计划书,而且还必须有足够的知识和技能对研究报告进行合理的阅读和解释,这些研究报告可能使用了广泛的专业方法和步骤,用各自领域中的术语并且常常以复杂的统计形式来汇报研究发现。

因此,为了更好地完成编码任务,编码者必须在社会科学方法论方面有充分的知识背景,对所关注的特定研究领域比较熟悉。即便这样,我们的经验表明,某些研究也会向最专业的研究者或方法论专家提出挑战。因此,元分析中的潜在编码者一般来讲至少要在某个社会科学领域达到博士研究生的水平,这样才更可能充分地完成这项困难任务。当然,在一些专业研究领域,只有比较有经验的研究者,如在所关注的研究领域中的博士层次专家才可能获得必要的编码标准。

在拥有合适的背景条件下,对特定的元分析的任务和问题进行具体指导也很关键。我们建议考虑两个不同阶段的指导。一个阶段当然是在应用编码计划书及伴随的编码手册方面进行培训。这样的培训应该是逐行仔细阅读、讨论计划书和手册,确保编码者对需要加以编码的条目有一个清晰的了解,合理地使用回答选项。除了使编码者做准备之外,此项工作也可能提示出可望在此阶段加以纠正的编码材料上存在的模糊之处或难点。

一旦编码者熟悉了编码材料,他们就应该着手进行编码。我们建议,首先选取各种不同的报告,让每个编码者对每个报告进行编码。这使得他们以后可以比较各自的编码,并且当遇到困难,以及当编码者在如下问题,即各个项目的编码在多大程度上可信上达不成共识时,编码者可参与讨论。对于编码者来说,这个过程有必要重复多次,使他们对任务感到满意,对编码资料进行精炼,使对相同的一些研究进行编码的编码者之间达到高度一致。就这一点来说,他们"确实"应该准备进行编码。然而,我们还是建议提供持续的培训,例如以常规会议的形式,编码者在会上讨论他们所遇到的任何异常情况,寻找清楚恰当的编码,对如何处理这些情形达成一定的共识。

前面已讨论过,检查编码的信度也可被用作继续培训步骤的一部分。研究者一般不会等到所有的研究都被编码后再反过来记录信度样本,因为此类检查可以在整个编码过程中定期进行。例如,一位编码者可将要编码的第 n 个报告复制并交给另一个编码者,先前的第 n 个报告也可被同一位编码者回收。督导员通过快速考查这些记录,可以对编码的质量进行连续的检查,并确定编码者遇到困难的一些条目。后面这些问题可以在定期的编码员会议上加以讨论,可采用进一步的指导或其他修正性的行动(如修正编码计划书)加以解决。

对于那些拥有必要研究背景的编码者来说,上文提到的培训编码者的另一个阶段似乎是不必要的了。但是,我们的经验表明,在关注调查研究细节的时候,甚至知识渊博的学生和研究者在理解特定的研究术语、方法和步骤时也会有分歧或不一致之处。例如,我们发现,仅仅在什么构成一个"真正的实验",什么又构成一个"准实验"这个问题上,在博识的编码者之间就有激烈的争论,并且在编码者努力解释这些研究发现以及计算效应值的统计理解方面也暴露出分歧。

因此,我们建议,对元分析的编码者进行培训应该包括一定次数的专题研讨会,会上提供关于整个元分析中所包含的研究在方法论、统计步骤以及实践特征方面的指导和讨论。这可能包括补充阅读、演讲,对所利用的设计方面的变化进行讨论、关键词语的含义[如设盲(blinding)、自然消减、分层抽样、配对设计等]以及在所关注的研究中可能遇到的统计方式和表达方式的范围。就统计表达来说,关键在于编码者要理解在元分析中将要使用的效应值指标概念,它与诸项研究可能展示的各类统计结果有怎样的关系。在元分析的编码之前进行这样的一系列研讨,不但可以更新和澄清方法论问题,而且能引导编码员对那些问题的理解达成某种共识,进而在最后编码中转换成更大的信度和效度。

上述讨论针对的是大型的元分析。在小型元分析中,编码过程完全可以由研究者完成。一个好的策略是由两个编码者对所有的研究进行编码,然后讨论并解决在两个编码计划书之间存在的任何差异。

第 5 章

数据管理

　　小型元分析的数据管理和分析固然可以人工进行,大多数元分析却要求使用计算机。软件的选择取决于进行元分析的人员的技巧水平、软件资源的可获得性以及元分析的性质。可利用的元分析软件程序有若干,如由马伦(Mullen,1989)、马伦和罗森塔尔(Mullen & Rosenthal,1985)编写的**高级基础元分析程序**(Advanced Basic Meta-analysis);由约翰逊(Johnson,1989)编写的*DSTAT*;由施瓦泽(Schwarzer,1996)给出的**元分析**(Meta-analysis);由斯托弗(Stauffer,1996)编写的*MetaDos*;由罗森堡等(Rosenberg et al. , 1997)编写的*Metawin*;由科克伦协作网(The Cochrane Collaboration,2000)编写的*RevMan*。然而,这些程序通常在数据管理和分析能力方面都有局限性,并且缺乏在某些应用中所需要的灵活性。

　　元分析也可通过标准化的统计软件如 SPSS、SYSTAT 和 SAS 来完成,也可利用一些专业化的统计建模程序如多层线性模型(Hierarchical Linear Model,HLM)和 MLn/MLwiN 来完成。这些程序在数据组织方面有更强的控制能力,并可提供更多样化的分析选择。当然,这些优点是以元分析计算的复杂化为代价的。在国际心理健康学院(Natitonal Institute of Mental Health)支持下开发的一种综合性的元分析程序在本书出版前正处于 Beta 测试(beta-testing)① 阶段,它同时拥有数据管理与分析能力,足够用于一般应用

---

① Beta 测试(beta-testing)是软件的多个用户在一个或多个用户的实际使用环境下进行的测试。开发者通常不在测试现场,Beta 测试不能由程序员或测试员完成。在 Beta 测试中,由用户记下遇到的所有问题并定期向开发者报告。开发者在综合用户的报告后,做出修改,最后将软件产品交付给全体用户使用。Beta 测试应该尽可能由主持产品发行的人员来管理。目前,有关这种综合性的元分析程序的具体信息(包括下载 10 天的试用版),参见其网站。——译者注

(Borenstein,2000)。

出于通用性和灵活性的考虑,我们假设将要讨论的数据处理是以常见且可获得的统计程序包(SPSS)而非专业的元分析软件的应用为基础的。第6章将讨论使用标准的统计软件进行分析的策略和技术。本章讨论元分析数据文件的生成和操作。

元分析数据文件的生成

一个或多个编码数据文件的最初生成可以有多种方式。最简单的方法是用字处理程序或文字编辑器生成一个 ASCII(美国信息交换标准码)数据文件。在这样的数据文件中,数据需要以固定长度格式输入,不同变量之间的空格可有可无。结果看起来像资料5.1所显示的数据,该数据来自对挑战项目的元分析。在这个资料中,第一列记录的是研究的标识码,第二列是出版类型,第三列是出版年份,然后是研究样本的平均年龄等。虽然 ASCII 数据文件易于生成,但它们难以编辑,并且在核对其精确性时颇费工夫。

资料5.1   固定字段 ASCII 数据文件实例

100	2	92	15.5	6	4	4	1	3
131	3	88	15.3	1	2	5	2	8
132	3	88	15.5	6	4	4	1	3
158	3	89	15.0	1	3	4	1	3
127	2	80	11.4	1	3	7	1	3
172	2	92	14.8	1	3	4	1	2
255	2	87	16.7	9	9	5	1	2
308	2	68	16.5	1	4	4	1	3
251	3	83	14.1	9	2	9	1	2
250	2	87	10.6	5	4	2	2	4
502	2	72	15.5	9	4	4	1	4
161	3	88	15.3	5	3	4	1	2
537	4	67	18.9	9	4	4	1	2

生成数据文件的第二种方法是使用数据表程序,如 Lotus 123、Microsoft Excel 或 Quattro Pro。在数据表程序中,列代表变量,行代表记录或个案,第一行通常用作变量的名称。资料 5.2 就是一个简单的电子表格数据文件的例子。比较有用的是,使用的变量名要符合你将用于分析数据的统计软件包的要求,如 8 位的字母数字标签。许多统计软件包可直接读取电子表数据文件,并且可以在第一行的标签基础上给变量命名。使用数据表的一个缺点是列标签或变量名较短且含糊不清,这样在数据输入过程中会产生模糊性。但该问题可以通过一定的方法得到缓解,即在编码表上直接包含变量名,并且维持在编码表和数据表各列间的变量顺序的一致性。为了便于数据输入,配置编码表是一个不错的办法,这样就可在一列中对所有数据元素进行编码,该列可位于表的左侧或右侧。资料 5.3 即显示了说明这种格式的一部分编码表(也可参见附录 E)。

资料 5.2　Excel 电子表格数据文件样本实例

	A	B	C	D	E	F	G	H	I
1	studyID	PubType	PubYear	MeanAge	Race	Sex	Risk	Unit	Assign
2	100	2	92	15.5	6	4	4	1	3
3	131	3	88	15.3	1	2	5	2	8
4	132	3	88	15.5	6	4	4	1	3
5	158	3	89	15	1	3	4	1	3
6	127	2	80	11.4	1	3	7	1	3
7	172	2	92	14.8	1	3	4	1	2
8	255	2	87	16.7	9	9	5	1	2
9	308	2	68	16.5	1	4	4	1	3
10	251	3	83	14.1	9	2	9	1	2
11	250	2	87	10.6	5	4	2	2	4

资料 5.3　来自挑战项目元分析的研究层次编码表样本页

(完整的编码表见附录 E)

STUDYID ——— 1. 研究标识码

PUBTYPE ——— 2. 出版物类型

2 期刊文章/图书章节

3 硕/博士论文

4 技术报告

5 会议论文

6 其他

PUBYEAR————— 3. 出版年份(如果缺失或不可知,则输入 9999)

MEANAGE————— 4. 样本的平均年龄(如果缺失或不可知,则输入 99.99)

RACE————————— 5. 样本的主要种族

1 >60% 为白人

2 >60% 为黑人

3 >60% 为拉丁美洲裔人

4 >60% 为其他少数民族

5 混合(没有任何种族多于 60%)

6 混合但不能估计比例

9 不知道

第三种方法是使用一种数据库程序,但重要的是要选择那种能以你的统计软件接受的格式输出数据的数据库程序。数据库程序的使用有若干优点。首先,它生成的"视图"或屏幕输出看起来像编码表,如此看来,哪些数据库字段对应着表上的哪些数据元素就一目了然。另一个优点是,它能将"编辑"与一个数据字段关联起来,该数据字段指定了进入该字段的有效数据的类型。当输入某一超出范围的值或错误数据类型时,就会警告性地发出蜂鸣声,从而避免数据输入的错误。作为能区分出编码错误的一种辅助措施,数据库程序也有能力搜索符合指定标准的记录。数据库程序也允许元分析者直接在计算机中编码,无须将数据从编码表传递到数据库中。使用数据库进行数据输入的缺点是,建立数据库颇费时日,并且比数据表程序或文本编辑器需要更高的计算机技能。

一些流行的数据库程序,如 FileMaker Pro、Paradox 和 Microsoft Access 都能够生成关系数据库,这些数据库可以处理经常由元分析产生的那类分层数据(后文有详述)。它们有能力在单个"视图"或计算机屏幕中显示和编辑处于层级结构的多层数据。但是,各个文件却不能以它们的关系表形式输出到统计软件包中,而是必须分别输出,并利用本章后面将讨论的统计软件合并在一起。

某些流行的统计软件包都有自己的数据输入模块。第四种方法就是使用它们。从本质上说,这些模块就是在统计包中内建的数据表。这种方法具有与数据表程序一样的优缺点,区别在于,该数据不需要在数据表与统计分析程序之间转译或转换。

在计算机中直接编码

元分析的编码研究非常耗费时日,因此,编码过程的详尽计划和先期检验是决定性的。在这一步骤中需要重点考虑的是,是直接编码进入计算机数据库中,还是在纸制表上编码后再将数据传递到计算机文件中。后者的优点在于易于补充,并且会生成一个永久性记录,该记录不会通过敲击几下键盘就轻易删除。而计算机直接编码却可提高效率。同时,计算机编码易于更改编码表,并可针对全部研究修订编码。这一点很有帮助,随着研究中的数据变得更加熟悉,新的类别和变量不断显现,编码也经常是重复性的。

资料 5.4 是来自挑战项目元分析的样本编码屏面。这个屏面是在 FileMaker Pro® 中开发出来的,是用于输入效应值数据的方法之一(该屏面显示了效应值编码的第 8 ~ 14 项;参见附录 E)。

数据库程序的一个优点是可以输入用来计算效应值的数据,由于计算机也能执行实际的计算,从而减少了计算上的错误。进入数据库的数据可以输出到一个 dBASE 文件,也可输入到大多数常用的统计程序中。dBASE 文件格式的一个优点是它能维持数据库程序所使用的变量名。虽然这个例子使用的是 FileMaker Pro,但是其他合适的数据库程序还包括 dBASE, Microsoft Access, FoxPro 和 Paradox 等。

资料5.4　在挑战项目元分析中数据输入的 FileMaker Pro® 屏幕实例

用计算机维护文献目录

　　与元分析相关的研究报告的文献目录的维护工作容易被忽视。使用计算机则有助于文献目录各个阶段的管理。在搜索阶段,计算机化的文献搜索结果可以被下载,并且可用字处理软件或文字编辑器进行处理,以便包含在文献目录数据库之中。一些潜在相关的研究可赋予一个标识码,以便进一步考察。我们发现,根据期刊名对参考文献进行分类将极大地有利于文献回溯。

　　第二项工作是追踪每项参考文献的状态。在我们的元分析中,在文献目录数据库中加入了一个字段,用它来表征某个研究报告是否已被回溯,其合格性是否得到检查,是否已被编码。捕捉到的其他信息包括每篇文献的来源[如心理学文献索引(Psych Lit),述评性文章等]、所分配的研究标识码和编码员姓名的开头字母。当进行元分析时,最终包含在内的诸研究的列表可很容易地从这个数据库中打印出来。

元分析数据文件的结构

计算机统计分析软件包通常使用平面数据文件①(flat data files)。一个平面文件针对每个分析单位(即元分析中的一项调查研究)有一个记录,每个记录都有一个固定数量的数据字段,这些数据字段针对的是标志着该分析单元特征的多个变量上的值。但是,大多数元分析数据都是分层数据,并有一对多的结构(one-to-many structure);也就是说,处于层级结构某个层次的一个记录与处在另外一个层次的其他许多记录是有关联的。例如,每项研究记录都可能包含一个或多个对象子样本,每个子样本又包含一个或多个效应值。例如,由锡达和勒万特(Cedar & Levant,1990)进行的针对父母效果培训进行的元分析研究就很好地说明了这种分层结构,该研究关注父母和孩子双方在知识、行为和自尊方面的变化。他们的数据结构由三个层次构成:总的研究数据、子样本数据(即父母数据和孩子数据)和效应值数据(即针对父母或孩子的每个结果构项的多个效应值)。为了使问题进一步复杂,各项研究的数据要不一致———一项研究可能报告父母的多重结果而对孩子没有报告,而另一项研究则报告了父母和孩子双方的单个结果。我们一直使用的例子,即挑战项目元分析则有一个二层次的层级结构:研究层次的数据和效应值层次的数据,每项研究的效应值的数量各不相同。

因此,在管理元分析数据时,需要关注的一个重要方面是决定以怎样的方式来处理层级结构,从而能进行适当地元分析。有两种基本的文件结构可供考虑。第一种是单个数据文件,其中每项研究有一个记录,该文件包括针

---

① 平面数据文件(flat data file)是指没有特殊格式的非二进制的文件,如 properties 和 XML 文件等,是电子数据交换的格式文件(通常为纯文本格式),一般称为平面文件、平坦文件、中间接口文件等。——译者注

对每个效应值及与之相关的数据的各自字段或变量。当元分析涉及限定的和预定的一组效应值时,这种方法是很有用的。第二种方法是创建多个数据文件,每个文件要针对一个数据层次。然后可使用一些被称为"钥匙"(keys)的多个研究标识符针对特定的分析将多重文件中的数据加以链接。后一种结构十分适合如下元分析,即每一项研究的效应值的数量以及这些效应值所代表的构项在研究编码之前是不太清楚的,或可能量大且多样。尽管第二种方法有很大的灵活性,但是它也需要很多努力和技巧。

创建用于分析的单个平面文件

有一些实验研究探讨的是酒精对侵犯的影响,对它们进行的元分析(Lipsey,Wilson,Coben & Derzon,1996)就是本部分给出的单个平面文件结构的例子。在这项元分析中,我们关注的项目是在一系列由实验操控的如下对照中侵犯测度的多个效应值:(a)喝酒与未喝酒;(b)喝酒与安慰剂;(c)安慰剂与未喝酒;(d)反安慰剂(antiplacebo)[①]与未喝酒。由于我们事先已指定了关注的四个效应值变量,因此我们创建了一个单数据文件,该文件对每类效应值及与之关联的描述性数据都有一个固定系列的字段。资料5.5显示的是从这个文件中节选的数据。如在这个资料中所看到的,每一项研究都有一行数据,四个效应值变量的每一个都各有一列(ES1,ES2等),它们又分别对应与之相关的一列,这些列用来区分由效应值代表的侵犯变量的类型(DV1,DV2等)。请注意,只有少数研究具有全部四个效应值变量。

[①] 所谓安慰剂,是指既无药效,又无毒副作用的中性物质构成的、外形似药的制剂。安慰剂对于那些渴求治疗、充分信任医务人员的病人能在心理上产生良好的积极反应,出现希望达到的药效。这种反应就称为安慰剂效应(placebo effect)。安慰剂效应于1955年由比彻博士(Henry K. Beecher)提出,也理解为受试者期望效应(subject-expectancy effect),指在治疗中向病人提供安慰剂,**病人虽然获得无效的治疗,但却"期望"治疗有效,而让病患症状得到舒缓。**更有甚者,美国有一位生理心理学家曾将催吐剂通过胃管注入呕吐病人胃中,却告诉病人这是止吐药物,结果在短时间内病人的恶心呕吐感消失。随后病人又出现呕吐,重新注入吐根碱,恶心感又很快消失。该实验说明药物不但有生理效应,而且通过一定的诱导会产生心理效应。在这个实例中,心理效应(镇吐和安慰)的作用超过了药物的生理效应(催吐)。反安慰剂效应(nonplacebo effect)亦同时存在:**病人不相信治疗有效,可能会令病情恶化。**例如一组服用无效药物的控制组会出现病情恶化的现象。这是由于用药人士对于药物的效力抱有负面的态度。——译者注

资料 5.5　多个效应值变量的平面数据文件,来自酒精对
侵犯行为影响的实验研究元分析(Lipsey,Wilson,Cohen & Derzon,1996)

ID	DESIGN	ES1	ES2	ES3	ES4	DV1	DV2	DV3	DV4
023	2	0.77	.	.	.	3	.	.	.
031	1	−0.10	−0.05	.	−0.20	5	5	.	11
040	1	0.96	.	.	.	11	.	.	.
082	1	0.29	.	.	.	11	.	.	.
185	1	0.65	0.58	0.48	0.07	5	5	5	5
204	2	.	0.88	.	.	3	.	.	.
229	2	0.97	.	.	.	3	.	.	.
246	2	.	0.91	.	.	3	.	.	.
295	2	0.03	0.46	.	0.57	3	3	.	3
326	1	0.87	−0.04	0.10	0.90	3	3	3	3
366	2	.	0.50	.	.	3	.	.	.

ES = 效应值;DV = 因变量类型

合并多重文件用于分析

　　当来自某项研究的潜在的效应值数量很大时,单个数据文件的结构就难以控制。例如,在挑战项目元分析中,可获得的效应值的数量和它们代表的结果构项在不同研究之间变化很大。因而可生成两类数据文件:(a)刻画研究设计、样本、治疗方法等特征的变量的**研究描述项文件**(study descriptor files);(b)刻画每个效应值,如结果测度、样本量和效应值的一些变量的**效应值文件**(effect size file)。其他元分析可能需要更多的数据文件。我们所进行的关于反社会行为的历时研究的元分析(Lipsey & Dazon,1998)需要四个文件:(a)研究文件,其中每一项研究都有一个记录,它包含了诸多研究层次的变量(如设计、情境);(b)批次与同期组[①]文件(wave and cohort file),其中有一个记录描述的是针对每个同期组的每个测量批次;(c)记录各种测量与构项的文件,该文件标志着被测量的每个构项和测量方法的特征;(d)效应值

[①]　Cohort 一词的含义很多,主要指的是处于同一个时期的研究对象,因此,在社会学中一般翻译为"同期群"。有的学者翻译为"同生群""组列""群组"等。在本书中,cohort 指的是在同一个时期出现的一组研究,故译为"同期组"。——译者注

文件,其中的每个效应值对应一个记录。这些效应值记录通过标识符与研究文件、批次-同期组(wave-cohort)文件和测度-构项(measures-constructs)数据文件链接在一起。也就是说,对每个效应值而言,在每一项记录中输入指定字段的标识符可指明哪两个测量正在被相关联,以及代表的是哪些同期组与批次。

为了对多重文件中的元分析数据进行统计分析,必须生成一个合并文件,该文件要包括与计划进行的分析有关的数据。如下一章要讨论的那样,我们建议,效应值的基本分析要针对每个分析只检验一个效应值构项。此外,为了避免产生统计上的相依性,每项研究应该对每一次分析仅提供一个代表该构项的效应值。因此,对每一次分析而言,在生成的合并文件中,每项研究有一个记录,该研究包含针对每个构项的一个效应值(和与之相关的变量)再加上研究描述项数据。

因此,在使用多重数据文件方式时,原始文件主要用于对数据进行归档,而不是为了分析而直接输入。它们是源文件,据此可生成其他工作文件。大多数统计软件包如 SPSS、SAS 和 SYSTAT 仅能分析单个平面数据文件。但是,上述每个软件包都可从多重链接文件中生成一个平面数据文件。尤其是,它们能够在来自一个文件的数据(如研究层次的数据)中夹入来自另外一个文件中的每个链接的数据(如效应值数据)。然而,生成这个合并数据文件的进程却不同,具体要根据如下情况,即效应值文件针对每一项研究的每一构项的效应值是否不超过一个,或者至少对于某些研究来说,是否有表示同一构项的多重效应值。关于处理这两种情况的具体步骤,我们将针对挑战项目数据,利用 SPSS 加以展示。尽管对于其他软件包来说命令语言将有所不同,但逻辑是一样的。

每一项研究的每个构项不超过一个效应值

研究的性质或元分析者对这些研究进行的编码可能是这样的,即对于效应值数据文件中任何效应值构项而言,任何研究拥有的效应值都不超过一个。如果原始的诸项研究针对每个构项所报告的效应都不超过一个,上述情况就会发生,例如,在每个被检验的结果构项上仅提供一个因变量的结果。或者,在从同一个构项的多重效应中选择时,上述情况也会产生,该构项是元分析者对每个研究实施编码时所构造的。还有另一种可能,即在编码时,元分析者将一项研究中的每个构项的效应值进行平均,并仅记录结果的均值。但是当发生这种情况,且每一项研究中的每个构项的效应值都不超过一个时,合并研究描述项文件和效应值文件是十分简单的。

资料 5.6 即说明了这种情况,它是从关于挑战项目元分析的研究描述项和效应值文件节选出来的数据(变量的标签与定义参见附录 E)。请注意,研究描述项文件中的单个记录是通过研究标识码与效应值文件中的潜在多重记录相连接的(例如,第 0100 号研究有一个效应值记录,而第 0161 和 7049 号研究各有 3 个效应值记录)。就这个例子而言还需要注意的是,对于任意构项来说,每个研究拥有的效应值都不超过一个(结果构项是在变量 OUTCOME 中编码的)。

资料 5.6　从挑战项目元分析中节选的研究层次和效应值层次数据,
其中每项研究的每个构项只有一个效应值

研究描述项文件

STUDYID	PUBYEAR	MEANAGE	TX_TYPE
0100	92	15.5	2
0161	88	15.4	1
7049	82	14.5	1

效应值文件

STUDYID	ESNUM	OUTCOME	TXN	CGN	ES
0100	1	1	24	24	-0.39
0161	1	4	18	22	-0.11
0161	2	3	18	22	-0.19
0161	3	1	18	22	-0.46
7049	1	2	30	30	0.34
7049	2	4	30	30	0.78
7049	3	1	30	30	0.00

在这个个案中,由于每一项研究的每个构项的效应值都不超过一个,所以生成一个适于分析的合并文件的最简单方法就是将研究层次的数据附加在该研究的所有效应值记录之后。也就是说,研究层次的数据记录被复制给每个相关的效应值记录,因此,结果数据文件就对每个效应值只有一个记录,它也包含与该效应值相关的一些研究描述项。例如,关于挑战项目的元分析在一个名为 STUDY.SAV 的 SPSS 数据文件中就有研究描述

项数据,在一个名为 ES. SAV 的文件中有效应值数据。资料5.7 中显示的是将这两个数据文件合并成一个单独的主数据文件的命令语言。这些指令命令 SPSS 在关键变量 STUDYID 上将这两个指定文件的数据合并在一起;研究层次的文件被指定为一个表,表示其中的数据需要根据效应值文件中的每一次匹配来重复设置。针对资料5.6 中的数据进行的这些命令处理的结果如资料5.8 所示。

资料5.7　合并两个链接数据文件的 SPSS 命令

* * SPSS/WIN 命令语言

* * 合并研究层次数据文件和效应值数据文件,

* * 把研究标识号上的记录链接在一起

　MATCH FILES

　　/FILE = 'C: \DATA\ES. SAV'

　　/TABLE = 'C: \DATA\STUDY. SAV'

　　/BY STUDYID

* * 利用链接变量 **STUDID** 指定需要合并的两个文件

* * **/TABLE** = 子命令指示 **SPSS** 针对每个效应值层次数据的链接重复研究层次的数据

EXECUTE

* * 运行命令

为了分析资料5.8 中显示的那类合并文件中的数据,元分析者仅需选取含有将要关注的效应值构项的记录的子集,然后进行正确的统计处理即可。例如,元分析者可针对资料5.8 中的数据,使用 SPSS 命令 SELECT IF OUTCOME = 1 来生成记录子集,该子集含有编码值为1(指的是违法结果;见附录 E 中的编码表)的结果构项效应值。这将从第0100,0161 和7049 号研究中选出相应的记录,但是由于每一项研究的每个效应值构项的记录都不超过一个,所以在生成的数据集中,每一项研究被表征的次数都不会超过一次。然后可以分析该数据集合,从而检验挑战项目的违法结果而不用关注诸多效应值之间的统计相依性(有关效应值之间的统计相依性问题的进一步探讨,

参见第 6 章）。

资料 5.8　来自挑战项目元分析的研究层次数据与效应值层次数据的合并，

每一项研究的每个构项有一个效应值（参见资料 5.6 与资料 5.7）

STUDYID	PUBYEAR	MEANAGE	TX_TYPE	ESNUM	OUTCOME	TXN	CGN	ES
0100	92	15.5	2	1	1	24	24	-0.39
0161	88	15.4	1	1	4	18	22	-0.11
0161	82	14.5	1	2	3	18	22	-0.19
0161	88	15.4	1	3	1	18	22	-0.46
7049	82	14.5	1	1	2	30	30	0.34
7049	82	14.5	1	2	4	30	30	0.78
7049	82	14.5	1	3	1	30	30	0.00

每一项研究的每个构项有不止一个效应值

前面的例子假设原始编码针对每一项研究的每个构项生成的效应值不超过一个。如果效应值文件中的某些构项有多重效应值——这种情况也不是不常见，那么对于那种每一项研究的每个构项确实只有一个效应值的分析来说，可以生成一些中间效应值文件。然后可以把这些文件与研究描述项文件合并，并且可以利用前文描述的步骤选出用于分析的效应值的子集。

在处理一项研究中代表同一个构项的多重效应值时，常用的方法或者是从它们之中选取单个效应值，或取其平均得到的单个均值①。例如，在关于挑战项目的元分析中，事实上对四个主要结果构项，即违法、人际关系技巧、控制点和自尊-自我概念（self-esteem-self-concept）中的任意一个来说，每一项研究都有多重效应值。当有多个效应值可以代表一个构项时，我们假定可以通过对存在于单个研究中的多个效应值进行平均化处理的方式，来针对每个构项的每项研究生成一个效应值。

在 SPSS 中，这种想法是通过 AGGREGATE 这个命令来完成的，而在 SAS 中，则要用 PROC MEANS 程序和 OUTPUT 这个陈述的组合来完成。在诸如

---

① 另一种方法是维持多重效应值不变并使用多变量分析技术，这些技术要考虑到基于同一个对象样本的诸效应值之间的统计相依性。这种方法将在第 6 章中探讨。

资料5.6这样的数据中,一项研究内部有多个效应值,**但是**每项研究的每个构项拥有多个效应值,对于这样的数据来说,可用如资料5.9所示的SPSS命令语言生成这些效应值的均值。

在资料5.9中,AGGREGATE陈述指示SPSS生成一个新数据文件(WORKINGFILE.SAV)。/BREAK参数告诉SPSS用什么变量对数据进行分组。使用研究标识码(STUDYID)和结果构项变量(OUTCOME)作为分隔变量,导致每一项研究的每个结果构项的一个记录被写入新数据文件中。其他命令则定义了每个记录在新数据文件中的内容。例如,/MEANES = MEAN(ES)语句指定将新变量MEANES写入新数据文件中;它是单个结果构项和研究标识码的平均效应值。请注意,写入新数据文件的唯一数据是分隔变量和任何被指定为命令的一部分的聚合变量(aggregate variables),这样,为了进一步引出作为新效应值均值基础的样本量均值,或其他这种效应层次的信息,诸如/M_TXN = MEAN(TXN)这样的命令就必须包含在内。

资料5.9　从效应值数据生成每一项研究的每个构项只有一个平均效应值的SPSS命令语言(参见资料5.6)

* * SPSS 集合命令
* * /OUTFILE 指定新数据文件的文件名;/BREAK 指令 SPSS 针对每个 STUDYID 的每个 OUTCOME 生成一个记录;/MEANES = MEAN(ES)指令 SPSS 生成一个名为 MEANES 的变量,它是拥有相同的 STUDYID 和 OUTCOME 值的所有效应值 ES 的均值

```
AGGREGATE  /OUTFILE  'C:\DATA\WORKINGFILE.SAV'
/BREAK STUDYID OUTCOME
/MEANES = MEAN(ES)
/M_TXN = MEAN(TXN)
/M_CGN = MEAN(CGN).
EXECUTE.
```

对于一次既定的分析来说,针对一项研究中的同一个构项的多个效应值,你不必取其均值,倒可以根据某种标准就每个构项的每一项研究只选择一个效应值,也可以随机选取(参见第6章)。这对于涉及效应值特有的一些变量(如测量的性质)的分析来说尤为有用,在把涉及不同特征的多个效应值聚合在一起时,这些变量是不出现的。由于在不同研究之间存在各种组

合,因此依据某些标准(如那些涉及构项的最常见或最可靠的操作化的标准)从多项研究的多个效应值中选出某些效应值通常必须要人工进行。然而,在那些代表选取标准的变量的基础上对效应值数据文件进行分类,这对上述过程有极大帮助。例如,在关于挑战项目的元分析中,假设同一个构项有不止一个效应值时,我们决定选取那个对于效应值的计算来说拥有最高置信度的效应值(CR_ES;关于编码表和变量标签,参见附录 E),并且如果置信度相同,则选取有最低社会期望偏误(social desirability bias)①等级(SOCDESIRE)的那个。我们可以使用 SPSS 中的记录分类步骤或任何其他合适的程序按照 STUDYID,OUTCOME,CR_ES 和 SOCDESIRE 的顺序对效应值文件进行排序。这将把诸项研究内部关于同一个结果构项上的多个效应值聚成一组,在多个效应值内部根据置信度进行分组,而在那些组内则根据社会期望等级来分类。这也使元分析者相对容易地检查针对每一项研究的诸多效应值记录,当出现多个效应值时选择理想的效应值记录,例如,针对一个新变量可以在某个字段输入一个编码,值为 1 表示选用,0 则否。

　　资料 5.10　从代表着同一个构项的全部效应值的文件中
　　随机选取每一项研究的一个效应值的 SPSS 命令语言

＊＊分配 0 和 1 之间的一个随机数字给变量 R。
　　COMPUTE R = RV. UNIFORM(0 ,1).

＊＊以研究标识号 StudyID 和随机数字 R 按升序对个案分类。
　　SORT CASES BY STUDYID R.

＊＊计算一个名为 SEL 的新变量,在所有个案中对其赋值 1。
　　COMPUTE SEL =1.

＊＊若当前研究标识号与之前的相等,则将 SEL 值改为 0。
　　IF ANY(STUDYID,LAG(SYUDYID)) SEL =0.

＊＊只选取 SEL 等于 1 的那些记录。
　　SELECT IF SEL =1.
　　EXECUTE.

---

① 社会期望偏误(social desirability bias):在进行社会调查的时候,人们往往采用他们认为其他人接纳或称许的方式来回答问题,由此造成的偏误就是社会期望偏误。——译者注

如果元分析者只是希望从某项研究内同一个构项的多重效应值中随机选取一个,在通常情况下这可以直接利用统计程序来实现。有关这个过程的SPSS命令语言如资料5.10所示,这些命令适用于如下效应值文件,即它只在一个构项上有多个效应值,但在诸项研究内部却有多个构项。这一步骤的逻辑可应用于有多个构项的文件,并可与其他统计程序一起使用。资料5.10中的命令语言(a)对每个效应值来说,把 0 ~ 1 的一个随机数字赋予新变量 R;(b)对个案进行分类,使得一项研究中的多重效应值(假设都代表同一构项)按从最小到最大的随机数字排列;(c)对于每项研究的第一个效应值都赋值 1 给变量 SEL,其他都赋值 0;(d)选取 SEL 等于 1 的效应值。这一步骤尤其适用于大数据集,因为在大数据集中对效应值进行人工随机选取是较麻烦的。

元分析者使用的数据管理过程和处理的最终目的是生成便于统计分析的计算机文件。从本质上讲,数据管理的各个方面取决于对适合元分析数据的统计分析的性质的清晰理解。因此,下一章探讨对元分析数据进行统计分析的不同特征,对本章中的各种建议的理解应与下一章的讨论结合在一起。

第 6 章

分析的问题与策略

对于研究者,尤其是那些处理调查数据的研究者来说,元分析数据的分析形式是再熟悉不过了。然而,元分析数据的某些特质仍需要有特殊的分析技术。这些问题将在后文有详细的论述,但是为了明确态度,我们将首先概述这些显著特征的最重要的方面。

元分析包括两类变量:(a)效应值,它们通常是被关注的主要变量,并构成了元分析的因变量;(b)描述性变量,它们表征着效应值及生成它们的诸项研究,构成元分析的自变量。在数据分析过程中,通常首先描述所选取的多个效应值集合(如均值和方差)的分布,然后可利用诸如细类表、方差分析比较、多元回归方程等类似的方法来检验诸效应值与关注的描述性变量之间的关系。

就行为科学研究者所习惯的数据来说,分析单位是个人。元分析则把每项调查研究作为分析单位。相应地,数据分析的独特之处也源于这种差异。第一个复杂化因素是元分析中的研究经常生成不止一个效应值。尽管元分析者可能对所有这些多重效应值感兴趣,但是源于同一项研究(即相同的对象样本)的任何两个或多个效应值在统计上是相依的。因此,把它们包括在同一分析中将违背大多数常见形式的统计分析的基本假定:独立数据点假定。所以,尽管无视某些研究的多重效应值而把效应值作为分析单位是很诱人的,但是这一过程还是潜在地把实质性误差引入所导出的任何统计推断当中。膨胀的样本量(N 个效应值而不是 N 项研究)、由于包含非独立的数据点而带来的标准误估计值的曲解,以及那些产生较多效应值的研究的过度表现,所有这些因素的存在都使得统计结果令人高度怀疑。

　　把研究作为分析单位,由此导致的第二个复杂性因素是由多项研究构成的多数集合是"丛生的"(clumpy)。也就是说,不同的研究使用的对象样本量也通常不同。由于各个效应值源于一些样本统计量(均值、标准差、相关系数),它们的统计性质就部分地取决于潜在的样本量。在大样本基础上得到的效应值包含的抽样误差较小,因此它是一个比基于小样本的效应值更精确和可信的估计值。如果我们在对效应值进行统计分析时不考虑样本量,就要把它们对结果的影响看成一样的。但是,基于大样本的效应值由于体现较小的抽样误差,在任何统计分析中,它们都应该比基于小样本的效应值占据更重要的地位。这种事态的含义是,在统计分析中不应该把各个效应值当作相等的。恰恰相反,在统计计算中,基于大样本的效应值应比基于小样本的效应值有更大的权重。因此,在元分析中,**所有涉及效应值的数据分析都是加权的**分析。每个效应值都根据一个适当的值进行加权,该值通常是抽样误差方差的倒数,这样就使得效应值对任何统计分析的贡献与它的信度成比例。

　　一旦聚集了一系列统计上独立的效应值,计算每个效应值的适当权重,并做出其他必要的修正(后文有详述),随后进行的效应值数据的分析就通常需要经历几个阶段。首先要描述诸效应值的分布,并用相关的置信区间或统计显著性检验来估计总体的均值。下一个阶段是评价平均效应值在代表全部效应分布方面的充足性。一个平均效应值可能不会很好地代表一个方差大的分布,却可以很好地刻画一个方差小的分布的特征。这种所谓同质性检验(homogeneity testing)的评价是以一种比较为基础的,即将观察到的效应值的变异量与仅从对象层次的抽样误差中期望得到的方差估计值进行比较。如果发现效应值不是同质的,元分析者就可以检查各种描述性变量以确认它们是否调整了效应值。

　　本章下面的篇幅将讨论在一个典型分析中的各个步骤。至于如何使用现有的计算机软件实施分析,在下一章中,我们将就在其实践方面提出建议,并用计算实例加以说明。

分析的各个阶段

效应值的修正

在许多元分析中,由于在任何统计分析之前存在的偏差、人为因素和误差的影响,因而需要对个体效应值进行修正,这是比较恰当的。怎样修正效应值才无懈可击,如何做到最佳修正,与之有关的问题非常复杂,本书不能给出彻底的解决方法。但是,还是存在一些常见的修正方法,如对标准化的均值差效应值进行小样本偏差修正(small sample size bias correction),而其他方法如亨特和施密特(Hunter & Schmidt)给出的方法则不那么常用,他们针对在效应值上有贡献的变量中的诸如低信度与极差限制这样的测量失真进行修正。每种最常用的效应值修正方法都会在下文加以探讨。至于比较深入地讨论,请参见罗森塔尔(Rosenthal, 1994),亨特和施密特(Hunter & Schmidt,1990a,1990b,1994)的文章。

转换和偏差修正

如第 3 章所述,三个最常用的效应值统计量,即标准化的均值差、相关系数和机率比都有被经常使用的转换或偏差修正的方法。特别是,基于小样本的标准化的均值差效应值会有一个稍微偏高的偏差,它是容易修正的(见第 3 章公式 3.22)。而相关系数和机率比通常都先转换成便于分析的形式,然后再反过来转化为初始的量纲以便展现结果。相关系数可运用费雪 Z_r 转换法(见第 3 章公式 3.39),而机率比可取自然对数进行转换(见第 3 章公式 3.29)。

极端值

元分析的目的是对在一系列调查研究中得到的量化结果做出一个合理的总结。有一些极端的效应值明显区别于在所关注的研究中发现的大多数值,如果纳入这些极值,上述目的通常不能很好地实现,这些值也因此不具有代表性,甚至是虚假的。另外,极端的效应值对元分析中应用的均值、方差值和其他统计量有不均匀的影响,会以错误的方式扭曲它们。因此,明智之举一般是检验效应值的分布,进而确定是否出现了极端值(Hedges & Olkim,1985)。如果出现了极端值,可取的做法是在分析开始之前去掉它们,或将其修正到不那么极端的值。当然,还应该仔细考察根据偏离的发现和研究来评估它们的不寻常值是否有任何明显有效的理由,然后可以就这些值的纳入或采取其他的处理而辩护。

在处理少量不代表研究发现的极端值时,通常的方法是直接将它们从效应值分布中去掉。然后再按计划对修正后的分布进行分析,其结果要与在未修正的分布上进行的有可比性的结果进行对比。根据这种比较的结果以及在差异值来源方面所作的假设,就可以解释哪些结果更可能有效。

在某些情况下,极值被认为是不具代表性或虚假的,但分析者又不愿失去它们所代表的数据,这时候的一个办法是把极值重新编码成为比较适中的值。该过程有时称作"缩尾化"(Windsorizing)①。例如,分析者可在全部效应值中指定超过均值2个或3个标准差的每个效应值,并把它们重新编码为2个或3个标准差的值。赫夫克特和阿瑟(Huffcutt & Arthur,1995)为指定极端值提供了一种更精确的分析技术,该技术考虑了研究的样本量。另一种方法是,分析者在效应值分布中找一个断点,并把极端值向后编码到下一个最大的效应值聚类。这样,各个不一致的值就被包含在分析中,并作为相对较大的值被包含在内,但是相对于分布中的其他效应值而言,它们也不至于极端到极大地扭曲分析的程度。

亨特和施密特的人为修正

亨特和施密特(Hunter & Schmidt,1990b,1994)描述了元分析者针对个体效应值希望做出的各种其他修正。它们包括对效应值内包含的变量的不可信度的修正,对那些变量的极差限制的修正,对连续变量的二分化修正和

---

① 在统计分析中,处理"极端值"(outlier)的方法主要有两大类:一类是删除在分布尾部的特定数量的数据;第二类是对所有的数据进行转换,或者利用不太极端的值代替某些数据。第二种方法涉及一些典型的数据转换,如倒数、反正弦、取对数、z 转换,以及来源于修剪(trimming)、截尾(truncation)和标准差法的一些值等,得到的统计量就是所谓的"缩尾化统计量"(windsorized statistics)。在缩尾化过程中,极端值不是被删除了,而是用某种"切割标准"值代替了。缩尾化可以消除极值对均值的强烈影响,与此同时也利用了数据集中的全部信息。——译者注

对不完备的构项的效度的修正。它们的目标是让元分析者尽可能准确地估计一个效应值所代表的关系的强度,就像它在理想的研究环境下所表现出来的那样。不幸的是,大部分实施修正所需要的信息在针对元分析的研究的编码中都无法获得。另外,即使相关信息(如变量的信度)对某些效应值来说是可获得的,但是对于全部甚至大部分效应值来说,这些信息是不可获得的。接下来,元分析者必须决定怎样才是较好的做法,是修正一些效应值而不修正另一些效应值,还是不对任何效应值进行修正。后者的理论基础在于,尽管这些效应值少一些精确性,但在后一种方式下更具可比性。

另外一种使分析复杂化的因素在于,每项修正都依赖于关于数据和元分析目标的一些假设。不是所有的分析者都惬意于那些假设,惬意于处理修正的效应值,因为这种效应值代表假设的理想值而不是在调查研究中实际观察到的效应值。我们在此无意解决这些问题,但我们建议对此感兴趣的分析者参阅亨特和施密特(Hunter & Schmidt, 1990b, 1994)和罗森塔尔(Rosenthal, 1994)关于该问题的更深入的讨论。

在亨特和施密特给出的诸多修正中,最有用也最可用的一个是对由效应值中所使用的变量的不可信度引起的衰减进行修正(Hunter & Schmidt, 1990b)。这种修正可用于标准化的均值差和相关系数效应值。就前者而言,所关注的变量是因变量,是两个小组(例如实验组和控制组)进行对比的基础。对一个相关系数效应值而言,对相关有贡献的一个变量或全部两个变量中的不可信度都可以修正。如果因变量的信度已知,那么未衰减的效应值 ES'(标准化的均值差或相关系数)的计算公式为:

$$ES' = \frac{ES}{\sqrt{r_{yy}}},$$

其中 ES 表示在小样本量偏差修正之前,或在 Z_r 转换之前观察到的效应值(ES_{sm} 或 ES_r),r_{yy} 是信度系数。如果所关注的效应值是相关系数,并且你希望对两个变量的不可信度都进行修正,那么未衰减的效应值可按照如下公式计算:

$$ES'_r = \frac{ES_r}{\sqrt{r_{xx}}\sqrt{r_{yy}}},$$

其中,ES_r 是在 Z_r 转换之前的相关系数效应值,r_{xx} 是相关关系中的一个变量的信度系数,r_{yy} 是另一个变量的信度系数。

在前述的两个例子中,方差权重倒数也必须修正。对测量的不可信度进行的修正增加了抽样误差方差,也因此降低了方差权重倒数。标准误的修正与效应值的修正遵循同一个公式,即

$$SE' = \frac{SE}{\sqrt{r_{yy}}},$$

其中 SE' 为修正后的效应值的标准误,SE 是未修正的效应值的标准误。如果你要修正一个相关关系的两个测度在测量上的不可信度,标准误是:

$$SE' = \frac{SE}{\sqrt{r_{xx}}\ \sqrt{r_{yy}}}。$$

换个角度讲,这些修正也可用如下公式直接应用于方差权重倒数:

$$w' = w(r_{yy}),$$
$$w' = w(r_{xx})(r_{yy})。$$

涉及相关关系的某些研究类型尤其可能为相关中包含的一个或全部两个变量提供信度系数,例如研究探讨的是特定测量工具的效度、信度或协变量。当每个效应值或大多数效应值的信度系数都不可获得时,在关注的研究中收集所报告的任何信度信息可能仍然是有价值的。如果可以估计出效应值中涉及的测度的平均信度,那么即使每个个体效应值不能被修正,仍然可用它来修正在那些效应值之上计算出来的任意平均值。

亨特和施密特也建议对极差限制进行修正。如果作为一个效应值之基础的某个变量在研究样本中的极差小于在样本所期望代表的总体中的极差,那么效应值将会衰减。例如,如果我们研究智力和工作业绩之间的关系,但样本只包括那些智力在平均水平以上的人,那么观察到的相关将小于拥有全部智力极差的总体对应的相关。当即将被分析的诸效应值在它们的一个构成性变量中表征的极差方面有极大差异时,对极差的限制所进行的修正最为有用。例如,在智力和工作业绩例子中,所有观察到的相关都可被修正到 IQ 的一个通用的总体标准差。亨特和施密特(Hunter & Schmidt,1990b)为由极

差的限制而造成的衰减提供了如下修正公式:

$$ES' = \frac{(U)(ES)}{\sqrt{(U^2 - 1)ES^2 + 1}},$$

其中 ES 是在小样本量偏差修正或 Z_r 转换之前观察到的效应值(ES_{sm} 或 ES_r),U 是研究标准差(study standard deviation)与非约束(目标)标准差之比(即 $sd_{study}/sd_{unrestricted}$)。

　　需要指出的是,可用这个公式来调低建立在一个有大于各自总体的极差的样本上的相关关系。在这种情况下,研究标准差与目标标准差之比将大于而不是小于 1。同样需要注意的是,当对效应值中的极差限制进行修正时,标准误和方差权重倒数也必须修正如下(ES' 和 ES 分别是修正的及未修正的效应值):

$$SE' = \frac{ES'}{ES} SE,$$

$$w' = \frac{ES^2}{(ES')^2} w。$$

　　需要重点指出的是,对标准误和方差权重倒数的这些修正都是近似值,其精确性随着约束的和非约束的标准差之差的增加而下降(Hunter & Schmidt,1990b)。

　　在可修正的观察到的效应值中,衰减的另一个来源是一个连续变量的二分化(Hunter & Schmidt,1990a,1990b,1994)。例如,一项干预研究可能把结果二分化为"有增加"和"无增加"。如果因变量实际是一个连续性的构项,将其二分化就会在效应值中产生一个降低的偏差。如果可以假定潜在的分布为正态分布,那么针对人为的二分化进行修正的公式为:

$$ES' = \frac{ES}{\Phi_{(z)}} \sqrt{p(1 - p)},$$

其中 ES 是在小样本量偏差修正之前或 Z_r 转换之前观察到的效应值(ES_{sm} 或 ES_r),p 是二分类较低部分的个案所占比例,$\Phi_{(z)}$ 是对应于累积概率等于 p 的正态分布的纵坐标(注意是正态分布的纵坐标,而不是横坐标,即是曲线的高度,而不是 z 值)。随着二分类两部分个案的比例逐渐变得不平衡,这种修正的强度也逐渐增加。当把测量同一个构项的基于二分变量的诸效应值和基于连续变量的诸效应值结合在一起的时候,对二分化的这种修正最有用。与其他修正法一样,当使用这种方法时,标准误和方差权重倒数也必须作如下修正:

$$SE' = \frac{SE}{\Phi_{(z)}} \sqrt{p(1-p)},$$

$$w' = w \frac{\phi_{(z)}^2}{p(1-p)}。$$

分析效应值的均值与分布

元分析的核心是一个或多个效应值分布。因特定的元分析的不同,这些分布代表的效应值针对的是或宽泛或狭窄地界定的构项类别(construct categories)。分析一个效应值分布的步骤如下:(a)生成由相关的效应值构成的一个独立的集合;(b)计算加权均值,用方差权重倒数进行加权;(c)确定均值的置信区间;(d)检验分布的同质性。如果分布的同质性被拒绝,可能有必要利用一种不同的统计模型重复(b)、(c)、(d)三步,还可能执行额外的分析。后面的这些步骤将在下一节讨论。所有这些步骤和进程都将用一些通用的效应值统计量及其对应的方差权重倒数来描述,所以它们也可应用于第3章讨论过的任何一个效应值统计量及相关的权重。

生成一个独立的效应值集合

对于一个给定的分布来说,如果来自任意一个对象样本的效应值都不超过一个,那么通常可假定各个效应值在统计上是独立的。毫无疑问,这是对统计独立性的一个狭隘看法。有研究者已经有力地证明,来源于同一个研究小组的不同研究的各个效应值之间具有相依性,与之类似,来自同一项研究的多个子样本的多个效应值之间也有相依性(参见 Landman & Dawes,1982;Wolf,1990)。然而在大多数应用中这些相依性都可能较小,或者至少被假设为很小,因此,元分析中出现的标准做法一直是在样本或研究的层面上定义独立性。

在大多数案例中,首先根据效应值所代表的诸多构项来分离每个研究中的多个效应值,这是可取的,因为一般来讲对完全不同的构项进行分析是无意义的。例如,在关于针对儿童的心理治疗效果的研究中,可能产生的结果构项有压抑、焦虑、与父母的关系及在校表现等。这样就可以利用来自每个构项的每项研究的一个效应值,针对每个这样的构项来建构并分析效应值的分布。

如果一项研究针对一个构项提供了不止一个效应值,例如使用不同的测量操作化,就不应该把这些效应值看作独立的数据点,因而不应该把它们包含在同一个分析中。在这种情形下,可通过两种方法中的任意一种把多重效应值归结为单个效应值。首先,可取它们的均值,这样作为它们的基础的样本就只向分布中贡献一个平均效应值。其次,从多个效应值中选出一个,把它放在分析之中,其他则忽略。元分析者可通过针对每一项研究的每一构项只编码单个效应值来先做到这一点,或者可随后从已编码的多个效应值中选取。无论在哪种情形下,选择都应有正当的依据。例如,选择所依据的标准可以是找出已知的效应值中最佳的一个,例可以是针对感兴趣的特殊操作化进行处理的那个效应值,或代表最常见的某个变量形式因而与其他研究中的变量最具可比性的那个效应值,还可以是代表较高的测量质量的那个效应值,等等。如果在选择一个更可取的效应值方面没有特别合适的标准,最好的办法就是随机选取。当每一项研究的每一构项有不止一个效应值被编码时,第 5 章探讨的数据管理技术则包含了对效应值进行平均或随机选择的一些有用的步骤。

另一个生成用于分析的独立的效应值集合的方法是对诸多效应值之间的相依性关系建立统计模型,这就允许在一个分析中的每一样本可有多重效应值。格莱塞和奥尔金(Gleser & Olkin,1994)开发了实现这一目标的统计方法,这种方法将在本章稍后部分讨论(也可参见 Kalaian & Raudenbush,1996)。但可惜的是,很少有元分析能提供使用这种方法所需的充足信息,而且它要求元分析者有更高的统计综合能力。

平均效应值

平均效应值的计算是通过每个效应值(ES_i)根据其方差的倒数或 w_i(见第 3 章)加权进行的。

加权的平均效应值通用公式是:

$$\overline{ES} = \frac{\sum (w_i ES_i)}{\sum w_i},$$

其中 ES_i 是所使用的效应值统计量的值,w_i 是第 i 个效应值的方差倒数权重,i 的取值从 1 到 k,k 是效应值的个数。简而言之,这个公式就是每个效应值乘以它们各自的权重,求和后再除以权重之和。有关计算的例子见第 7 章。

围绕平均效应值的置信区间

在已知观察到的数据的情况下,置信区间表示的是总体均值可能发生的范围。例如,围绕一个平均效应值的、从 0.05 到 0.49 的 95% 的一个置信区间意味着总体的平均效应值有 95% 的概率在这两个值之间。可用它来表明平均效应值估计值的精确度。另外,如果置信区间不包括零,那么平均效应值在置信区间所指定的水平上是统计显著的(即对于一个 95% 的置信区间,$\alpha = 0.05$)。

一个平均效应值的置信区间是以均值的标准误和 z 分布的一个临界值(如对于 $\alpha = 0.05$ 来说,临界值为 1.96,该值不可与相关系数 Z_r 转换中的 Z_r 混淆)为基础的。均值的标准误等于方差权重倒数之和的平方根[1](Hedges & Oklin,1985),表示为

$$SE_{\overline{ES}} = \sqrt{\frac{1}{\sum w_i}},$$

其中 $SE_{\overline{ES}}$ 是效应值均值的标准误,w_i 是与第 i 个效应值相关联的方差权重倒数,i 的取值从 1 到 k,k 是包括在均值中的效应值的个数。为了构造置信区间,你可用标准误乘以一个代表所希望的置信度(confidence level)的临界 z 值,然后把乘积与平均效应值相加即得到上限 $\overline{ES}_U$,用平均效应值减去该乘积即得到下限 $\overline{ES}_L$,如下所示

$$\overline{ES}_L = \overline{ES} - z_{(1-\alpha)}(SE_{\overline{ES}}),$$
$$\overline{ES}_U = \overline{ES} + z_{(1-\alpha)}(SE_{\overline{ES}}),$$

---

[1] 根据公式,均值的标准误似乎应表述为"方差权重倒数之和的倒数的平方根"。——译者注

其中$\overline{ES}$是平均效应值,$z_{(1-\alpha)}$是z分布的临界值(如果$\alpha = 0.05$,则临界值为1.96;若$\alpha = 0.01$,临界值为2.58),$SE_{\overline{ES}}$是平均效应值的标准误。如果置信区间不包括零,则平均效应值在$p \leqslant \alpha$水平上是统计显著的。对平均效应值的显著性的直接检验可通过计算如下z检验(不要与$z_{(1-\alpha)}$或Z_r混淆)进行,

$$z = \frac{|\overline{ES}|}{SE_{\overline{ES}}},$$

其中$|\overline{ES}|$是平均效应值的绝对值,$SE_{\overline{ES}}$是平均效应值的标准误。该公式的结果是一个标准正态变量,服从标准正态分布。因此,如果它大于1.96,则在$p \leqslant 0.05$水平上是统计显著的(双尾检验);如果它大于2.58,则在$p \leqslant 0.01$水平上是统计显著的(双尾检验)。至于更精确的概率水平可参阅任意一本统计学教材中的z分布。第7章提供了置信区间和显著性检验的计算例子。

同质性分析

需要追问的一个重要问题是,被平均为一个均值的各种效应值估计的是否为同一个总体的效应值(Hedges,1982b;Rosenthal & Rubin,1982)。这就是效应值分布的同质性问题。在一个同质的分布中,围绕其均值的多个效应值的差异不会比仅从抽样误差预期的差异大(抽样误差与个体效应值所基于的对象样本有关联)。换句话说,在一个同质性分布中,一个个体效应值只是由于抽样误差的存在才不同于总体均值。一个拒绝同质性虚无假设的统计检验就意味着多个效应值的变动量将比根据抽样误差期望的变动量大,因此,每个效应值都不能估计一个公共的总体均值。换句话说,诸多效应值之间的差异除了来自对象层次的抽样误差之外,还有一些来源,也许是与不同的研究特征有关的差异。当发现效应值的分布具有异质性的时候,分析者也有几种选择,后文将有讨论。

同质性检验是以Q统计量为基础的,它服从自由度为$k-1$的卡方分布,其中k是效应值的数量(Hedges & Olkin,1985)。Q的公式为

$$Q = \sum w_i(ES_i - \overline{ES})^2,$$

其中ES_i是个体效应值,i从1到k(效应值的数量),$\overline{ES}$是k个效应值的加权平均效应值,w_i是ES_i的个体权重。若Q大于自由度为$k-1$的卡方分布的

临界值,则表明同质性虚无假设被拒绝(附录 B 或任意标准统计学教材中都有卡方表)。因此,在统计上显著的 Q 意味着一个异质性分布。一般来讲,在这一点发现的异质的分布可获准进行下一节所描述的额外分析。

与上述 Q 公式在代数上等价的如下公式在计算上更加简单,即

$$Q = \sum w_i ES_i^2 - \frac{(\sum w_i ES_i)^2}{\sum w_i},$$

其中的每项含义见前文。第 7 章提供了计算实例和用统计程序生成 Q 值的命令语言。

亨特和施密特(Hunter & Schmidt, 1990b;也可参见 Hunter, Schmidt & Jackson, 1982)提出了另一种同质性检验方法,此方法不依赖于正式的显著性检验。他们的方法把观察到的效应值的变动量划分为两部分:可归于对象层次的抽样误差的部分和可归于其他研究之间的差异的部分。他们进而假设如果抽样误差解释了观察到的变动量的 75% 或更多,那么分布就是同质的。正如下文所探讨的那样,如果抽样误差解释的观察到的变动量不到 75%,则表明需要探索一些研究调节变量(study moderator variables)。这个"75% 法则"如同"经验法则"(rule of thumb)一样,不是一个严格的分割点,即使 75% 法则被超越,还是要鼓励那些对诸多研究效应之间的细节有明显的预先假设的研究者去检验那些关系(Hunter & Schmidt, 1990b)。但是,这个"法则"的目的是迫使我们认识到抽样误差在各项研究的效应值的变动量中的地位,而且当大部分观察到的变动量可被抽样误差充分解释时,它不鼓励对研究特征与效应值之间的关系进行事后探究。对这种方法有兴趣的读者可参考亨特和施密特的著述,以便获取更多的信息。

效应值异质分布的分析

上述讨论采取的是所谓的**固定效应模型**(fixed effects model)(Hedges, 1994;Hedges & Vevea, 1998;Overton, 1998)。在这种模型下,一般假设在一项研究中观察到的某个效应值是对相应的总体效应的估计,其随机误差仅来源于与该研究中对象层次抽样误差有关的随机因素,即与从潜在的对象总体中抽取出每项研究中的对象有关联的"抽签运"(luck of the draw)。就

理论原因而言,元分析者可能不相信这个假设对于所关注的效应值分布是适当的。例如,分析者可能认为,逐项研究之间存在着本质上的随机差异,这些差异超出对象层次的抽样误差之外,与步骤、情境等类似因素的变动有关。或者我们可以假设由元分析中的多项研究组成的集合本身就是一个样本,它来自没有一个公共总体效应值的更大的研究总体,因此,观察到的诸多效应值将有研究层次抽样误差以及与这些效应值相关联的对象层次抽样误差。

与之相应,针对来自不同研究的观察到的效应值分布进行的 Q 检验就从统计学角度考察了一个固定效应模型假设。如果 Q 显著,则拒绝同质性虚无假设,即表明多个效应值中的变动量要比仅由对象层次抽样误差所可能导致的变动量要大。这样就对简单的固定效应模型假设提出了挑战,因为该模型认为,用一个仅代表对象层次的抽样误差的项目对效应值进行加权,就足以把它们的差分精度(differential precision)解释为对总体的统计估计值。但需要注意的是,不显著的 Q 也不总使人更相信固定效应模型是合理的。如果效应值的数量很少,特别是如果它们反过来以小对象样本为基础,那么 Q 检验的统计功效将没有那么强,甚至当效应值中有相当可观的变动量是源于对象层次抽样误差以外的原因时,它也有可能无法拒绝同质性。在任何情况下,如果拒绝固定效应假设,那么不论出于概念上的原因还是统计上的考虑,分析者在处理这种情形时都有三种选择:

(1)**假设对象层次抽样误差以外的变动量是随机的,也就是说,它实质上源于诸项研究之间的随机差异,差异的来源无法确定。**在这种情况下,分析者可采用一个**随机效应模型**。该模型假定,为了代表诸多效应值之间的变动,除了对象层次的抽样误差外,在统计模型中必须包含另外一个随机分量。由于假设这个额外的随机分量或者就是研究层次的抽样误差,或者像研究层次的抽样误差一样起作用,所以随机效应模型中的抽样误差既代表了研究层次(诸项研究是从一个总体中抽取出来的)的随机变动量,也代表了对象层次(每项研究中的对象是从一个对象总体中抽取出来的)的随机变动量。因此,相对于固定效应模型来说,随机效应模型包含了一个不同的方差权重倒数(回想一下,该权重曾用来表示估计一个效应值时的统计误差)。这意味着当使用随机效应模型时,在任何分析中应用于每个效应值的权重必须既代表对象层次的抽样误差,又代表由随机效应模型所假设的额外的随机方差分量。特别是,它要求上述加权均值和置信区间必须使用一个不同的方差权重倒数重新计算。这个过程将在下面的"随机效应模型"标题下加以讨论。

(2)**继续假定一个固定效应模型,但要加上如下假设,即在对象层次抽样误差之外的变动量是系统的变动,也就是说,它源于诸项研究之间的可确认的差异。**这个增加的假定是进一步分析效应值变异量的基础,即从生成这些效应值的来源的诸项研究特征的角度对其进行分析。在这种情况下,分析者证明(或设想)效应值的分布有更多的变动量,这些变动量要大于由对象层次的抽样误差所解释的变动量,但前提是假定额外的变动量不是随机的。相反,分析者试图证明额外的变动量是可以解释的,但是要通过表明它与一些调节变量(moderator variables)(这些变量会系统地区分出有较大或较小效应值的研究)有关联而得到解释。例如,可以预期,当与不同的治疗方法和调查设计有关的诸项效应值中的差异可以得到解释时,剩余的就只是对象层次的抽样误差。在那种情况下,前述的基于对象层次抽样误差的方差权重倒数将仍然是恰当的。在下文"固定效应模型:对效应值方差进行分解"这个标题下,我们讨论对这种研究及效应值的特征的探究,它们可用来解释研究之间的变动量。

(3)**假定对象层次抽样误差之外的方差一部分源自可识别的一些系统性因素,一部分源自一些随机因素。**在这种情况下,分析者可假设存在一个**混合效应模型**(mixed effects model),也就是说,效应值方差有超出可归于对象层次的抽样误差的部分,该方差**同时**包含系统的与随机的部分。与上述(2)描述的固定效应模型一样,该模型假定某些特定可识别的研究特征充当了调节变量,并且与诸项效应值之间的系统差异有关联。可以假定这些系统差异能够解释效应值之间的某些额外变动量。然而与上述模型不同的是,混合效应模型允许在系统分量被解释后仍保留一个随机的剩余方差成分。换句话说,混合效应模型假定超出对象层次抽样误差的效应值变动可分为两个分量,一个代表诸多研究特征与效应值之间的系统关系,另一个分量实质上代表随机的研究层次的差异(study-level differences)。这个剩余的分量反映了统计的不确定性,它必须被整合到效应值分析中所使用的加权函数之内。例如,上述的加权均值和置信区间必须用不同的权重重新计算。在下文的

"混合效应模型"标题下,我们探讨将该模型拟合效应值数据的过程。

随机效应模型

正如我们指出的那样,随机效应模型假定每个观察到的效应值都不同于总体均值,二者之差等于对象层次的抽样误差**加上**一个代表变动量的其他来源(假设它们服从随机分布)的值。在这种情况下,与每个效应值有关的方差就有两个分量:如前文所述,一个分量与对象层次的抽样误差有关联,第二个分量则与随机效应方差有关。这两个方差分量之和 v_i^* 就是同效应值分布有关联的总方差,表示为

$$v_i^* = v_\theta + v_i,$$

其中 v_θ 是随机的或研究之间的方差分量的估计值,v_i 是与对象层次的抽样误差有关联的方差的估计值,可按前文提供的各自效应值统计量公式计算出来。一个随机的效应值均值的效应值、置信区间、显著性检验以及 Q 的计算都需要利用包含随机效应成分的新方差,这个新的方差要替代前文给出的完全基于抽样误差方差(SE^2)的那个方差。这样,方差权重倒数就变为 $1/v_i^*$ 而不是 $1/v_i$,如前所示的计算则要使用这个新的加权函数。

随机效应模型的难点在于如何获取随机效应方差分量的一个好的估计值。对此有两个基本步骤,即基于矩量法(method of moments)的非迭代法(noniterative method)和基于极大似然(maximum likelihood)的迭代法(iterative method)(Overton,1998;Raudenbush,1994;Shadish & Haddock,1994)。后者提供的估计更为精确,但前者可服务于大多数目的,并且因其易于应用,故作为这里介绍的唯一方法。v_θ 的矩量法估计值是

$$v_\theta = \frac{Q - (k - 1)}{\sum w_i - \left(\dfrac{\sum w_i^2}{\sum w_i} \right)},$$

其中 Q 是前文所述的同质性检验的值,k 是效应值的数量,w_i 是前文定义的在固定效应模型下每个效应值的方差权重倒数。如果根据公式计算所得的结果是负值,则设定 v_θ 为 0。只有当效应值的分布是同质分布,并且能用一个固定效应模型加以拟合的时候,这种情况才会发生。由于随机效应模型及与之地位相等的混合模型具有一般性,因而被一些研究者奉为首选策略

(Mosteller & Colditz,1996)。第 7 章展示了用常见的统计软件构建随机效应模型的策略和命令语言的例子。

固定效应模型:对效应值方差进行分解

与其假设效应值的异质性(在诸项研究之间的差异)来源于未观察到的随机因素,还不如相信它有系统来源,并且可用编码计划书中捕捉的变量来解释。也就是说,你可以认为你的元分析中的自变量——即研究描述项和效应值描述项——可以解释研究之间的超额变动量(excess between-studies variability)。对研究间方差进行建模的方法有如下两种:赫奇(Hedge,1982a)的类方差分析(analog to analysis of variance),赫奇和奥尔金(Hedge & Olkin,1985)的修正加权多元回归。前者处理分类性的自变量,如其名所示,它类似于一元方差分析(ANOVA)。后者处理的是连续的或二分自变量,并可在单次分析中对多重自变量建模。

类方差分析。与方差分析类似的一种元分析技术是在一个自变量基础上把效应值分组成为互斥的类别,并在各个类别内部检验效应值之间的同质性,在类别之间检验差异性。如果类间方差是显著的,则各组之间平均效应值的差异就不仅是抽样误差。如果组内联合方差是同质的,则表明除了对象层次的抽样误差外,诸多效应值之间没有更多的变异。后面这项信息对于评价定类变量在完全解释诸项效应值之间的初始异质性的充分性方面非常关键。定类变量的例子包括调查设计的类型(如随机分配还是非随机分配)、干预的类型(如认知—行为治疗还是知觉疗法)和对象样本的特征(如男性所占的比例)。这些变量中的每一个都可以解释观察到的效应值中的变动量。

类方差分析最适合于检验关于调节变量的一组有限的先验假设(priori hypothesis)。这种方法的一种常见但不正确的应用是用它去检验大量的定类变量,以便指出哪些在统计上显著。在已经出版的元分析中,有许多例子将类方差分析应用于全部编码的研究描述项变量。这种分析方法就好比在一项干预研究中对大量的结果变量进行 t 检验。不可避免的是,某些因素仅仅由于随机性而在统计上显著,从而导致对其意义与解释进行无根据的思考。

类方差分析把总的同质性统计量 Q 分为由定类变量(Q_B)解释的部分和

剩余的组内联合部分(Q_W)。同质性统计量 Q 是围绕总均值的个体效应值的加权平方和,Q_B 是每组的平均效应值围绕总均值的加权平方和。同样,Q_W 是每组内的个体效应值围绕各自的组均值的加权平方和,然后在各组上进行汇总。Q_B 的公式是:

$$Q_B = \sum w_j \overline{ES_j^2} - \frac{\left(\sum w_j \overline{ES_j}\right)^2}{\sum w_j},$$

其中 Q_B 是组间的 Q,$\overline{ES_j}$ 是每组的加权平均效应值,w_j 是每组内的权重之和,$j=1,2,3$ 等,直至组数。Q_W 被计算为各个组内 Q 之和,公式为:

$$Q_W = \sum w_i \left(ES_i - \overline{ES_j}\right)^2,$$

其中 Q_W 是组内联合的 Q,ES_i 是个体效应值,$\overline{ES_j}$ 是每组的加权平均效应值,w_i 是每个效应值的权重,$i=1,2,3$ 等代表效应值的个数,$j=1,2,3$ 等代表组数。前述的公式难以执行。一个比较简单的策略是针对每个效应值组计算各自的 Q,然后将这些 Q 加总。结果就是 Q_W;然后通过总的 Q 减去 Q_W 得到 Q_B。这些 Q 中的每一个都服从卡方分布。如同一元方差分析一样,Q_B 的自由度为 $j-1$,j 是组数。与之类似,Q_W 的自由度是 $k-j$,其中 k 是效应值的数量,j 是组数。第 7 章将用一个数据表展示这种分析。

加权回归分析。上述类方差分析提供了一种方法,据此检验单个定类变量(如治疗类型)在解释效应值分布中过量的变动量方面的能力。元分析者的兴趣经常在于探索效应值与连续变量之间的关系。例如,他们的兴趣点可能在于检验自然消减(用初始样本量的一个比例来测量)是否与观察到的效应值中的变动量有关。另外,他们可能希望同时检验几个连续变量,如损耗和治疗强度。这可使用一种修正的加权最小二乘回归(modified weighted least squares regression)来实现,对每个效应值用其方差的倒数加权,正如前述的计算均值和置信区间的公式一样。

大多数统计软件程序,如 SPSS,SYSTAT,STATA 和 SAS,都可执行加权最小二乘回归分析。如果给出了适当的权重,这些程序就可以正确地估计出回归系数,尽管如此,当把它们应用于效应值数据时,也可能得出不准确的标准误,统计显著性也就不精确。如果程序将权重理解为代表多重效应值而不是单个效应值的权重,并且夸大了效应值样本量 n,那么这种情况就会发生。但这个问题容易解决。针对这些程序的结果进行的一些附带性的计算将产生每个回归权重(B 权重)的恰当的显著性水平。另外,可以进行一种检验,以便评价在模型拟合后是否还留有显著的剩余变动量,这种检验的计算也很容易。此外,我们也编写了一些宏命令,它们对元分析数据多元回归有指导作用,可以在 SPSS,STATA,SAS 中运行(Wang & Bushman,1998,也编写了一组可在 SAS 中使用的宏命令)。有关这些问题的深入讨论将出现在论述计算技术的第 7 章。

可以计算两个用来评价加权回归模型的总拟合程度的指数,一个是源于回归的 Q,另外一个是 Q 误差或残差(分别记作 Q_R 和 Q_E)。这些指数反映了对全部变动量的一种分割,即分为与回归模型有关联的部分 Q_R 和未被模型解释的变动量 Q_E。大多数加权的回归程序都会汇报一个以平方和为纵列的方差分析表,其中包括回归模型的平方和以及剩余平方和。它们分别是 Q_R 和 Q_E,而且都服从卡方分布。这两个值之和应等于先前计算的 Q 总和。Q_R 的自由度为 p,p 是回归方程中预测变量的个数。Q_R 类似于针对回归模型的 F 检验,如果显著,则表明回归模型解释了在效应值中的显著变动量。虚无假设是,所有回归系数(B 权重)都同时为零。因此,当 Q_R 显著时,至少有一个回归系数明显不等于零。

加权剩余平方和 Q_E 的自由度为 $k-p-1$,其中 k 是效应值的个数,p 是预测项的个数。如果 Q_E 显著,则超出对象层次的抽样误差以外的变动量仍然在效应值之间存在。换句话说,在剔除与诸多预测变量相关联的变动量之后,各个效应值仍然是异质的。一个显著的回归模型和一个显著的剩余变动量可能同时存在,这种情况也非常可能。用统计术语来说,这种回归模型是设定不足(underspecified)的[1](在讨论混合模型的时候,我们将回到这个问题上来)。

尤其值得关注的是各个**非标准化**回归系数(B 权重)。赫奇和奥尔金的研究(Hedge & Olkin,1985)表明,这些系数的一个正确的标准误(SE_B)可利用错误的标准误和作为元分析数据回归结果的一部分而报告出来的剩余均

---

① 如果一个实际上属于真实模型的变量被遗漏,我们就说此模型设定不足。——译者注

方(mean-square residual)计算出来,当然要借助标准的加权回归统计程序[这种回归把权重解释为差分样本量(differential sample size)]。修正的标准误的值记作 SE_B',其计算公式为:

$$SE_B' = \frac{SE_B}{\sqrt{MS_E}},$$

其中 SE_B 是报告出来的(错误的)每个回归系数 B 的标准误,MS_E 是回归模型的剩余均方,即在回归汇总表中报告的剩余残差模型的均方值。回归系数(B)除以其修正的标准误,就可以建构一个显著性检验(z 检验),公式如下:

$$z = \frac{B}{SE_B'},$$

其中 B 是非标准化的回归系数,SE_B' 是回归系数的正确的标准误。公式的结果是一个标准正态变量[1],服从标准正态分布。因此,如果它大于 1.96,则在 $p < 0.05$ 水平上显著(双尾检验)。或者如果它大于 2.58,则在 $p < 0.01$ 水平上显著(双尾检验)。查阅任何一本统计学教材中的 z 分布都可获得一个更精确的概率水平。第 7 章用实例展示了这个过程。

在检验产生相同结果的各个回归系数的显著性时,另一种方法是针对每个系数计算一个 Q。这些 Q_p 值都服从自由度为 1 的卡方分布。Q 方法的优点是它允许对回归系数子集的统计显著性进行检验。任何一组 Q_p 值之和仍然是一个 Q,服从自由度为 p 的卡方分布,p 是汇总的 Q_p 中预测项的个数。单个回归系数 B 的 Q_p 计算如下:

$$Q_p = \frac{B^2}{(SE_B')^2},$$

公式中各项的含义在前文已界定。需要注意的是,Q_p 是被与之相关的回归系数解释的平方和,这些系数是针对回归模型中全部其他效应进行修正的系数。所以,Q_p 值之和(不包括回归常数或截距的 Q)将小于模型的总 Q(即

---

[1] 劳登布什(Raudenbush,1994)建议使用学生的 t 分布(而不是正态分布)来比较这些值,自由度为 $k-p-l$,其中 k 是研究的数量,p 是回归模型中预测变量的数量。用 t 分布会得到更保守的置信区间和显著性水平。但是,对于有 120 个或更多效应值的分析而言,这两种方法没有实质性区别。

Q_R）。二者之差就是"共享的"平方和，即效应值之间的变动量不止与一个自变量共同相关。自变量之间的相关越大，这些值之间的差就越大。

混合效应模型

即使使用回归分析或类方差分析模型将研究间的差异模型化，一个效应值分布可能仍是异质的。也就是说，剩余 Q_E 或 Q_W 在统计上仍然可能显著（不是同质的）。这意味着，只有系统方差（建模的部分）和对象层次抽样误差的固定效应模型这个假设是站不住脚的，因而应考虑一下混合效应模型。混合效应模型需要假定研究间变量的效应（如治疗类型）是系统的，但除抽样误差外，在效应值的分布中仍有一个剩余的未被测量的（也许是不可测量的）随机效应。就是说，效应值分布中的变动量可归因于系统的（模型化的）研究间差异、对象层次抽样误差和一个额外的随机部分。

将混合效应模型拟合于效应值数据，这类似于拟合一个随机效应模型的方法。关键且困难的一步是估计随机效应方差分量（v_θ）。如前所述，这个估计值需要加上与每个效应值关联的标准误方差 v_i，方差权重倒数需要重新计算，要根据新权重重新运行分析。在混合效应模型中，对随机效应方差分量的估计是以剩余变动量（residual variability）（Q_E 或 Q_W）而不是总变动量（Q_T）为基础的。不巧的是，混合模型中的随机分量的值必须通过矩阵代数来估计，具体细节请参见文献（Kalaian & Raudenbush, 1996; Overton, 1998; Raudenbush, 1994）。在混合效应模型下的置信区间要比在固定效应模型下的大，除非 v_θ 等于零。同样，在固定效应假设下显著的回归系数可能也不再如此。本书第 7 章将讨论在应用混合效应模型方面的计算技术。

对于效应值的一个特殊的异质性分布来说，固定效应模型或混合效应模型是否最适当，这是一个被频繁问起的问题（Hedges & Vevea, 1998）。固定效应模型在探测与效应值的调节关系时有更强的统计功效；就是说，它更可能识别出系统的研究间差异，但这是有代价的。当同它的假定相反，即当存在未解释的组间异质性时，固定效应模型会有很高的第一类错误（Type I error）比率。混合效应模型虽然有更为精确的第一类错误比率，但其代价是在区分调节效应时会失去一定的统计功效。这样，明智的做法通常是进行一个灵敏度分析（sensitivity analysis），以便比较来自固定效应模型和混合效应模型的结果。尽管当效应值分布确实具有异质性时当前大部分观点很不看好固定模型,但我们仍然需要对它进行额外研究,以便分离出各种模型(固定、随机和混合模型)最为适合的条件(Mosteller & Colditz,1996;Overton,1998)。

统计上相依的效应值的分析

我们对效应值分析的讨论强调了要保持统计上的独立性,具体做法是在任何给定的分析中每个对象样本只包含一个效应值。当所评论的调查研究在相同的概念关系上生成多个效应值时,我们提倡随机地或根据某些标准只选取一个效应值,或者将它们平均,因此,对任意给定的分析只贡献一个值。诚然,这种保守的方法的缺陷在于,它忽视了潜在有意义的信息,而在有些情况下,分析者也许相当不愿意忽略这些信息。针对这种情况,格莱塞和奥尔金(Gleser & Olkin,1994)开发了在一个在单次分析中处理相依效应值(dependent effect sizes)的方法。然而这种方法要求相依效应值之间的协方差已知,或可估计出来,以便能把它加入分析之中。

我们已描述过关于独立的效应值的分析,这些效应值是用它们的方差倒数加权的。可以想象,这些方差构成了一个方阵的对角线,其行与列是需要加以分析的效应值。该矩阵中非对角线的值代表不同效应值之间的协方差;对统计上独立的效应值来说,这些值都是零。对于任意统计上相依的效应值来说,格莱塞和奥尔金的方法是用它们之间的协方差来代替这些零。现在如果我们取每个格值的倒数,则在对角线上可得到每个效应值的正常的方差权重倒数,在对角线以外可得到的是在统计上相依的效应值的协方差权重倒数。

本章展示的所有计算元分析结果的公式都可以用矩阵代数的形式重写。格莱塞和奥尔金方法无非是在权重矩阵的非对角线上用协方差倒数项取代以前假定的都是零的情况。具体细节请参考格莱塞和奥尔金(Gleser & Olkin,1994);王和布什曼(Wang & Bushman,1994)编写了执行所需计算的SAS 宏命令。

在有些研究中,关注实验组不止一个,但控制组仅有一个,在对此类研究进行综合时,这种方法可能会有用。如果针对所有的治疗—控制比较来说都要计算效应值,那么在此种情况下会出现效应值之间的统计相依性,因为在每次计算中都用到了同一个公共控制组数据。在这种情况下,对效应值之间协方差的估计值是以控制组的样本量为基础的(参见 Gleser & Olkin,1994)。这种方法更适用于如下常见的情况,即针对包含在同一次分析之中同一个对象样本计算出多个效应值,如在不同的时间观察到的同一个测量,或在同一时间观察到的同一个构项的不同测量。不巧的是,在这种情况下,确定效应值之间的协方差往往需要有关于各种测量之间相关关系的知识。以我们的经验来看,这一点在大多数调查领域中都很少有报告,这就严重限制了该方法的实用性,尽管它在理论上和统计上有优势(Kalaian & Raudenbush,1996)。

额外的分析问题

在元分析中经常遭遇的一个挫折是研究者的报告是不均衡的。需要报告的信息要么经常被遗漏,要么即使报告了,也太模糊或太简略,以至于不能进行足够的元分析编码。这样,进行元分析就例行性地要求编码者根据不完全的信息做出判断,而这反过来导致数据元素的遗漏,或只有很少的确信数据。事实上,在第 4 章中,我们曾建议把置信等级作为对此种不确定性进行形式化的关键工具项。例如,一个置信等级可以关系到对一项干预研究的基本设计进行编码的项。同样,一个置信等级也可以与抽取出来用于计算效应值的数据相关联。那么,在分析中如何运用这些置信等级呢?

一种方法(我们不推荐)是对分析中的每个效应值用与之关联的置信等级加权,或用某种其他性质指标(如方法论性质)加权。既然效应值已被方差倒数加权,那么该方法就生成了一个复合的权重,其中有两个权重相加、相乘或进行其他组合。这种方法有两点不足:首先,适用于本章描述的分析过程的统计理论要求有方差权重倒数,这些权重与所使用的特定效应值统计量的标准误有关。如果复合权重得到恰当应用,则必然要求修改统计理论,以便考虑与置信权重或性质权重有关的方差。其次,用置信等级或质量等级来加权,这种做法遮掩了这些等级和观察到的效应值之间的关系。我们认为,应该探讨这些等级值是否与效应值相关联以及是怎样关联的,并且如果这种关联是合理的,那么应该在分析中将它们作为控制变量或调节变量来使用,这种研究思路才能增进智识。此外,如果等级值与效应值强相关,那么比较恰当的做法是忽略在关键项上等级低的研究,而不是在一项包含较好的研究从而能产生完全不同结果的分析中,假定分析者可以决定怎样对它们进行最好的加权。

还有一个相关的问题是缺失值。在元分析中,有些变量可能完全出于描述性的目的而被编码,即描述在元分析中包含的研究的特征。由于这个目的,即使报告中一个给定变量对于一定比例的研究不能编码,这也是有信息的。但是,对于某些试图解释各项研究在效应值上的变动量的变量来说,如果它们有很多缺失值,就会有问题。对于使用类方差分析法的分析而言,把"缺失的"一类作为一组包含在分析中,这可能是大多数情况下最好的选择。对于多元回归分析来说,缺失值可以被输入,或将该个案排除在分析之外。此处使用的方法同其他社会科学研究中使用的方法没有区别(Little & Rubin,1987;Rubin,1987)。如果相对于全部案例量而言,有缺失值的个案数较小,则任何合理的方法都足够应用。我们建议,不论使用何种输入方法,都应执行一个灵敏度分析,以便评价分析结果在多大程度上依赖于缺失值的处理方法。就这点而言,在分析中包括一个"缺失值"虚拟变量,以便评价在该变量上不可被编码的那些研究是否在解释了模型中的其他变量之后系统性地产生了更小或更大的效应值,这样才可以提供丰富的信息。

本章描述的分析策略可通过各种方法实现,对小型元分析甚至可人工进行,然而,在超出一定规模以后,就有必要用计算机分析了。下一章将介绍一些计算技术和对统计软件的改编,它们在实际执行先前描述的分析进程方面有作用。

第 7 章

元分析数据的计算技术

第 6 章概括了统计步骤的全部内容,但还必须把它们建构在常见的数据分析软件程序(但请参见 Borenstein,2000)之中。经过一些相对便于管理的修改,大部分满足一般性目的的统计程序都可以用于元分析。至于要求展示所有主要的统计程序是如何做到这一点的,这超出了本书的范围,但是就大多数这些应用而言,其实现各种元分析过程的步骤和逻辑是相似的。因此,在本章中,我们将展示针对典型的统计程序 SPSS for Windows,以及电子表软件 Excel for Windows 的相关技术。我们也努力呈现足够的细节,以便让其他软件程序的用户改编程序。

均值、置信区间和同质性检验

效应值的均值和相关的统计量的计算能够通过生成三个新变量得到,这三个新变量在诸项记录中汇总,并用于计算所需要的统计量。对于每个数据记录,我们都需要一个效应值 ES_i 和方差权重倒数 w_i(见第 3 章公式)。在这一点上,我们假定希望对效应值进行的任何修正都得到了执行,如针对标准化的均值差的小样本偏差修正,或经过费雪 Z_r 转换的相关系数转换。我们还要假定,位于即将分析的分布中的各个效应值在统计上是独立的。

表 7.1 给出了来自挑战项目元分析的一些说明性数据。此表报告了来自 10 项研究的触法结果的效应值。需要指出的是,表中呈现的效应值是小样本偏差修正的标准化的均值差[见第 3 章公式(3.21)至公式(3.24)],但

相同的计算过程也可应用于第 3 章中描述的任何效应值统计量。

为了计算在分析效应值分布时所需要的基本统计量,我们用 ES_i 和 w_i 计算以下三个变量:(a) w_i 和 ES_i 的乘积,我们称为 wes_i;(b) w_i 和 ES_i 平方之积,我们称为 $wessq_i$;(c) w_i 的平方,我们称为 wsq_i。这些变量都展示在表 7.1 中。

表 7.1　来自挑战项目元分析的触法结果的说明性效应值数据[a]

Study ID	ES_i	v_i	w_i	wes_i ($w \times ES$)	$wessq_i$ ($w \times ES^2$)	wsq_i (w^2)	Random[b]	Intensity[c]
100	−0.33	0.084	11.905	−3.929	1.296	141.729	0	7
308	0.32	0.035	28.571	9.143	2.926	816.302	0	3
1 596	0.39	0.017	58.824	22.941	8.947	3 460.263	0	7
2 479	0.31	0.034	29.412	9.118	2.826	865.066	0	5
9 021	0.17	0.072	13.889	2.361	0.401	192.904	0	7
9 028	0.64	0.117	8.547	5.470	3.501	73.051	0	7
161	−0.33	0.102	9.804	−3.235	1.068	96.118	1	4
172	0.15	0.093	10.753	1.613	0.242	115.627	1	4
537	−0.02	0.012	83.333	−1.667	0.033	6 944.389	1	5
7 049	0.00	0.067	14.925	0.000	0.000	222.756	1	6
Total			269.963	41.815	21.240	12 928.205		

a 如果样本量相等,则把源自单个研究的多重触法效应值平均化,否则就选择样本量最大的效应值。

b 根据条件随机分配:1 = 是;0 = 否。

c 编码者给出的挑战强度等级为:1 = 非常低 ~ 7 = 非常高。

资料 7.1　在计算加权平均效应值、置信区间和同质性 Q 时生成所需的各个变量及其总和的 SPSS 命令句法

* * 计算三个新变量:wes,wessq 和 wsq。
* * 这些变量之和将用于计算均值,同质性 Q,置信区间,z 检验和随机效应方差分量
* * 注意:es 为效应值,w 为方差权重倒数。

```
compute wes = w * es.
compute wessq = w * es * * 2.
compute wsq = w * * 2.
execute.
```

* * 计算每个变量之和,用于手工计算
```
descriptives
/variables w wes wessq wsq
/statistics sum.
```

* * 挑战项目元分析中 10 个个案的样本输出结果

描述性统计量

	N	SUM
W	10	269.963
WES	10	41.815
WESSQ	10	21.240
WSQ	10	12 928.205

对于一个效应值变量及与之相关的方差权重倒数来说,计算这些新变量的 SPSS 命令语言如资料 7.1 所示。在电子数据表如 Excel 中,这些新变量的计算是:把列标签与行数替换成资料 7.1 的 SPSS 计算表述中的变量名,并且在特定的电子数据表程序中,遵循针对特定公式的一般步骤。在 Excel 中,在如 F2 这样的目标格里键入" = C2 ∗ E2",得到的是 C2 格内的效应值(ES_i)与 E2 格内的方差权重倒数(w_i)之积,即合成变量 wes_i。这个公式可以沿着数据集的所有行复制下去。这个程序的结果见资料 7.2。

资料 7.2 使用数据表计算一个加权平均效应值、置信区间、同质性 Q 和类方差分析的实例

	A	B	C	D	E	F	G	H
1	studyid	random	es	v	w	wes	wessq	wsq
2	100	0	-0.33	0.084	11.905	-3.929	1.296	141.729
3	308	0	0.32	0.035	28.571	9.143	2.926	816.302
4	1596	0	0.39	0.017	58.824	22.941	8.947	3460.263
5	2479	0	0.31	0.034	29.412	9.118	2.826	865.066
6	9021	0	0.17	0.072	13.889	2.361	0.401	192.904
7	9028	0	0.64	0.117	8.547	5.47	3.501	73.051
8	161	1	-0.33	0.102	9.804	-3.235	1.068	96.118
9	172	1	0.15	0.093	10.753	1.613	0.242	115.627
10	537	1	-0.02	0.012	83.333	-1.667	0.033	6944.389
11	7049	1	0	0.067	14.925	0	0	222.756
12								
13				总数	269.963	41.815	21.24	12928.205
14			总和	nonrandom = 0	151.148	45.104	19.897	5549.315
15			总和	random = 1	118.815	-3.289	1.343	7378.89

下一步是确定各项研究中变量 $w, wes, wessq$ 与 wsq 之和。在一个统计程序中,这一步可轻松地通过一个描述性统计命令的结果得到,如资料 7.1 所示。在一个数据表中,只需简单地将各列加总即可。平均效应值、置信区间、z 和 Q 都可使用这些总和值计算出来,公式如下所示。例如,加权平均效应

值可用 wes_i 的总和除以 w_i 总和求得,用符号表示如下:

$$\overline{ES} = \frac{\sum wes_i}{\sum w_i}.$$

对于表 7.1 提供的挑战项目元分析的触法结果数据来说,w_i,wes_i 与 $wessq_i$ 各自的总和分别为 269.963,41.815 和 21.240。因此,那 10 个触法效应值的加权均值为:

$$\overline{ES} = \frac{41.815}{269.963} = 0.155,$$

然后可以计算出平均效应值的标准误、z 检验值以及 0.95 置信区间的下限和上限,公式分别如下:

$$SE_{\overline{ES}} = \sqrt{\frac{1}{\sum w_i}} = \sqrt{\frac{1}{269.963}} = 0.061,$$

$$z = \frac{\overline{ES}}{SE_{\overline{ES}}} = \frac{0.155}{0.061} = 2.54,$$

$$\overline{ES}_L = \overline{ES} - 1.96(SE_{\overline{ES}}) = 0.155 - 1.96(0.061) = 0.035,$$

$$\overline{ES}_U = \overline{ES} + 1.96(SE_{\overline{ES}}) = 0.155 + 1.96(0.061) = 0.275,$$

z 检验值为 2.54,大于在 $p = 0.05$ 情形下的临界值 1.96,所以我们的结论是这个研究样本的平均效应值在统计上显著。相应地,围绕平均效应值的 95% 置信区间($0.035 < \mu < 0.275$)不包括零,它揭示了研究总体(假设这 10 个样本是从其中抽取的)的平均效应值估计值的相对精密度。

用 w_i,wes_i 与 $wessq_i$ 的值也可计算表 7.1 中 10 个效应值的 Q,以便评价它们的同质性:

$$Q = \sum wessq_i - \frac{(\sum wes_i)^2}{\sum w_i} = 21.240 - \frac{41.815^2}{269.963} = 14.763,$$

Q 值结果为 14.763[1],其自由度为 9($k-1$,k 为研究的数量),该值小于当显著性水平为 0.05,自由度为 9 时的卡方临界值 16.92。这样看来,我们不能

---

[1] 在资料 7.3 中,该值为 14.764。——译者注

在α=0.05的情况下拒绝同质性假设。由此可以论证,在这个效应值样本中的方差不大于仅从抽样误差中期望能得到的方差。

如果你有为数众多的效应值集合要分析,如针对每个治疗类型的集合,那么重复先述的方法就会令人厌烦。为了降低烦琐性,我们创建了一个在 SPSS for Windows 中运行并执行这些计算的宏命令(见附录 D;在 SAS 和 STATA 中的宏命令也存在)。这个宏命令的样本输出结果见资料7.3。需要指出的是,这个宏命令也报告固定效应模型和随机效应模型的结果。下文将讨论后者。

资料7.3   计算元分析的汇总统计量的 SPSS 宏命令 MEANES
的样本输出结果(见附录 D)

meanes es = es/w = w.

$* * * * *$ Meta-analytic Results $* * * * *$

----------------Distribution Description----------------

N	Min ES	Max ES	Wghtd SD
10.000	−0.330	0.640	0.234

----------------Fixed & Random Effects Model----------------

	Mean ES	−95% CI	+95% CI	SE	Z	P
Fixed	0.1549	0.0356	0.2742	0.0609	2.5450	0.0109
Random	0.1534	−0.0146	0.3215	0.0858	1.7893	0.0736

----------------Random Effects Variance Component----------------

V = .025955

----------------Homogeneity Analysis----------------

Q	df	p
14.7640	9.0000	0.0976

If Q significant, reject null (v = 0).
Random effects v estimated via noniterative method of moments.

对效应值异质性分布的分析

让我们回忆一下,拒绝同质性(一个显著的 Q)意味着多个效应值之间的变动量大于仅从抽样误差中预期的变动量。正如前文所指出的那样,在这种情况下元分析者可有三种分析方法。第一,可假设过量的变动量来源于无法模型化的研究之间的随机差异。这种方法(随机效应模型)要求使用修正的方差权重倒数来重新估计平均效应值和置信区间,如第6章所讨论的那样,这种修正的方差权重倒数整合了随机效应方差分量。第二,假定过量的变动量或者是零,或者完全是系统性的,即与元分析(固定效应模型)中的自变量(如研究描述项)有关联。对效应值中的系统性方差建模的主要方法是类方差分析法(针对定类变量)和加权最小二乘回归法(针对连续变量)。第三,可假设过量的变动量的一部分是系统性的,能够统计模型化,而另一部分则是随机的且不能模型化。如第 6 章所述,这最后一种方法,即混合效应模型要求用整合了随机效应分量的一个方差权重倒数来拟合一个统计模型(类方差分析模型或修正的加权最小二乘回归模型)。后文将讨论上述各种方法的计算步骤。

随机效应模型

在挑战项目元分析中,我们不能拒绝同质性假设,这意味着我们无须拟合一个随机效应模型或检验调节效应。然而,当只有少数效应值,特别是它们又基于小样本时(如本例所示),Q 检验在拒绝同质性方面的统计功效偏低。为谨慎起见,同时也为了进行灵敏度分析(也为了教学目的),我们还是用一个随机效应模型来拟合这个数据。首先,我们必须确定随机效应方差分量(random effects variance component)。使用先前在固定效应假定下得到的 Q,效应值数量 k,w_i 以及 wsq_i 各自的总和,采用矩量技术法(method of moments technique)可计算随机效应方差分量如下(参见第 6 章):

$$v_\theta = \frac{Q - (k - 1)}{\sum w_i - \left(\dfrac{\sum wsq_i}{\sum w_i} \right)},$$

对于我们使用的挑战数据来说,随机方差分量 v_θ 是:

$$v_\theta = \frac{14.763 - (10 - 1)}{269.963 - \dfrac{12\,928.205}{269.963}} = \frac{5.763}{222.074} = 0.026,$$

为了继续进行随机效应分析,先前的随机方差分量(一个常数)要加到每个效应值的方差上。具体地说,表 7.1 中标号为 v_i 这一列中的每个值都加上 0.026;然后重新计算方差权重倒数(w_i),所有后续的统计量都要用这些新权重。需要指出的是,在随机效应模型下的置信区间要更宽,因为假设可归因于未测量的研究间差异的研究之间的变动量要加到抽样误差的变动量上,这就增加了与总体均值估计相关联的不确定性。

由于前述的 Q 检验使我们得出结论认为效应值的这个分布是同质的,我们可能希望了解,为什么上面计算的随机方差分量却有一个零值。不拒绝同质性并不意味着观察到的变动量恰好等于从对象层次的抽样误差中预期的变动量。这就是说,我们几乎可以肯定会观察到比期望的变动量或多或少的变动量,尽管拒绝同质性虚无假设的可能性很小。需要注意的有用之处在于,一个卡方的期望值等于它的自由度。换句话说,如果效应值的变动量仅代表抽样误差,那么 Q 的自由度就可以读成被期望的 Q 值。在前面的例子中,Q 值(14.764)大于与其关联的自由度(9),因此,观察到的变动量超过了预期的变动量,恰好在 $\alpha = 0.05$ 的水平上不足以在统计上显著[1]。

现在,我们必须把随机效应方差分量值0.026加到我们数据集合中的每个 v_i 上,在这个新的 v_i^* 基础上重新计算方差权重倒数 w_i,重新计算其他所有值和统计量。w_i,wes_i 以及 $wessq_i$ 的各自新的总和分别是135.888、20.849以及12.017。使用同前文一样的公式进行计算,随机效应加权平均效应值就是20.849/135.888,即等于0.153。这个值实质上与固定效应加权均值0.155一样。

标准误是各个 w_i 之和的平方根的倒数,等于 $1/\sqrt{135.888}$,即0.086。因此,95% 置信区间的下限和上限为 $0.153 \pm 1.96(0.086)$,即分别是 -0.015 和0.322。这个置信区间比在固定效应模型下的置信区间稍大一些,并且包含零,这意味着先前关于挑战项目对犯罪的积极影响的解释可能是无根据的。(请注意这些手工计算的值与资料7.3中根据 SPSS 宏命令报告的随机效应模型的结果是一致的)

类方差分析

与其一开始就假设一个随机效应模型,还不如相信效应值中的某些或

---

[1] 这主要是因为观察到的 Q 值(14.764)刚好小于自由度为9,显著性水平为0.05时的卡方临界值16.92。——译者注

全部过量的变动量是系统的,是可用编码计划书中捕捉的变量来建模的。我们论述的第一种方法是类方差分析,它检验一个定类变量(如治疗类型或被服务的总体)在解释过量的效应值变动量方面的能力。这一过程把全部变动量划分为由定类变量(Q_B)解释的部分和残差或剩余部分(Q_W)。Q_B是各组均值之间变动量的一个指数,Q_W是组内变动量的一个指数。如果定类变量可以解释显著的变动量(一个显著的Q_B),那么各类的平均效应值之间的差就不仅仅是抽样误差,即呈现一个在统计上显著的差。这个检验也可以表明组内联合方差是否同质。当评价定类变量在解释效应值之间过量的变动量方面的充分性时,这是非常关键的信息。若Q_W不是统计显著的,则Q_B中代表的定类变量就足以解释在效应值分布中的过量变动量。

在用数据表软件或统计程序来计算类方差分析时,第一步是对关注的变量的**每个类**分别计算先前生成的变量w_i,wes_i和$wessq_i$各自的和。接下来,使用这些总和值,并以下式计算每类(Q_j)的同质性Q:

$$Q_j = \sum wessq_j - \frac{(\sum wes_j)^2}{\sum w_j},$$

其中$\sum wessq_j$是每个j的$wessq_i$之和,$\sum wes_j$是每个j的wes_i之和,$\sum w_j$是每个j的w_i之和,j代表组间变量中j类的每一个。组内联合的同质性统计量Q_W用各个Q_j(即每类的同质性统计量)之和来计算。用符号表示为:

$$Q_W = \sum Q_j,$$

其中Q_j是每个j的Q,对于第一类来说,j值为1,以此类推到总类数。组间同质性统计量(Q_B)是每一类的平均效应值围绕总平均效应值的加权平方和。因为总Q_T分割为Q_B和Q_W,Q_B能通过如下减法求得:

$$Q_B = Q_T - Q_W,$$

其中Q_T是总的Q,Q_W是组内联合的Q。这些Q中每一个Q都服从卡方分布。Q_B的自由度是$j-1$,其中j是类数。例如,如果关注的定类变量是治疗类型,包含四类治疗,那么j就等于4,自由度即df_B等于3。Q_W的自由度df_W为$k-j$,其中k是效应值的数量,j是类数。例如,如果你有30个效应值,定类变量有 3 类,那么 df_W 就等于 30 - 3 = 27。需要指出的是,你也可以用每个类的 w_i,wes_i 与 $wessq_i$ 各自的和以及前文提供的公式,来计算每一类效应值各自的均值和置信区间。

让我们再回到挑战数据,资料 7.2 中的第 15 和 16 行显示了两组(使用随机分配条件的一组和不使用随机分配的一组,分别是 8 ~ 11 行和 2 ~ 7 行)研究的 w_i,wes_i 与 $wessq_i$ 各自的总和。使用这些总和值,非随机化研究的 Q 值(Q_n)为:

$$Q_n = 19.897 - \frac{(45.104)^2}{151.148} = 6.438,$$

随机化研究的 Q(即 Q_r)为:

$$Q_r = 1.343 - \frac{(-3.289)^2}{118.815} = 1.252,$$

这两个 Q 的和(6.438 + 1.252)就是组内的 Q 即 Q_W,等于 7.690。它服从自由度为 8 的卡方分布(效应值数 10 减去类数 2),并且在统计上不显著(在 $\alpha = 0.05$ 且 $df = 8$ 的情况下,卡方的临界值 15.51)。因此,每一类或每组内的剩余变动量是同质的。各组之间的 Q,即 Q_B 就是总的 Q(前文证明是 14.76)减去组内的 Q,即等于 7.07。自由度是 1(类数减 1)。这个 Q 在 $p < 0.05$ 水平上是统计显著的,说明组间效应(在 $\alpha = 0.05$ 且 $df = 1$ 情况下卡方的临界值是 3.84)是显著的。

在计算每一组的加权平均效应值时,也可以用前文所示的针对全部效应值集合的方式进行,从而针对非随机化的研究和随机化的研究分别产生如下结果:

$$\overline{ES_n} = \frac{45.104}{151.148} = 0.298,$$

$$\overline{ES_r} = \frac{-3.289}{118.815} = -0.028,$$

以相似的方式,前文列出的针对效应值全集的方法也可以用来计算各组的标准误和置信区间。

　　随着元分析的规模和复杂性的增加,执行元分析的数据表的功能性将下降。因此,我们编写了执行类方差分析的 SPSS 宏命令(参见附录 D)。利用表7.1 的数据执行这个宏命令的样本输出结果见资料7.4。需要指出的是,这个宏命令的结果同先前计算的结果相同。

资料7.4　执行类方差分析的 SPSS 宏命令的样本输出结果

metaf es = es/w = w/group = random.
* * * * * * * Meta-Analytic ANOVA * * * * * * *
--------------------------- Analog ANOVA table (Homogeneity Q)---------------------------

	Q	df	p
Between	7.0738	1.0000	0.0078
Within	7.6902	8.0000	0.4643
Total	14.7640	9.0000	0.0976

--------------- Q by Group--------------

Group	Q	df	p
0.0000	6.4383	5.0000	0.2659
1.0000	1.2519	3.0000	0.7406

--------------------------- Effect Size Results Total---------------------------

	Mean ES	SE	−95% CI	+95% CI	Z	P	N
Total	0.1549	0.0609	0.0356	0.2742	2.5450	0.0315	10.0000

--------------------------- Effect Size Results by Group---------------------------

Group	Mean ES	SE	−95% CI	+95% CI	Z	P	N
0.0000	0.2984	0.0813	0.1390	0.4578	3.6687	0.0063	6.0000
1.0000	−0.0277	0.0917	−0.2075	0.1521	−0.3017	0.7705	4.0000

加权回归分析

　　如第6章所述,一个修正的加权最小二乘回归可用来评价效应值与连续以及离散变量之间的关系。预测变量可以是二分变量(如是—否变量)、定序变量(如低—中—高)或连续变量。当然,定类变量可以被"虚拟"编码为一系列二分变量,其数量比类数少1(Cohen & Cohen,1975)。大多数统计软件程序都可执行加权回归分析,也能用于元分析的目的,只需把方差权重倒数(w)指定为权重,效应值(ES)指定为因变量。研究描述项(如对象样本的特征和治疗类型)和效应值描述项(如测量的特征)则作为自变量输入。虽然大多数统计软件程序都能正确地拟合回归模型(如回归系数、β、R^2 等),但标准误必须修正为正确的值,并对统计显著性给出正确的评价。

　　资料7.5显示的是针对表7.1中的挑战数据执行SPSS加权回归程序的部分输出结果。所用的自变量包括:研究是否使用了随机分配(随机:1 = 是,0 = 否)以及对挑战经历给出的等级强度(强度:从1等于非常低,到7等于非常高)。回归模型的同质性检验值Q_R是回归平方和(资料7.5中是7.08,自由度为2)。与自由度为2的卡方临界值5.99($\alpha = 0.05$)相比表明回归模型在统计上显著。这样看来,该回归模型就解释了效应值之间的显著的变动量。考察剩余平方和($Q_E = 7.68$,$df = 7$,$p > 0.05$)可以看出,未解释的变动量不大于从抽样误差中期望的变动量(在$\alpha = 0.05$且$df = 7$的情况下,卡方临界值为14.07)。

　　重要的是要注意到,回归系数的标准误(SE_B)、t检验值(T)、t检验的概率值($\mathrm{Sig}\ T$)在资料7.5的打印输出中是**不正确的**。这是因为虽然使用了正确的权重,但自动应用的加权程序却假设它们代表了不同的对象数量。因此,与统计显著性检验有关的所有结果都建立在样本量假设的基础上,而该假设在应用到元分析数据的时候是不正确的。通过计算一个修正的标准误并把它用于z检验,就可以确定回归系数的正确的统计显著性。为此,我们可首先用报告的SE_B除以剩余均方(mean-square residual)的平方根。在资料7.5中,剩余均方是1.097 6,它的平方根为1.047 7。因此变量RANDOM的修正的SE_B是$\dfrac{0.136\ 636}{1.047\ 7}$,等于0.130 4。$z$检验值可用非标准化的$B$除以与其关联的$SE_B$求得。使用修正的$SE_B$,变量RANDOM的$z$检验值是$\left(\dfrac{-0.329\ 78}{0.130\ 4}\right)$,等于$-2.53$,$p < 0.05$。对INTENSITY执行这些相同的计算得到的$z$值是0.08,$p > 0.05$。如此看来,根据"研究是否应用了随机分配"可以解释效应值之间的变动量,除此之外,挑战的强度显然对该变动量的解释没有任何帮助。数目过少的研究不需要更复杂的模型,正如剩余项的同质性就表明所有的剩余变动量都可解释为对象层次抽样误差一样。

　　我们编写了一个SPSS宏命令,用它来分析任意类型的效应值,执行修正的加权最小二乘回归(见附录D)。该宏命令可针对模型的拟合和回归权重的显著性汇报出正确的标准误和显著性水平。根据这个宏命令得到的样本结果见资料7.6,你会发现该结果与前文给出的计算结果一致。

资料7.5　SPSS 加权回归程序的样本结果

（请注意 F、Signif F、SE_B①、T、Sig T 值都不正确）

regression　/regwgt = w/dependent = es
/method = enter random intensity .

　　* * * * MULTIPLE　　　　REGRESSION * * * *

　　Weighted Least Squares-Weighted By. .　　　　W

　　Equation Number 1　　Dependent Variable. .　　ES
Multiple R　　　　　　　0.69253
R Square　　　　　　　　0.47959
Adjusted R Square　　　　0.33090
Standard Error　　　　　1.0477

　　Analysis of Variance

	DF	Sum of Squares	Mean Square
Regression	2	7.0807	3.5404
Residual	7	7.6833	1.0976

F =　　　　3.2255　　　　Signif F　=0.1017

------------Variables in the Equation------------

Variable	B	SE B	Beta	T	Sig T
RANDOM	−0.32978	0.136636	−0.700013	−2.414	0.0465
INTENSITY	−0.00409	0.051631	−0.022953	−0.079	0.9391
(Constant)	0.32233	0.314069		1.026	0.3389

混合效应模型

　　虽然混合效应模型听起来复杂,其实不然。对于类方差分析和修正加权回归二者来说,方法都是一样的。第一步是在解释了调节变量**之后**来估计随机方差分量。也就是说,随机效应方差分量应以剩余 Q 而不是全部的 Q 为基础(具体公式参见 Overton,1998;Raudenbush,1994;Shadish & Haddock,1994)。针对类方差分析和加权回归这两者的 SPSS 宏命令包含了一个选项,它要求有一个混合效应模型(即对基于随机效应方差分量估计值的矩量法来说是"/model(mm)",对于最大似然法估计值来说是"/model(ml)";参见附录 D)。这些宏命令估计随机效应方差分量,用加入的随机效应方差分量重新计算方差权重倒

---

① 　原文为 SE_E,应该为 SE_B。——译者注

数,并对模型重新进行拟合。利用与资料7.6所用的同一组数据,并在选择了矩量法估计的混合效应模型的情况下,资料7.7展示了使用 metareg 宏命令的输出结果。注意,作为把随机方差分量包含在误差公式中的结果,总同质性统计量(overall homogeneity statistics)、置信区间和自变量的统计显著性都有轻微的变化。如果随机方差分量比这个例子中的更大,那么这些差甚至会更大。在混合效应模型中,Q 残差通常是不显著的,因为根据假定,它完全由抽样误差和并入到随机方差分量的随机变动量组成。

资料7.6　执行加权最小二乘回归的 SPSS 宏命令 metareg 的样本输出结果

metareg es = es∕w = w∕ivs = random intensity.

```
＊＊＊＊＊Inverse Variance Weighted Regression＊＊＊＊＊
＊＊＊＊＊Fixed Effects Model via OLS＊＊＊＊＊
```

```
--------------Descriptives--------------
```

Mean ES	R-Square	N
0.1549	0.4796	10.0000

```
--------------Homogeneity Analysis--------------
```

	Q	df	P
Model	7.0807	2.0000	0.0290
Residual	7.6833	7.0000	0.3613
Total	14.7640	9.0000	0.0976

```
--------------Regression Coefficients--------------
```

	B	SE	−95% CI	+95% CI	Z	P	Beta
Constant	0.3223	0.2998	−0.2652	0.9099	1.0752	0.2823	0.0000
RANDOM	−0.3298	0.1304	−0.5854	−0.0742	−2.5286	0.0115	−0.7000
INTENSITY	−0.0041	0.0493	−0.1007	0.0925	−0.0829	0.9339	−0.0230

资料7.7　利用矩量加权最小二乘回归的混合效应法选项,

利用 SPSS 宏命令 metareg 得到的混合模型结果的样本结果

metareg ES = es∕W = w∕IVS = random intensity∕Model = mm.

```
＊＊＊＊＊Inverse Variance Weighted Regression＊＊＊＊＊
＊＊＊＊＊Random Intercept,Fixed Slopes Model＊＊＊＊＊
```

```
--------------Descriptives--------------
```

Mean ES	R-Square	N
0.1571	0.4368	10.0000

```
--------------Homogeneity Analysis--------------
```

	Q	df	P
Model	5.5709	2.0000	0.0617
Residual	7.1819	7.0000	0.4102
Total	12.7528	9.0000	0.1741

--------------Method of Moments Random Effects Variance Component--------------
V   =   0.00488
--------------Regression Coefficients--------------

	B	SE	−95% CI	+95% CI	Z	P	Beta
Constant	0.3311	0.3198	−0.2958	0.9580	1.0351	0.3006	0.0000
RANDOM	−0.3269	0.1439	−0.6090	−0.0448	−2.2712	0.0231	−0.6724
INTENSITY	−0.0068	0.0528	−0.1103	0.0967	−0.1292	0.8972	−0.0383

制图技术

效应值数据的视觉展现是有用的,它既可以作为一种辅助性的分析,又可以作为一种有效传递最终结果的工具。王和布什曼(Wang & Bushman,1998)充分地讨论了元分析中的制图技术(又参见 Light,Singer & Willett,1994),并论证了如何用 SAS 统计程序生成各类图形。大多数有助于元分析的作图技术都是对社会科学和健康科学中常见的视觉展示的改动,如直方图、茎叶图、散点图、误差条形图和盒须图(box-and-whisker plots)。

直方图和相关的图形技术,如茎叶图,能够有效地传递一个效应值分布的集中趋势、变动量和正态性。在用元分析数据诊断一些问题,如极度偏态性和极端值的时候,这些图特别有用。元分析者经常用茎叶图来呈现效应值的分布,该图的优点是可从图形展示中再现原始数据。但是,它不太适合于展示由大量效应值构成的分布。在应用于元分析数据时,所有主要的统计软件和图形程序都很容易生成这些类型的图,并且不会引起什么特别的问题或复杂性。资料 7.8 是表 7.1 中效应值数据的茎叶图展示。

资料7.8　来自表7.1的挑战项目元分析的效应值数据茎叶图

0.6	4
0.5	
0.4	
0.3	129
0.2	
0.1	57
0.0	0
−0.0	2
−0.1	
−1.2	
−0.3	33

　　作为一种为人们所熟悉的将两个变量之间的关系可视化的方法,散点图是元分析中另一种有用的图形形式。在元分析中最常见的图是效应值相对于样本量的散点图,称之为关于预期的散点形状的漏斗图(funnel-plot)(Elvik,1998;Light,Singer & Willett,1994;Wang & Bushman,1998)。漏斗图可用来探测由于拥有小对象样本的研究其代表性小而造成的潜在偏差。如果一个效应值集合是无偏,并且是从单个总体中抽取出来的,那么基于小样本的各个效应值之间的变动量要比那些基于大样本的大。因此,样本量和效应值之间的散点图应呈漏斗状(例子参见 Light,Singer & Willett,1994;或 Wang & Bushman,1998)。如果拥有小效应的小样本研究的代表性不大,一个可能的原因是出版偏差——相对于大样本研究来说,小样本研究得以出版的比例要少一些,因为小样本研究的统计功效比较低,经常导致不显著的结果。如此看来,出版偏差就倾向于审查小效应值,减少在漏斗展示区域内效应值的数量。不幸的是,漏斗图的解释有困难。少量研究的元分析的数据点可能太少,不能生成一个漏斗的可视效应,而大型的元分析又可能在效应值中有太多的自然异质性,以致不能在视觉上清晰地呈现出一个漏斗形状或清晰的审查效应。

　　另一个针对元分析数据的有帮助的图形是误差条形图(error-bar chart)。这些图把一个关注的参数(如均值)的大小表示为一个点,而把与之相关的置信区间表示为水平线或垂直线。这种图已被改编用于元分析,展现诸多个体效应值及与之相关的置信区间。它有效地传达了与每个效应值有关的精密度和诸多结果的通用模式(Light,Singer & Willett,1994)。这种图也有代表

性地囊括了总平均效应值及其置信区间。资料 7.9 给出了一个例子,展示了
基于矫正(correction-based)①的成人基础教育项目的预备性元分析的误差条
形图(Wilson et al., 1999)。王和布什曼(Wang & Bushman,1998)描述了用
SAS 统计程序生成这种图形的方法。资料 7.9 的图形是用 Windows 视窗 3.0
版本的西格马绘图软件(Sigma Plot)生成的。

　　对于一个定类变量的不同层次来说,为了同时比较其分布的集中趋势和
分散程度,一个常用的图形展示便是盒须图。盒须图可以针对两组或多组效
应值,展示其中位数、第 1 个四分位点、第 3 个四分位点、极差和极端值。资
料 7.10 是表 7.1 中随机化与非随机化研究的效应值的盒须图。它是用
STATA 统计程序生成的。在该图中,水平中心线代表中位数,盒体刻画了第
1 个和第 3 个四分位点,垂直线表示效应值的极差,不包括用小圆圈表示的
极端值。大多数主要的统计程序都可生成盒须图,尤其当与使用类方差分析
步骤的定类变量分析相结合时,这些图形展示更加有效。

资料 7.9　成年罪犯的累犯教育项目效果研究的效应值与
95% 置信区间的误差条形图(Wilson et al., 1999)

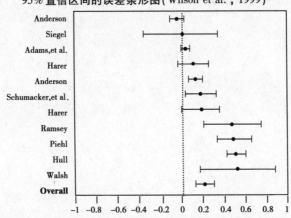

---

①　这里所说的"矫正"(corrections)可能指对罪犯实施的社区矫正(community corrections)。社
区矫正是与监禁矫正相对的行刑方式。社区矫正不同于监禁矫正,其不单是依靠专业力量
对于罪犯的改造,同时也需要社会力量对于罪犯进行正确的引导,以及社会力量对于专业力
量的积极协助。社区矫正工作一般由专业力量与社会力量两部分组成。社会力量(主要是
社会志愿者)在社区矫正中起着不可或缺的作用。社会力量在社区矫正中如何对改造犯罪
进行协助,则是一个值得深入探讨的问题。——译者注

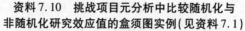

资料 7.10　挑战项目元分析中比较随机化与
非随机化研究效应值的盒须图实例(见资料 7.1)

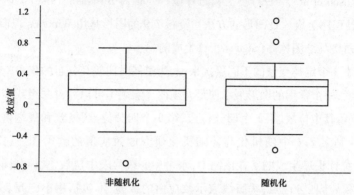

　　对作图的讨论是无穷无尽的,我们只能关注少数在元分析中有特殊用途的视觉展示。由于各种软件程序之间的细节千差万别,我们没有提供从元分析数据生成这些图形的每一步说明,但一旦元分析者确定了想要生成哪类展示,大多数图形都可用这些程序轻松生成。

第 8 章

元分析结果的解释与使用

元分析会产生一个或多个效应值,它们代表着特定的研究类别、构项和样本等指数化关系的平均强度。当然,这取决于分析者所选取的主题与关切点。此外,通过选取研究特征或多元回归分析(它会识别出调节效应值的变量),元分析还会产生各项研究之间多个效应值中的变动量来源的信息,如效应值的按类分解信息(categorical breakdowns)。本章将注意力转向解释与使用这样的结果。由于元分析具有高度的聚集性,其效应值和分析的研究层次单位又有我们不熟悉的特征,这使得元分析的结果难以理解,可能会阻碍它们在实践、政策和研究中的应用。

解释效应值

在理解元分析结果时,遇到的一个困难是构成它的主要量纲的效应值统计量具有非直观性。例如,根据标准差单位或者机率比对一些组进行对比,这种想法就是许多研究者,当然还有实践者及政策制定者所不熟悉的。因此,他们就不能很好地把握在那些术语中表现出来的差异具有怎样的重要性。尽管积矩相关系数至少对某些研究者而言比较熟悉,但也很难评价它们在实践上的重要性。

因此,要正确地解释效应值结果,必须有某种参考框架,从而把元分析效应值置于可解释的语境中。有多种方法可做到这一点,但对于任何一个目的而言,都没有一种方法完全令人满意。我们在这里总结了一些较为有用的方法,但需要注意的是,出于最适合特定目的或受众兴趣角度考虑,元分析者必须从这些方法中精挑细选,或者创建其他的方法。

关于效应值大小的经验方法

在关于统计功效的专著中,科恩(Cohen,1977,1988)创立了一个可广泛用于评估效应值大小的惯例。科恩将其观察结果总结为,在广泛的行为科学研究领域中,标准化均值差效应值在如下值域内:

小	中	大
$ES \leqslant 0.20$	$ES = 0.50$	$ES \geqslant 0.80$

与之对应的相关系数效应值为:

小	中	大
$r \leqslant 0.10$	$r = 0.25$	$r \geqslant 0.40$

在行为研究中,什么是典型的"小""中""大"效应,关于这个概括科恩并没有给出调查研究的效应值的任何系统的记录作为其基础。近些年来,随着元分析的广泛应用,至少在元分析者所选择的那些研究领域中出现了一些可资利用的系统性效应值数据。这一信息允许我们用一种类似保险统计计算的方法来评价效应值的大小。也就是说,分析者可以把自己在元分析中发现的平均效应值与其他元分析中发现的平均效应值的分布进行比较。关于标准化均值差效应值,利普西和威尔逊(Lipsey & Wilson,1993)为300多例心理、行为或教育的干预进行元分析,生成了平均效应值的分布。资料8.1显示了相对独立的元分析子集的分布。

如果我们把该分布划分为四分位数,将会得到下列基准,

第一个四分位数 $ES \leqslant 0.30$

中位数 $ES = 0.50$

第三个四分位数 $ES \geqslant 0.67$

遗憾的是,就这个目的来说,还没有人编制出应用于个体差异研究或测量研究的相关系数效应值分布。然而,对于标准化均值差效应值来说,资料8.1中的分布可使元分析者将在某种社会或行为干预研究元分析中发现的平均效应值与这些干预典型地发现的效应值大小进行对比。

资料 8.1 302 例心理、教育和行为治疗研究的平均效应值分布(Lipsey & Wilson,1993)

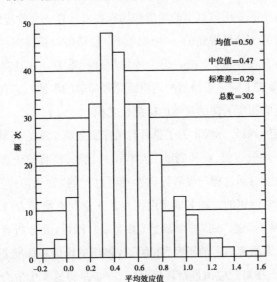

均值=0.50

中位值=0.47

标准差=0.29

总数=302

把效应值转换成其他量纲

对从元分析中得出的效应值的另外一个解释方法是把它们转化为其他更直观的可理解的量纲。尽管许多研究者和受众可能不会很好地"感到"两组之间一定数量的标准差单位的差或两个变量之间积距相关关系数的重要性,但他们可能在某种比较熟悉的量表的换算值上有较好的理解。

初始的量纲

在一些干预研究领域中,有一个主导着研究或至少是频繁使用的结果测度,例如在实验机构停留的时间,或关于学术成就的一个特定的测度。还有一种情况是,关于同一个构项有几种测量的混合,但是其中有一个测度(例如作为教育成果指标的成绩测试)就比较常见且熟悉,那么它就容易被选取。在这些情况下,要想获得有关信息,就可以把来自元分析的效应值结果转化为特定的熟悉的测量工具量纲,这样即可揭示就那些比较易于解释的单位而言,干预效应到底意味着什么。

为此,分析者仅需要确定在元分析所包含的诸项研究中,提供该信息的控制组在所关注的测量上的均值和标准差。为了确保那些控制组所使用的诸多样本能够代表一个总体——该总体构成了一个合理的基准,有必要作出一些选择。由于需要用控制组的均值和标准差来计算一个效应值,因此这些值或根据报告的统计量得到的一些估计值一般是可以获得的。来自多重研究的结果可合并在一起,生成一个总的均值和标准差。在这项信息的基础上,在相同的量表上确定干预组的均值就是很简单的事情。它就是控制组的均值加上效应值和所关注的量纲的标准差之积。

例如,假定一项元分析在关于患者对医疗服务满意度的测量上获得了一个 +0.30 的平均效应值,这种测量主要利用对比法,即将护士告知患者可期望什么的导向性对话过程与没有导向性对话过程的"常规治疗"相对比。再进一步假定最常使用的总顾客满意度测量是 5 点利克特量表(Likert scale),其选项从"非常不满意"到"非常满意"共 5 项。随后,元分析者可以抽取所有使用该特定满意度测量的研究,并确定控制组的均值和标准差。假设发现 k 对这样的值。在对效应值进行转换时,第一步是将这 k 个值合并为在特定满意度测量上控制组的总均值和标准差。一般来讲,由于从每一项研究中得到的值都基于一个不同的样本量,因而,必须计算一个以样本量或更精确地说以自由度作为权重的加权平均数。对此的一般公式为:

$$Pooled \quad Mean = \frac{\sum (n_i - 1) \, \overline{X}_i}{\sum (n_i - 1)},$$

$$Pooled \quad sd = \sqrt{\frac{\sum (n_i - 1) s_i^2}{\sum (n_i - 1)}},$$

其中 $\overline{X}_i$ 是控制组在关注的测量上的均值, n_i 是控制组的样本量, s_i 是在关注的测量上控制组的标准差, i 等于从 1 到 j(组数)。我们假设在 5 点顾客满意度量表上,计算产生的控制组的均值和标准差分别为 3.5 和 1.5。由于来自元分析的顾客满意度的效应值为 0.30,我们据此得知,平均实验组在顾客满意度上的得分要比平均控制组高 0.30 个标准差单位。0.30 乘以 1.5 的结果告诉我们,这与满意度量表上的 0.45 个单位是相等的。在控制组均值为 3.5 时,平均治疗组的得分等于 3.95,或约等于 4.0。这样,平均效应值为 0.30 就相当于在这个常用的 5 点顾客满意度量表上从 3.5 增长到大约 4.0。

对绝大多数研究者和实践者来讲,这种版本的效应值将比仅仅知道有一个 0.30 个标准差单位的差有意义得多。

对于相关效应值,我们利用双变量回归的特性就可简单地实现类似过程。这一过程要求从相关的两个特定而熟悉的变量角度思考来自元分析的一个平均相关系数效应值。例如,在关于社会经济地位与孩子在校行为问题之间关系的元分析中,我们可根据年收入水平量表(其范围从低于 5 000 美元到超过 100 000 美元)与父母填写的阿肯巴克儿童行为量表(Achenbach Child Behavior Checklist,缩写为 Achenbach CBCL)上的得分进行相关分析,用它来描述总效应值。

同前面一样,我们首先要确定元分析中相应研究的每个此类测度的均值和标准差(参见前文关于计算加权均值和联合标准差的公式的有关信息)。随后,我们必须指定其中的一个测量作为自变量,另一个作为因变量。在本例中,把收入作为自变量,把阿肯巴克的 CBCL 得分作为因变量,这是比较合理的。经过这种准备,我们只需借助一个标准公式,即标准化的因变量(Z_y)在标准化的自变量(Z_x)上的双变量回归:

$$Z_y = \beta Z_x,$$

其中 Z_y 是标准化的因变量(如阿肯巴克的 CBCL),β 是标准化的回归系数(即斜率),Z_x 是标准化的自变量。在双变量回归的情况下,标准化的回归系数恰好等于自变量与因变量之间的积矩相关系数,即 $\beta = r$。既然标准化的回归系数给出了回归直线的斜率,它就说明对于自变量中每一个标准差的变化,将引起因变量改变多少个单位的标准差。假定在我们的例子中,元分析针对"收入-CBCL"关系发现平均相关系数效应值为 0.20。同时也假定收入的编码以 1 000 美元为增量(即从 5 到 100),收入的均值为 30,标准差为 10。阿肯巴克的 CBCL 分数是从 0 到 100,假设均值为 50,标准差为 10.0。因为 $\beta = r = 0.20$,所以我们知道,收入每增加一个标准差,CBCL 分数就增加 0.20 个标准差。这样看来,在这个例子中,年收入每增加 10 000 美元,CBCL 分数就增加 2 点(0.20×10.0),即在该量表上有两个量表点的糟糕表现。我们还可以根据每个测量上的均值来描述这种关系。在该例中,我们注意到典型样本的年均收入为 30 000 美元,而孩子在 CBCL 上的分数为 50。对于均值以上的每个 10 000 美元的增量,CBCL 平均增长两点,而对于均值以下的每个

10 000美元的降低,CBCL分数就减少两点。

总成功率(Generic Success Rate)

另一种对效应值结果转译的方法是利用多种图示中的一个,该图示从两组分数的重叠分布的角度来代表效应值,从而使得两组之间的差异十分清晰地显示出来。在这些方法中,最常用的是罗森塔尔和鲁宾(Rosenthal & Rubin,1983)的**二项效应值图**(Binomial Effect Size Display,BESD),这个图把相关系数效应值转化为在比较两个总体时"成功率"指标上的对应值之差。

BESD所做的表述如下:假定我们设置一个"成功阈值"(success threshold),使它位于聚合总体在一个因变量上的分数分布的**中位数**上。该聚合总体包括了在关注的相关关系中出现的所有成员,在组间比较情况下,这些成员包括来自两个组(如治疗组与控制组)的成员。现在,我们在自变量的基础上将总体加以区分,对于实验比较或两组比较而言,要区分出群体的成员,对于单个组情况来说,要在自变量基础上按照中位数进行分割(高与低)。随后,我们可以追问在每一组中高出成功阈值的比例是多少,并对各组进行比较,从而在简单成功率项上获得一个差量(效应)图。

资料8.2描绘了在因变量分数上的两个分布情况,每组都要根据其在自变量上的状态来界定。

资料8.2   相关系数为0.40的BESD关系的分布

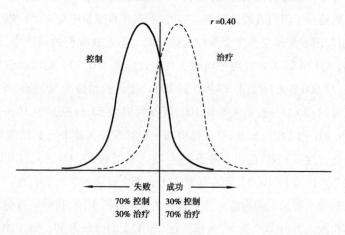

　　假定的成功阈值显示在联合分布的中位值上。根据定义,该成功阈值总处于这个联合分布的 50% 水平。BESD 的一个有用特性在于,所关注的两个分布之间的成功率**差量**总是等于这两个分布所代表的相关系数效应值。这样,如果效应值是 $r = 0.40$,那么在阈值之上,有 40% 的点位于较低分布的百分比和较高分布的百分比之间。鉴于阈值在整体的 50% 水平,这就意味着有 20% 的点在下面,20% 的点在上面(总共等于 40 个百分点),也就是,低级组的成功率为 30%,高级组的成功率为 70%。

　　资料 8.2 显示的是对应于相关系数效应值为 0.40 的成功比例。如其所示,低级组对应的成功率为 0.30(即 0.50 − 0.40/2),高级组对应的成功率为 0.70(即 0.50 + 0.40/2)。对大多数读者来说,用 30% 和 70% 成功率之差来表达一种关系的大小,这比单纯用一个 0.40 的相关系数效应值来表达要容易理解。当然,成功阈值是任意设置的,或许并不真正对应于在一个因变量上的成功。同样,自变量也许实际上不是一个组变量,所以把它当作一个组间对比或许有些人为性。然而,用一种标准格式把它们转换为对应的成功率差量值,这种转换却有助于增进我们的认识。

　　对于相关系数效应值来说,成功率差量容易计算。针对标准化均值差效应值使用它,必须首先把标准化均值差效应值转换成相关的等值,即:

$$r = \frac{ES_{sm}}{\sqrt{4 + ES_{sm}^2}}。$$

　　更简单的办法或许是用一个恰当的表来查询相关系数或者标准化均值差各自的成功率。表 8.1 提供了一系列这样的有用值(还有一些值稍后将有讨论)。

表 8.1　与 r、解释掉的方差百分比(PV)、$U3$ 和 BESD 等价的标准化均值差效应值

ES_{sm}	r	(1) $PV(r^2)$	(2) $U3$:$\overline{X}_c$ 上的 T 所占百分比	(3) BESD: C 和 T 的成功率		(4) BESD C 与 T 之差
0.1	0.05	0.003	54	0.47	0.52	0.05
0.2	0.10	0.01	58	0.45	0.55	0.10
0.3	0.15	0.02	62	0.42	0.57	0.15
0.4	0.20	0.04	66	0.40	0.60	0.20
0.5	0.24	0.06	69	0.38	0.62	0.24
0.6	0.29	0.08	73	0.35	0.64	0.29

续表

ES_{sm}	r	(1) $PV(r^2)$	(2) $U3:\overline{X}_c$ 上的 T 所占百分比	(3) BESD: C 和 T 的成功率		(4) BESD C 与 T 之差
0.7	0.33	0.11	76	0.33	0.66	0.33
0.8	0.37	0.14	79	0.31	0.68	0.37
0.9	0.41	0.17	82	0.29	0.70	0.41
1.0	0.45	0.20	84	0.27	0.72	0.45
1.1	0.48	0.23	86	0.26	0.74	0.48
1.2	0.51	0.26	88	0.24	0.75	0.51
1.3	0.54	0.30	90	0.23	0.77	0.54
1.4	0.57	0.33	92	0.21	0.78	0.57
1.5	0.60	0.36	93	0.20	0.80	0.60
1.6	0.62	0.39	95	0.19	0.81	0.62
1.7	0.65	0.42	96	0.17	0.82	0.65
1.8	0.67	0.45	96	0.16	0.83	0.67
1.9	0.69	0.47	97	0.15	0.84	0.69
2.0	0.71	0.50	98	0.14	0.85	0.71
2.1	0.72	0.52	98	0.14	0.86	0.72
2.2	0.74	0.55	99	0.13	0.87	0.74
2.3	0.75	0.57	99	0.12	0.87	0.75
2.4	0.77	0.59	99	0.11	0.88	0.77
2.5	0.78	0.61	99	0.11	0.89	0.78
2.6	0.79	0.63	99	0.10	0.89	0.79
2.7	0.80	0.65	99	0.10	0.90	0.80
2.8	0.81	0.66	99	0.09	0.90	0.81
2.9	0.82	0.68	99	0.09	0.91	0.82
3.0	0.83	0.69	99	0.08	0.91	0.83

BESD 格式的一个变动是将成功阈值置于较低分布的中位数(而不是两个分布的总中位数)上。尽管在这两种情况下阈值的设置从实质上说都是任意的,但是在实验比较中,让阈值处于"控制"组的中位数即"中间",这还是比较有吸引力的。即便当自变量不是一个组变量时,把在自变量上高的想象之组与低组的中位数进行比较,这也有同样的吸引力。资料8.3就描绘了这种情况。现在,低级组(根据定义)的成功率是50%,此时我们根据该成功率对于高级组来说的利好程度解释效应值。

当资料8.3中所呈现的描绘被用于导出成功比例时,这些值就对应着一种被科恩(Cohen,1977,1988)称为 $U3$ 的测量。表8.1也显示了针对这种 $U3$

比较的一系列效应值对应的成功率值。例如,该表显示,在治疗效果元分析中,如果我们发现标准化均值差效应值为 0.90(相当于 $r = 0.41$),即可把它描述为相对于控制组内的 50% 成功率,治疗组内的成功率为 82%。也就是说,有 82% 的治疗对象高于控制组的中位数,而根据定义,在控制对象中只有 50% 高于该水平。

资料 8.3　针对相关系数为 0.40 展示出来的 U3 关系的分布

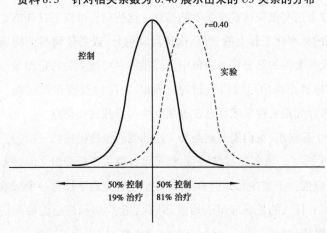

临床意义和实践意义

有时候,元分析者可能希望以效应值为基准直接与某个特殊临床或实践情境的常见特征进行比较,尤其在关注干预效应时更是如此(Sechrest, McKnight & McKnight, 1996)。要做到这一点,一种方法是应用得自该临床或实践情境中各组的**标准对照**(criterion contrast),它表达的是在关注的某个因变量上的一个差值。这是我们所熟悉的。这一方法要求对意义不同的各组在所关注的情境中按照如下方式界定,即实践者以及其他博识的观察者容易理解所进行的对比有何实践意义。

例如,在一个精神健康治疗情境中,处于特定诊断类别中的症状最重的患者可以与症状最轻的患者进行对照。或者,将在治疗中取得最大进步的病人与治疗进展最慢甚至未被治疗的病人进行对照。那些症状严重到需住院治疗的病人可以与那些只接受院外治疗的病人做对照。与之类似,如果治疗对象的问题足够多,从而有资格接受医疗服务,那么这样的对象可与那些其自身问题尚未达到有资格接受医疗服务标准的人做对照。在绝大多数临床或实践情境中,对这些对照的界定一般是较容易的。所需做的只是,所选定的组间差要具有临床意义或实践价值,并为那些最了解治疗情境的人所熟悉。

随着这些**标准组**的确定,下一步是不管与元分析有关的因变项测量有哪些,都要收集这些组在这些变量上的信息。这些信息可以是在功能地位的或心理机能的标准化工具上的分值、成绩测试得分,或者任何与该构项对应的信息,以及所关注的元分析效应值中所提供的尽可能多的特定测量。这些信息经常在患者记录中是可以得到的。例如,入院结果或诊断过程。否则的话,就要有计划地去搜集或在已发表文献中去寻找这些信息。

对每个标准组,我们需要的是与关注的效应值所提供的一致的任何测量的均值和标准差。有了这些统计量,就可以计算关于标准组之间的差量的一个基准效应值。正如在元分析中一样,这个过程类似于计算一个标准化均值差,但这里要代入的是标准组的均值,而不是治疗组和控制组的均值。这个标准对照效应值(criterion contrast effect size)ES_{sm}定义为:

$$ES_{sm} = \frac{\overline{X}_2 - \overline{X}_1}{s_{pooled}},$$

其中$\overline{X}_2$是拥有较大机能的标准组的均值,$\overline{X}_1$是有较小机能的标准组的均值,s_{pooled}是针对关注的测量的联合组内标准差,其计算参见第3章中的公式3.20。这一公式实现的是把在临床上常见的两组对照转化成效应值量纲(effect size metric)。这样,元分析的效应值就可以与这种标准对照的基准进行比较。既然两者都是用标准差单位表示的,同样也可以进行比例的比较。也就是说,我们可以合理地说元分析效应值是标准组效应值的1/2,或2/3,或3倍等。这样,我们可能发现效应值为0.30,它代表某项创新治疗效果元分析的结果,它相当于在该创新治疗得以实施的某种临床情境下适当的诊断类别中最轻症状病人与最重症状病人之间的对照的1/2。这样,我们测量得到创新治疗的可能效果的大小,就相当于使最严重病人恢复到与症状最轻病人病情差距一半的水平上。根据这一基准就比较容易判断元分析生成的效应值在临床应用上的实践意义。

这个过程有一个变化,即计算治疗组均值和正常组均值之间对照的效应值。在治疗前后计算出来的这个"规范效应值"(normative effect size),评价的是一个治疗总体和一个正常总体之间最初差距的大小,以及治疗在多大程度上缩小了这个差距(Durlak,Fuhrman & Lampman,1991;Jacobson & Truax,1991)。在经常应用标准化的测试(这些测试在总体上已经被规范了)的治疗领域,这一计算就如同心理机能(psychological functioning)的许多测量一样,是很容易做到的。

解释元分析结果时的注意事项

作为对经验研究的定量结果进行分析和汇总的技术,元分析有很多优势,但这绝不意味着它没有问题和缺陷,其中某些问题已经在前文的讨论中有所涉及(又可参见 Hall & Rosenthal,1995)。在此,我们想要关注一些特定问题,这些问题关系到针对实践、政策和研究正确地解释这些元分析结果。

研究基础在方法论上的适当性

元分析结果无异于元分析中的诸多研究。如果在研究基础中没有方法论上高质量的研究,就很难指望这些结果的综合会产生有效且有用的结果。这样,对于那些符合元分析的研究(元分析当然要依赖于它们结果的效度与可信性),元分析者必须仔细观察并对其关键特征编码。如果研究在很大比例上都有严重缺陷,那么在解释任何结果的时候就必须谨慎,并且在进行分析的时候尤其要仔细认真。

最具典型的是,元分析者发现,被选出进行元分析的研究却在方法论性质上表现出差异来——某些相对较好,其他则有大量缺陷。在这种情况下,对分析来说尤为重要的是要探究作为研究质量的一个函数,关键结果在多大程度上有差异。如果在高质量的与低质量的研究中都出现相同的结果,那么这些结果就有很高的可信度。然而,如果存在较大差异,那么来自方法论上质量较低的研究的结果就要打折扣。

有时候,诸项研究往往在如此多的方法论维度上存在差异,以至于不能简单地在方法论上把它们分成"好"与"坏"两类。然而,第 6 章所描述的多元分析使得评价每个方法论特征对诸多研究发现的独立贡献成为可能。通常情况下分析者是知道方法论特征上的哪个值是首选的,例如随机化设计比非随机化设计好,可靠的测量比不可靠的好,等等。这就可能根据多变量结果对于汇总性效应值失真的含义来解释这些结果。如果绝大多数方法论特征与效应值的关系是中性的,那么将不同方法论特征的研究聚合在一起估计得到的效应值就不会有太大的失真。

然而,如果方法论特征不是中性的,就必须指出那些最具影响力的,同时评价它们对汇总性效应值的净影响。一种做法是拟合加权多元回归模型,其中用多种方法论特征来预测效应值。作为拟合结果,在方法变量(B权重)上的非标准化回归系数代表乘数,用它对一个方法变量上的每个值加权。如果将最佳值代入每个重要的方法变量,那么该等式就可用来估计平均效应值,该值是在如果全部研究都有各种方法特征的最优组合的情况下可得到的平均效应值。与之类似,如果所有的研究在所有关键的方法特征上都是次优的,那么通过在每个重要的方法特征中插入"最差"值,我们也可估计平均效应值。这两种估计值之差应当表明各个效应值结果对方法变化的灵敏程度,并且为分析者提供某种根据,据此可以区分出与最好的方法论实践相关的汇总性效应值。在避免把错误效应值结果解释成所研究的关系强度的有效指标方面,这种灵敏度分析(sensitivity analyses)也是大有帮助的。

避免实质性特征与方法论特征的混淆

以在方法论上较差的研究为基础的结果可能给人以误导,同样,如果研究发现与方法论变量相混淆,也可能给人带来曲解。当元分析者分解他们的效应值结果以便比较不同种类的时候(参见第 6 章类方差分析部分),这种情况就会发生。例如,针对治疗研究的元分析常常分解出不同的治疗变项,并且比较它们的平均效应值。正是通过这种方式我们可能发现,比如说认知行为疗法对治疗焦虑的效果要比系统的放松技术的效果大。或者说,通过对比不同的结果构项,可以发现诸如对小学生辅导是否对自尊或学校表现有较大影响。同样,可以针对不同的总体组(性别、种族、诊断)、不同情境、不同治疗师特征等比较各个效应值。与之类似,也可以对标志着所关注的变量之间关系强度的相关系数效应值进行分解。

　　问题在于,如果在这些对比中使用的任何一个实质性变量(治疗类型、总体组等)与研究中的方法论特征相混淆,那么所发现的差异代表的是各种方法的影响,而不是实质性特征的影响,尽管后者似乎是差异的根源。我们可以以很多心理疗法元分析中所发现的一种情况(Shadish,1992:131)为例。针对行为治疗和非行为治疗简单地分解平均效应值,前者一般会表现出较大的效果。然而,关于行为治疗效果的研究更可能使用一些与治疗步骤本身紧密呼应的结果测量。举例来说,使用脱敏治疗来对付恐怖症,然后通过测量人们对恐怖情境的忍耐力来检验其成效。这些常被称作"反应"测量。毫不奇怪,这些测度在治疗效果上的灵敏程度要比诸如用笔和纸填写的标准化焦虑量表的灵敏程度大。这样看来,行为治疗至少部分地反映出较大的效果,因为它们可能不均匀地使用这些反应测量。当把一个测量反应性的控制变量加入分析中时,原先两种治疗类型之间的多数差异就消失了。

　　我们在此的关注点不是争论行为治疗与非行为治疗的效果哪个更大。我们想说的是,如果要从此例中或从类似的元分析中得出什么有效的结论,就必须仔细地确保这种比较不被混淆变量(confounding variables)所染变。要做到这一点,可以在方法论的关键特征上对诸多研究进行分层,以便保证所进行的比较总是在关键的方法论上"匹配"的研究之间进行。另外,也可使用一个分层多元回归形式(hierarchical multiple regression format)来完成,在这个形式中,重要的方法变量首先作为控制变量被加进去,然后加入所关注的实质性变量,从而确认它们是否在效应值的预测方面加入了什么重要的因素。

　　下面,我们用一个例子来结束关于在解释元分析结果时出现的这个关键问题的讨论,它来源于一项关于治疗对被送进专门机构的未成年触法者之影响的元分析(Garrett,1985)实例。表 8.2 展示了在心理动力治疗、行为治疗和生活技巧训练中发现的效应值的不同的细分结果。如表 8.2 第一组数据所示,对治疗类型进行简单的分类,就似乎显示出行为治疗的效果远比另两类好。因此,分析者可能建议普遍选择行为治疗作为对触法者进行治疗的方法。然而,在这个案例中,这样的结论将是个严重的错误。

表8.2　对被送进专门机构的触法者进行不同治疗的均值效应

(根据 Garrett,1985 改写)

治疗的类型	总结果
	平均效应值(ES)
精神动力的	0.17
行为举止的	0.63
生活技能的	0.31

治疗的类型	按照设计的严格程度得到的平均效应值	
	比较严格	不严格
精神动力的	0.17	0.16
行为举止的	0.30	0.86
生活技能的	0.32	0.31

治疗的类型	仅根据较严格设计得到的结果构项的平均效应值		
	累犯	机构调整	心理调节
精神动力的	-0.01	0.30	0.48
行为举止的	-0.08	0.33	0.58
生活技能的	0.30	-0.08	1.31

　　如表8.2第2组数据所示,当加勒特(Garrett)把"不严格的"设计和"比较严格的"设计的结论区分开时,就会出现一个相当不同的模式。现在我们看到,行为治疗法的明显优势主要是由于不严格设计的过度表现在起作用,特别是单组前-后设计(one-group pre-post design)趋于高估效应值。这样,在这一点上,基于比较严格的设计,我们可能得出结论:行为治疗和生活技巧训练是有效的,两者的效果大约相等,而精神动力治疗的效果明显较小。这一结论也可能是错误的。

　　在各种不同的测度构项中,表8.2中的第1组和第2组数据都表现出衰减的效应值。然而,从第3组数据可以看出,如果我们仅使用比较严格的设计来分别检查不同输出构项的效果,还会发现一个不同的模式。如果我们着眼于后续的累犯(这一点可能是政策制定者特别感兴趣的),那么只有生活技能培训才有积极效应,精神动力治疗和行为治疗的效应都接近于0。另一方面,如果着眼于机构上的调整(这一点可能是这些违法者所在的监狱设施的管理者很感兴趣的),那么我们发现,生活技能训练的效应几乎为 0,而精神动力治疗和行为举止治疗的效应相对较好。然而,在心理调节这一项目上(它是治疗这些少年犯的心理健康专家的主要兴趣所在),我们可以看到所有的治疗都产生积极的效应,其中生活技能培训显示出最大的效应。

　　加勒特并没有进一步给出比上述更细的结果,但是毕竟我们知道,在我们可以有信心地得出如下结论之前,即出于何种目的在何种情况下对哪些未成年人来说哪种治疗是最有效的,还有其他混淆变量需要检验。当然,本例中这一点是清晰的。在从结果中得出任何结论之前,在元分析中必须仔细检查可能的混淆变量。如果数据既定,我们则要尽可能地确保那些结果反映了所关注的实质性因素,而不是某个未被发现的、引起混淆的、可能使发现具有欺骗性的变量。

方差的重要性

　　对元分析者来说,提炼出所关注的多样类别的平均效应值并作为主要发现报告出来,这是一个可以理解的趋势。毕竟,均值代表着最简单和最容易理解的一类汇总性统计量,而汇总性统计量恰好代表了所关注的典型(根据定义)或平均研究的效应的特征。另外,对均值的这种强调也是我们熟悉的,一般在"正常"的调查研究中也有意义,因为在这种研究中我们平均的是成员之间的个体差异,而不是对不同的研究求平均。不管怎样,元分析者如果太过关注均值而没有对方差给予足够的关注,那就是不明智的做法了。平均数也许不能充分代表被组合到该均值内的任何个体单位,这个不言自明的道理尤其适用于元分析。

　　在进行典型的个人层面的研究时,我们并不期望涉及的个体在所测量的特征上相互类同。我们认识到,成员间在几乎任何关注的特征上的值一般都存在着一个自然分布(实际上是一个"正态分布")。如果我们要归纳,即要进行规律性而非具体的研究,那么我们必须在很大程度上抑制一些个体差异,反而要把研究集中在那些实际上虚构的平均成员身上,对这些成员的区分仅仅根据由其他相关被测变量(如性别)所定义的一些类别即可。

　　然而,在元分析中,我们要定义一个**研究**总体(population of studies)并确信它们研究的是"相同"的问题，至少根据"相同"的某种定义（some definition of sameness）是这样的。因此，在这些情况下，开始最好假定各项研究有重复，或至少在一定程度上近似。它们之间在它们的发现（效应值）中的变异并不是压缩到某种总平均数之中的某物，而是对如下假设的一个挑战，即这些研究探讨的问题确实与必须在元分析中直接应对的课题相同。

就此而言，最精简的元分析结果是一个效应值的分布，该分布在固定效应模型下是一个紧凑的同质性分布（参见第 6 章）。假设在进行同质性检验时有充分多的研究来确保充足的统计功效，这一发现告诉我们，效应值之间的差异不会大于从抽样误差中期望的差异，因此在它们的发现中效应值在实质上是重复的。尽管诸项研究在一系列特征，即方法论的和实质性的特征上各不相同，但从这些研究所发现的效应的大小上看，这些差异都不重要。在这种情况下，平均效应值显然是关于效应值分布的一个有代表性和有意义的汇总量。

然而，当效应值分布具有异质性时，它提醒我们注意这样一个事实，即各项研究在效的大小上不一致。当发现被认为考察同类事项的诸项研究不一致时，如果简单地取其均值以消解差异，这不仅不明智，也没什么特殊意义。把相反的结果平均起来，这不太可能逼近事实，恰恰混淆了事实。真正有必要做的工作是确定**为什么**研究效应之间有差异。这时需要对研究描述项和效应值描述项，包括方法论的、实质性的及来源特征（source features）进行一次仔细、彻底的编码。正是在这些描述项中，我们可能发现一些要素，它们有助于解释为什么研究发现不一致。我们可能发现，不同的方法产生不同的效应，或者不同的变量操作化方式、不同的治疗、不同的对象类型或任何不同的东西等都会产生不同的效应。在这种情况下，我们需要做的工作是解释所有有意义的研究差异——或者对在关键特征上相似的研究分类，这样在每类中就会出现同质的结果，或者拟合一个多变量模型（如通过多元回归），该模型把效应值表达为各种研究特征的一个函数。随后，应用上述分类研究或模型分析，我们可生成平均效应值（或其函数的等量值），该值有意义地汇总了诸项研究的子集（这些子集中的发现大体一致）的效应。当然，在这种情况下，人们对能解释各项研究之间差异的一些要素的兴趣要比对平均效应值的兴趣大，但是不管怎样，后者是"净效应",是可解释的。

有些分析者不能解释效应值中的全部非抽样误差方差(nonsampling error variance),并且模棱两可地相信研究发现之间将因一个额外的随机分量而有差异,而随机效应模型则为这些分析者提供了庇护。然而,如果该随机分量很大(相对于抽样误差而言),那么它就留下一种可能,即研究之间的差异事实上是系统的,分析者只是还未发现那些差异的基础何在。在这些情况下,如果声称平均效应值概括了特定治疗、重要的组间差、所关注的变量之间的关系强度等的效应,我们则必须用怀疑的目光来审视这些平均效应值。与该均值的背离可能确实反映的只是随机因素,但也可能代表了产生了有意义的不同发现的研究之间的重要差异。

因而,与对元分析数据的仔细分析一样,对元分析结果的谨慎解释也需要密切关注效应值之间的变化,这些效应值出现在由任何假设具有可比性的研究发现构成的分布之中。当元分析的目的是生成一些刻画一系列定量研究发现的特征的稳健汇总性统计量(robust summary statistics)时,如果相应的各个均值是对诸多研究发现中显著性差异的聚合,那么这些值就相当有误导性。简而言之,在各项研究之间的未被解释的方差越大,汇总统计量的含义就越不确定。

研究之间的差距与可推广性

元分析带来一个有价值的副产品,即它在有待考察的一系列研究的性质方面提供了汇总性的描述。在这一点上,考察研究描述项变量的频次分布是尤其有用的。根据被编码的内容的不同,这就在各种方法论的与实质性的维度上揭示了现有研究的轮廓——使用何种设计与测量、所研究的样本有何性质、构项的范围等。这一信息常常揭示了现有研究中的差距和局限性,有时还显示出,虽然某类研究过少或没有,其他的研究却有过多的呈现。例如,一些治疗、总体或构项可能被过多加以研究,而其他有着同样前景的项却被忽略了。

分析者以及任何解释元分析结果的人都要认识到元分析所汇总的一系列研究有哪些特征,这一点很重要。当然,对研究者来说比较有用的做法是设置一个研究议程表,这样就会知道在研究域(research base)中引起关注的差距在什么地方,以及哪些类研究被过多地呈现了。然而更普遍的重要问题是元分析结果的可推广性。显然,对于不属于元分析所包含的研究域一部分的那些研究来说,元分析不能汇总其研究发现。如前文所指出的那样,如果在元分析中只有少数研究在方法论上有较高质量,那么其结果的代表性不比方法论上质量较差的研究所呈现的好到哪里去。如果特定的治疗、设置、顾客总体、构项等在研究域中没有得到好的体现,那么把元分析的结论推广到这些情境中就有问题。

元分析结论的可推广性有一个固有的局限,这个问题值得格外注意,特别是对于应用研究来说更是如此。从本质上讲,元分析是对研究的综合。这当然意味着,被元分析汇总的任何事项都源自一个研究情境。这种别样的陈腐论调的重要性在于,研究所处的情境或研究得以进行的环境(即便应用研究也如此)未必代表我们可能希望推广的情境,例如,那些没有开展研究的情境(或研究报告的形式是元分析者不可接受的)。这个事实的一个含义在于,我们从元分析中发现的效应,比如对一个特殊病人实施特殊治疗的功效,未必代表在非研究情境中发生的常规临床实践中的效应(Weisz,Weiss & Donenberg,1992)。

我们可以从一个行为情境的连续统角度来思考这个特殊的可推广性问题。在连续统的一端有我们所谓的"实验"情境。这些情境未必真的是一些实验,它们也可能是在大学、教学医院、示范项目等之中的情境,在这些情境中,研究被并入所提供的其他服务之中。在连续统的另一端是常规的服务情境,它完全提供服务,根本不涉及任何系统的研究。在这两端之间的某处是某种研究发生的情境,但是该研究并不是该机构的任务的内在部分。例如,这样的情境可能是某位外部研究者启动的一个特别授权研究项目的所在地,或者它有自己的研究单位,但该研究单位主要服务于内部的信息需要,偶尔进行比较系统的研究。我们可以认为,在这个连续统中的各种组织、机关、职员、培训、参与者、服务、实践等的性质都各不相同。

在通常情况下,大多数进入元分析的应用研究都来自位于这个连续统一端的研究更为密集的情境,即研究"实验室"。当然,它只代表研究机构和偶尔从事一些正式研究的服务机构。然而,在服务机构总体中,绝大多数很少从事研究,或者从不进行研究。大多数实践性的服务机构一般都没有从事研究的时间、资源、任务,或经常甚至没有进行研究的倾向。我们可由此得出结论,那些看起来似乎与日常服务机构相关的元分析结果(或就此而言的任何研究发现)可能事实上不可以推广到这些机构。因而,在试图做这样的推广时需要十分仔细。我们必须要考虑到研究情境与非研究情境之间的潜在差异,而且必须确定,把来自研究情境的发现应用到非研究性的情境,这些差异会怎样影响其适用性。

把临床研究情境推广到日常临床实践情境,这个特殊的问题在儿童精神健康治疗领域中得到了有益的讨论(Weisz,Weiss & Donenberg,1992)。作为这个一般可推广性问题之性质的一个例证,关于该主题的文献值得我们审视。然而,重要的是应记住:这个问题在**任何**元分析中都是固有的,而且它作为结果解释的一部分值得深入思考。

抽样偏差

解释元分析发现最后要注意的是,由于存在抽样偏差或系统性地忽略了"难以发现的研究",平均效应值有潜在偏大的偏差。长时间以来,人们都怀疑已发表的文献是有偏向的,偏向于表现了统计上显著发现的研究(如McNemar,1960)。利普西和威尔逊(Lipsey & Wilson,1993)已经表明,平均而言,已发表的研究的平均效应值比未发表的研究的大,这证明了存在出版偏差(publication bias)(也可参见 Smith,1980)。相对于未发表的研究或因为有负面的或零发现而从来没有写就的研究来讲,已发表的研究更容易被指定和回溯,既然如此,在元分析中包含的一个研究样本就可能过多地代表了已发表的著作。如第 2 章所讨论的那样,通过彻底搜索这些散在的研究(fugitive studies)[①],会降低这个偏差的似然性。

最值得关注的问题在于,在一个给定的元分析中,抽样偏差是否大到影响已有结论的程度。在评估这一偏差的潜在大小时,一个简单的方法是比较元分析中未发表研究与已发表研究的平均效应值。除非有理由相信未发表

---

① 一般的数据库不收录诸如专著、会议论文、学位论文、政府出版物这样的文献,它们因而是"散在的研究"(fugitive studies)。元分析时应尽可能搜集这部分文献。可以通过该学科领域的专家、同事提供相关信息。如果是临床课题,还应考虑向国内外各种临床试验资料库索取资料,特别是这些资料库中可能有一些未发表的阴性结果,如果未能检出,可能导致出版偏差(publication bias),这可能对元分析的结论产生较大影响。——译者注

的研究构成的样本不代表该领域中未发表的研究,否则这一方法就能够得出任何偏差的潜在大小。例如,如果未发表的研究的平均效应值为0.40,已发表的研究为0.50,那么省略未发表的研究而引起的任何抽样偏差可能不会超过0.10。所有研究的总平均效应值估计值中的实际偏差很可能小于已发表研究与未发表研究间的均值差,因为未发表的研究仅代表某个既定领域中的一部分经验研究。这一方法必须要求有足够数量的已发表的和未发表的研究,以便获得研究的每个子集的均值的可靠估计值。

观察到的结果由于抽样而有偏差,如果对这种"似然性"仍心存疑虑,那么我们可以计算由罗森塔尔(Rosenthal, 1979)给出的、可称为**失安全数 N**(fail-safe N)①的一个额外统计量。**失安全数 N** 估计的是需要多少未发表的研究(这些研究报告了无效结果)才能把研究中的累积效应减少到非显著性程度。罗森塔尔提出**失安全数 N** 的目的是与他的累积 z 值方法(cumulating z-values)一起在研究中使用。这一公式确定了把累积 z 值降低到想要的显著性水平以下所需的额外研究的数目,例如,小于或等于 1.65 的一个 z 值($p \geq$ 0.05)。奥温(Orwin, 1983)将这一方法修改后用到了标准化均值差效应值上。奥温的方法也可应用于相关系数元分析,它确定的是把平均效应值减少到指定或标准水平所需的、有一个效应值为零的研究的数量。对任何效应值类型来说,**失安全数 N** 的公式为:

$$k_0 = k \left[\frac{\overline{ES_k}}{\overline{ES_c}} - 1 \right],$$

其中 k_0 是把平均效应值减少到 $\overline{ES_c}$ 所需的有一个零值的效应值数量,k 是平均效应值中研究的数量,$\overline{ES_k}$ 是加权平均效应值,$\overline{ES_c}$ 是标准效应值水平。

例如,设定一项包含 42 项研究的元分析生成的加权效应值为 0.74。使用奥温的公式可以看出,需要用 20 项有一个零效应值的研究才能把均值减到 0.50(参见稍后的运算)。如果已经彻底搜索了未发表的研究,那么就不太可能指定了 42 项研究,整整 20 项研究仍旧"在文件柜里"。此外,尽管标

---

① 失安全数 N(fail-safe N):为排除出版偏差的可能,当系统评价的结果出现统计学的显著性意义时,可计算大约需要多少个阴性试验的结果才能使结论逆转。同时,可采用漏斗图了解出版偏差的情况。——译者注

准效应值 0.50 明显比 0.75 小,但它仍是一个适度的值,而且可能同时有统计上的显著性和临床上的重要性。对于标准效应值为 0.50 的这个例子来说,文件柜中有一个零效应的研究的数量应该是

$$k_0 = 42\left[\frac{0.74}{0.50} - 1\right] = 20.16 。$$

尽管这一技术的优势是易于计算,但它强调的仅仅是观察到的平均效应值是否为假(即尽管在元分析中出现正的结果,但是在研究总体中却是零),而不关注潜在的抽样偏差的大小。仔细抽样同时对散在文献进行确认,这是避免出现出版偏差的最好预防性措施。关于这些问题的更多讨论参见(Begg,1994;Bradley & Gupta,1997;Cleary & Casella,1997;Hedges & Vevea,1998;以及 Vevea & Hedges,1995)。

元分析对于实践和政策的意义

本书的主要目的是帮助那些没有多少元分析经验的研究者正确地进行元分析。如果正确地操作,那么元分析对于实践、政策及一般性知识都有重要贡献。元分析的优点在于,它把关于某个既定主题的多项个体研究的讨论转移到对整体的一系列研究的总看法上来。在已知每个个体研究会经常在结果和质量上有差异的情况下,由于我们已描述过的原因,致使研究者们自己卷入争斗中去,其中相互抵触的双方会挑选那些支持他们各自立场的研究,同时也找出证据来对支持反对方的观点的研究进行批判。尽管这样的争论不能且一般也不应平息,但是元分析可以提供一个框架,在这个框架内可以进行广泛的争论。如果做得好,那么它在识别所有研究的方法论缺点以及考察这些缺陷与研究发现之间的关系方面是不偏不倚的。此外,当诸项研究的发现有差别时,好的元分析会试图找出这些差异的来源,同时可能较好地表明,某个观点在某一系列情境下是正确的,而另一种观点对另一系列情境来说是正确的。

另外,元分析的结论(当然是恰当地得出的结论)有一定程度的稳健性,这使得它们很有吸引力,可作为政策、实践指导方针等的基础。元分析中涉

及的高层次聚合减少了抽样误差，个体研究发现的不稳定性很大部分是由于这些误差（Schmidt，1992）。它也对一系列情境、研究者和场景进行平均，把作为结果的图像平滑处理成一个合成项，它看起来很像一个杂志图片，以一臂之长远观则清新紧凑，用放大镜近视则像素模糊。另外，如果研究之间有真实且有意义的差异，好的元分析就会试图指出这些区分，把那些应当分别解释的研究区别开来，并且以能够揭示出新洞见和重要差异的方式把研究领域区分开。

最后，好的元分析是"在鱼缸内进行"的，即所有的标准、数据和进程都要明晰。元分析与传统的文献回顾不同。在传统的文献回顾中，阅读这些述评性文献的人一般不知道那些研究是在什么基础上选出来的，有多少研究被不适当地忽略了，信息是怎样从它们中提取出来的，以及最重要的是，信息是如何被整合成一个结论的。无论做得好与坏，元分析都会包含所有上述步骤。如果结果有争议或受到质疑，其他研究者可重复这种分析过程，系统地尝试各种不同的选择和进程，并对各种结果进行比较。元分析甚至可以生成一个数据库，这个数据库使得其他研究者能独立地确认或修正编码，并开展自己的分析。例如，由史密斯和格拉斯（Smith & Glass，1977；Smith，Glass & Miller，1980）对心理疗法进行的开创性元分析就已经在整体上遭到批判、重新分析和复制，后来的这些工作部分地使用了格拉斯的最初研究和编码，也使用了另外的研究选项和编码（如 Matt，1989；Shapiro & Shapiro，1982）。这个审查过程以及元分析对这种审查的可实施性增加了它的可靠性，因而也增加了它应用于政策和实践的说服力。

在通常情况下，当需要用定量研究发现指导实践和政策时，元分析的诸项优点会使其成为被选择的方法。随着元分析的推进，我们期望看到用它综合经验证据，这种证据关系到在实际理论中所设定的关系，我们期望看到用它来支持政策模型，这些模型引导着在预防和干预领域的公共投资。尽管后面的这些应用或许有些超前，但我们并不认为它们不切实际。元分析当然不是包治百病的灵丹妙药，对于实践与政策角度来说，在整合和解释方面，它不能解决所有的问题，但它却是把研究转化成深入理解和行动的一个有用且有力的工具。我们认为元分析应得到行为研究者的密切关注，并希望本书已经有助于使人们走向元分析。

以计算机为基础的文献目录服务和相关数据库实例

可利用大量以计算机为基础的有用资源来查找调查研究,这些资源可通过大学图书馆和类似的地点或直接从互联网上得到。DIALOG®信息检索系统(DIALOG® Information Services)是提供最广泛资源的站点之一;其他的宽带服务还包括 ProQuest®数据库平台、Lexis-Nexis®数据库和 Ovid 数据库提供商(Ovid)。

下面的数据库是从 DIALOG® 目录中选出来的。尽管这不是进行元分析的研究者感兴趣的一个完备的清单,但它还是说明了可搜寻到的现有文献目录信息的性质和范围。这些资源以及类似的资源会越来越多地在互联网上获得。

ACADEMIC INDEX(学术索引):服务于一般的兴趣者,主要收录社会科学和人文科学文献,强调学术期刊。

AGELINE(老龄文献数据库):覆盖社会老年医学的索引期刊——在社会、心理、健康和经济背景下的老龄化研究。

AIDSLINE®(艾滋病文献数据库):提供关于艾滋病的医学文献。

BOOKS IN PRINT(已出版图书数据库):关于当前已出版、即将出版和近期已绝版的书的基本文献目录信息。

BRITISH BOOKS IN PRINT(英国在版书目):以英文印刷并在英国出版的书的综合索引;满足一般需要的政府出版物。

BRITISH EDUCATION INDEX(英国教育索引):与教育和教学有关的期刊文献目录。

CHILD ABUSE AND NEGLECT(儿童虐待与忽视):与儿童虐待和忽视有关的文献目录、研究项目描述、服务项目描述和法律参考文献。

CRIMINAL JUSTICE PERIODICAL INDEX(刑事司法期刊索引):与一系列犯罪审判有关的 100 个以上的杂志、时事通讯和法律报道的索引。

CURRENT CONTENTS SEARCH®(现刊题录数据库网络版):《现刊题录数据库》(*Current Contents*)的在线版本,生成一些主要杂志上的现刊目录表(周刊);其中一个子类涉及社会科学和行为科学。

DISSERTATION ABSTRACTS ONLINE(博士学位论文摘要在线):1861 年以来美国所有博士学位论文的摘要,也引用了加拿大的一些博士学位论文;同时也选摘了自 1962 年以来的硕士论文。

ECONOMIC LITERATURE INDEX(经济学文献索引):来自每年 260 个经济学杂志的期刊文章和大约 200 部专著的索引。

EMBASE(荷兰医学文摘数据库):覆盖 4 000 多个期刊的生物医学文献资源搜索。

ERIC(教育资源信息中心):教育方面的重要研究报告、文章和项目;一些项目可查看全文。

EXCEPTIONAL CHILD EDUCATION RESOURCES(特殊儿童教育资源):关于各年龄段残疾人和天才的教育的各方面文献。

FAMILY RESOURCES(家庭资源):覆盖与家庭有关的社会心理方面的文献目录。

FEDERAL RESEARCH IN PROGRESS(在研联邦研究):物理科学、工程技术和生命科学领域中由联邦资助的在研项目信息。

GPO PUBLICATIONS REFERENCE FILE(GPO 出版物销售参考资料):美国公文主管机构出售的出版物。

HEALTH PERIODICALS DATABASE®(健康期刊数据库):关于一系列健康主题和健康问题的期刊全文和索引。

INTERNATIONAL PHARMACEUTICAL ABSTRACTS(国际药学文摘):与健康有关的药品研究的文献,包括报告临床研究的文摘。

LC MARC—BOOKS(美国国会图书馆藏书机读目录):1968 年以来美国国会图书馆所有藏书的目录。

MEDLINE®(生物医学数据库):来自 3 000 多种国际期刊的生物医学文献和研究。

MENTAL HEALTH ABSTRACTS(精神健康文摘):世界范围内的关于精神健康方面的信息,来自 1 200 多种杂志以及各种书籍、专著、技术报告、研讨会、会议记录及专题论文集。

NCJRS(美国刑事司法文献数据库)(National Criminal Justice Reference Service):包括法律实施与司法审判的所有方面,在某些项目上有全文。

NTIS(美国国家技术信息服务数据库):美国国家技术信息服务(National Technical Information Service),它包含由美国政府资助的研究、开发和工程技术项目以及由联邦机构准备或资助的分析。

NURSING & ALLIED HEALTH(护理和保健数据库):检索 300 多个护理及保健期刊以及来自 3 200 种其他生物医学杂志的引文摘选。

PsycINFO®(心理学信息):《心理学文摘》(*Psychological Abstracts*)的网络版;索引来自大约 3 000 个期刊的心理学和行为科学方面已出版的研究和世界范围内已出版的技术报告。

SMOKING AND HEALTH(吸烟与健康):关于吸烟与健康方面的期刊文章、报告和其他文献的引文与摘要。

SOCIAL SCISEARCH®(社会科学期刊索引):世界范围内涵盖社会科学和行为科学各个领域的社会科学期刊索引。

SOCIOLOGICAL ABSTRACTS(社会学文摘库):世界范围的社会学研究。

附录 B

根据合格的研究报告计算效应值的步骤

本书通篇涉及 3 个常见的效应值指标:标准化的均值差(ES_{sm}),相关系数(ES_r)和机率比(ES_{OR})。如何从合格的研究中得出想要的效应值统计量的值,这是元分析中的一个挑战。许多研究仅报告了推断统计量的结果,而没有报告在计算效应值时所需的描述统计量,如均值、标准差或相关系数。其结果是经常有必要处理报告中可获得的统计信息,从而提取出或至少估计出效应值。本附录提供了根据多种统计数据计算或估计标准化的均值差、相关系数和机率比的公式和例子。

标准化的均值差效应值

标准化的均值差效应值(ES_{sm})用于对如下研究结果进行综合,即这些研究是在拥有一个连续潜在分布的诸多测量基础上对两组进行对照。这两组可能是不同的实验条件,如治疗组和控制组,或自然产生的组,如男性与女性。该效应值在定义上的公式是以所对照的两组的均值和标准差为基础的。公式参见本附录末的表 B10,同时还附有多种其他公式,这些公式或在代数上等价(产生相同的结果),或能产生不同程度的近似值。下文讨论这些公式,并用虚构的数据加以说明。

ES_{sm} 的直接计算

ES_{sm} 的基本公式是用组间均值之差除以联合标准差(表 B10,公式 1)。对于干预性的元分析来说,效应值为正则说明存在积极的治疗效果。因此,如果在某测量上一个较小的得分相对于一个较大的得分而言更意味着成功,那么公式 1 中的分子上的减数与被减数的位置应当调换过来(比较组的均值减去治疗组的均值)。对组间差的元分析(group difference meta-analysis)来讲,在定义组 1 和组 2 时必须保持一致。例如,如果对照男孩和女孩,那么在公式 1 中男孩就必须一直是组 1,而女孩必须一直是组 2(反之亦然)。尽管这看似简单,但是我们的经验表明,在编码中给效应值分配代数符号是容易出错的。

　　[**例子**]　假定某项研究用一个标准化量表报告了平均自我尊重感得分,在量表中分数越高表明自我尊重感越强。在规模为 25,即 $n = 25$ 的治疗组中,均值为 127.8,在 $n = 30$ 的比较组中,均值为 132.3,标准差分别为 10.4 和 9.8。用表 B10 的公式 1,这组数据的联合标准差为 10.08,效应值为 -0.45(负号表示控制组在自我尊重感上的表现要优于治疗组)。

$$s_{pooled} = \sqrt{\frac{(n_1 - 1)s_1^2 + (n_2 - 1)s_2^2}{n_1 + n_2 - 2}}$$

$$= \sqrt{\frac{(25 - 1)10.4^2 + (30 - 1)9.8^2}{25 + 30 - 2}} = 10.08$$

$$ES_{sm} = \frac{\overline{X}_2 - \overline{X}_1}{s_{pooled}} = \frac{127.8 - 132.3}{10.08} = -0.45$$

与 ES_{sm} 在代数上等价的公式

　　一项研究通常报告两组均值之差的统计显著性检验的结果,如一个 t 值或一个 F 比率,而不报告均值和标准差。表 B10 的公式 2 到公式 5 提供了在这种情况下计算效应值的方法。在四舍五入误差范围内,这些公式与公式 1 所得的值是一样的,因而它们在代数上等价。重要的是应注意到,公式 2 和公式 3 只应用于来自**独立** t 检验的 t 值上,即在不同个体的两组的均值基础上进行的 t 检验,而公式 4 和公式 5 仅应用于检验两个独立组均值之差的**一元方差分析**。关于拥有 3 个或更多组的一元方差分析或有多个因子的比较复杂的方差分析设计将在稍后讨论。

　　[**例子**]　t **值**。某项研究汇报的 t 值为 1.68,该值倾向于支持治疗组的效果,治疗组 $n = 10$,比较组 $n = 12$。如下所示,使用公式 2(表 B10),$ES_{sm} = 0.72$。

$$ES_{sm}[1] = t\sqrt{\frac{n_1 + n_2}{n_1 n_2}} = 1.68\sqrt{\frac{10 + 12}{10 \times 12}} = 1.68\sqrt{\frac{22}{120}} = 0.72$$

---

① 原文为 ES_m,实应为 ES_{sm}。——译者注

[**例子**]　*F* 比率。利用一元方差分析报告的治疗组和控制组之差为 *F* = 13.1,自由度分别为 1 和 98。这样,*N* = 98 + 2 = 100,使用一元方差分析的公式 5(表 B10)并假设两个组的样本量相等,得到 ES_{sm} = 0.72。

$$|ES_{sm}| = 2\sqrt{\frac{F}{N}} = 2\sqrt{\frac{13.1}{100}} = 0.72$$

要注意在这个效应值前加上正确的符号。前面的公式**总是产生正值**。如果第 1 组比第 2 组表现得差,则把符号变为负。当缺乏每一组报告的均值时,该值一般可从报告结果的讨论中推断出来。

t 值或 *F* 比率的精确概率水平

在某些情况下仅仅汇报精确的概率水平,这种情况比较常见,如"*t* 检验表明效应是统计上显著的(*p* = 0.037),这意味着治疗取得了积极的效果"。如果报告的概率水平来自一个 *t* 检验,或来自基于两组的一元方差分析,那么相关的 *t* 值或 *F* 比率可从一些适当的表(如本附录末的表 B13)中得到,也可以从大多数较新的计算机数据表程序(如 Excel 或 Quatro Pro)中的反分布函数(inverse distribution function)获得。有了 *t* 值或 *F* 比率,就可以利用前文描述的适当公式(公式 2 到公式 5)来确定 ES_{sm}。需要注意的是,自由度 $df = N - 2 = (n_1 + n_2 - 2) = 2n - 2$。因为 *p* 值总是正的,所以效应值的符号就必须借助报告中的叙述部分来确定。

[**例子**]　若有 $n_1 = 10, n_2 = 12$(即自由度 $df = 20$),并已知在 *p* = 0.037 的情况下 *t* 检验是显著的。在表 B13 中的 2.086 和 2.528 这两个值之间插值,在 *p* = 0.037 和 $df = 20$ 的情况下 *t* 值大约为 2.278[①]。利用前文描述的步骤,效应值为 0.98。

$$|ES_{sm}| = 2.278\sqrt{\frac{10 + 12}{10 \times 12}} = 2.278\sqrt{\frac{22}{120}} = 0.98$$

上面使用 *t* 分布(表 B13)的方法也可利用,其概率值与仅基于两组的单因素 *F* 比率有关联,在这种情况下 $t^2 = F$。

---

① 由于自由度为 20,需要把它归为表 B13 的第 20 行。 *p* = 0.037 介于 *p* = 0.02 和 *p* = 0.05 之间。查该表可知,在 *p* = 0.02 和 *p* = 0.05 的情况下,自由度为 20 时双尾的 *t* 值分别为 2.528 和 2.086。在自由度为 20, *p* = 0.037 的情况下,对应的 *t* 值可利用线性插值公式(*t* − 2.086)/(2.528 − 2.086) = (0.05 − 0.037)/(0.05 − 0.02) 求出,计算出 *t* 值等于 2.2 775 333,约等于 2.278。——译者注

根据一个频次分布计算均值和标准差

当因变项测量采用的值有限时,可能只报告了每个值或每组值的频次分布,而不是均值和标准差。如果作为结果的类是有序的,即在某个维度上由低到高排列,那么每一组的均值和标准差都可以计算出来,并可用于表 B10 的公式 1 中。例如,表 B1 所示,有一项针对未成年人触法的革新性缓刑项目研究,它可能汇报了治疗对象和比较对象的缓刑[①]违规次数,这些人员按缓刑期间的违规次数分为 0,1 ~ 2,3 ~ 4 和 > 4 这些类。对于这个结果测量来说,唯一额外的统计信息是样本量(分别为 125 和 104)和一个卡方检验。由于卡方值的自由度不是 1(在一个 4 × 2 表中自由度为 3,即 $df = 3$),所以它不能用于效应值的目的,因此也不能代表组间的集中趋势对照。每组(治疗组和比较组)的均值和标准差可利用以下步骤计算出来:

第 1 步。为每一类测量分配一个数值,例如,如果它涉及一个数字范围,则用分组的中点,如前面的例子一样,或者简单地从最低一类开始到最高一类连续地给各类编号(如 1,2,3,4)。例如,你可能分别把值 1,2,3 分配给低、中、高这三类。其实,实际的数值并不重要,重要的是这些值应反映出正确的分组次序。

第 2 步。如果不知道频次,需要把百分比转化成实际的频次。在表 B1 中,治疗组中违规次数为 0 的人数为 125(治疗组的人数)的 45% ,即 56 人。

第 3 步。用分配的分组值(用 x 表示;第 1 步)乘以该类的频次(用 f 表示)。

第 4 步。用每一分组值(x)的平方乘以该类的频次(f)。如果创建一个如表 B2 所示的表,这些步骤就可轻易实现。用第 2、3、4 步中产生的各值的总和,并利用表 B10 的公式 7 和公式 8,就可计算出每组的均值和标准差。用表 B2 所示的总和,治疗组的均值为:

$$\bar{X}_T = \frac{\sum (xf)}{\sum f} = \frac{229}{125} = 1.80$$

[①] 英国的 Probation 一词,其含义区别于其他国家,意指保护观察,而非缓刑。也有学者(如中国台湾学者)翻译为"观护"。英国的缓刑,其英文应为 Suspended setences of imprisonment。——译者注

同样,比较组的均值为:

$$\overline{X}_c = \frac{\sum (xf)}{\sum f} = \frac{194}{104} = 1.87$$

治疗组的标准差为:

$$s_T = \sqrt{\frac{\left(\sum f\right)\left(\sum x^2 f\right) - \left(\sum xf\right)^2}{\left(\sum f\right)^2}}$$

$$= \sqrt{\frac{125 \times 527 - 229^2}{125^2}} = \sqrt{\frac{13\ 434}{15\ 625}} = 0.93$$

表 B1

违规次数	治疗组/%	比较组/%
0	45	40
1~2	35	42
3~4	12	8
>4	8	10

表 B2

治疗组			
第1步	第2步	第3步	第4步
值	频次		
x	f	$x*f$	x^2*f
1	56	56	56
2	44	88	176
3	15	45	135
4	10	40	160
总和	125	229	527
比较组			
第1步	第2步	第3步	第4步
值	频次		
x	f	$x*f$	x^2*f
1	42	42	42
2	44	88	176
3	8	24	72
4	10	40	160
总计	104	194	450

比较组的标准差为：

$$s_c = \sqrt{\frac{\left(\sum f\right)\left(\sum x^2 f\right) - \left(\sum xf\right)^2}{\left(\sum f\right)^2}} = \sqrt{\frac{104 \times 450 - 194^2}{104^2}} = \sqrt{\frac{9\,164}{10\,816}} = 0.92$$

使用公式 1（表 B10），效应值（正号意味着在治疗组中违规次数较少）可计算为：

$$ES_{sm} = \frac{-(1.80 - 1.87)}{\sqrt{\dfrac{(125 - 1) \times 0.93^2 + (104 - 1) \times 0.92^2}{125 + 104 - 2}}} = 0.08$$

基于连续数据的近似值——点二列相关系数

某项研究可能用一个相关系数来报告组成员与一个多值因变量之间的关系（关于涉及一个二分因变项测量的相关系数，见下文关于 phi 系数的讨论）。这种特定类型的相关系数是**点二列系数**，尽管用皮尔逊积矩相关系数的标准公式也可将其计算出来。如果每组的样本量相同，表 B10 的公式 9 就为我们提供一个利用 r（皮尔逊积矩系数或点二列相关系数）来计算的 ES_{sm} 的近似值。当样本量不等时，可用公式 10。

[例子]　某项研究报告了组变量（治疗组 = 1，控制组 = 0）和因变量之间的一个相关系数 $r = 0.27$，$N = 50$（每组 $n = 25$）。如果希望在因变量上有较高的值，那么这个相关系数就意味着较积极的治疗效果，因为治疗组在自变量（1 对 0）上也有较高的值。基于公式 9，此数据的 ES_{sm} 估计值为 0.56，如下所示：

$$ES_{sm} = \frac{2r}{\sqrt{1 - r^2}} = \frac{2 \times 0.27}{\sqrt{1 - 0.27^2}} = \frac{0.54}{0.96} = 0.56$$

估计 $(\overline{X}_1 - \overline{X}_2)$ 和 s_{pooled}

在考虑标准化的均值差类型效应值时，有必要分别考虑分子和分母。分子是被对照的两组（如一个治疗组和一个控制组）之间的均值差在一个特定的测量上的估计值。该估计值可利用两个均值相减直接得到，如表 B10 的公式 1 所示，但也可以用其他方式估计出来。ES_{sm} 的分母则以估计的组间差所代表的任何测量的变动量为基础，对其进行标准化处理。在理想情况下，它就是被比较的各组的联合标准差。然而，当得不到那些标准差时，联合标准差可借助其他数据估计出来。下面的部分将讨论当各组的均值和标准差未

知时估算 ES_{sm} 的分子与分母的方法。

$(\overline{X}_1 - \overline{X}_2)$ 的估计值，ES_{sm} 的分子

在对 ES_{sm} 实施编码时可能出现如下情况:在关注的测量上每一组的均值都没有汇报出来,但可得到与组间差有关的一些其他的统计量,如均值增量值(mean gain scores)或协方差修正均值(covariance adjusted means)。本部分讨论的组间差估计值所代表的是"修正过的"效应,主要是对前测差的修正。在修正过的(而非观察到的)值的基础上的 ES_{sm} 是否具有可比性,这是一个重要问题。因而,我们建议元分析者不但要明确在计算效应值的时候所用的方法,而且在分析阶段还要评价效应值的计算方法与效应值的大小之间是否有关系。在干预研究中可以根据前测中出现的不一致量的来源对效应值修正,虽然从概念上讲使用修正的效应值可以深化总的结论,但是把修正过的和未修正的效应值估计值混合在一起,这可能增加研究之间的异质性,这一点需要加以说明。另外,如果这种修正做法与其他研究差异相混淆的话,那么这种混合还可能掩盖研究之间的差值。同时也应注意,修正过的均值差仅仅是 ES_{sm} 的"上半部",它还需除以结果测量的联合标准差,或者除以利用稍后讨论的方法计算得到的联合标准差的估计值。至于与其他效应值的可比性,重要的是该联合标准差不要在与协变量或其他修正项有关联的方差上被调整变小。

$(\overline{X}_1 - \overline{X}_2)$ 增量的估计值。最常见的修正的治疗效应估计值(adjusted estimate of treatment effects)是增量。对于同一群回答者来说,增量就是某种测量在实验后的值减去治疗前的值或在时间 2 测量得到的值减去时间 1 的值。通过简单的代数计算表明,治疗组和比较组之间的均值增量之差等于后测均值之差减去前测均值之差。也就是说,后测均值要得到"修正",即从中减去前测的任何差值。如果在前测中没有差值,那么就只产生后测均值之差。如果前测中有差值,那么在已经存在的前测差值之上就会产生一个后测的"净"组差。这样,如果一项研究汇报了每组的均值增量,那么这些均值之差就可作为 ES_{sm} 分子的一个估计值。然而,为了求出 ES_{sm},必须提供后测值的联合标准差或估计出该值。值得注意的是,增量的标准差不能用作公式1的分母。该标准差反映的是治疗**增量**中的变动量,而不是在结果测量本身上的样本变动量。关于这一点,我们稍后将详细探讨。

（$\bar{X}_1 - \bar{X}_2$）**的协变量修正均值估计值。**协变量修正的均值（covariate adjusted means）是元分析者可能遇到的另一类修正的均值。就其最简单的形式来说，一个协变量修正的均值产生于一个一元协方差分析，这种分析以在因变量上的前测作为协变量。一个较复杂的分析可能包括多个协变量。假设就现有的目的来讲，修正是合理的，那么这些修正过的均值就可用来代替观察到的均值。换句话说，修正过的均值之间的差值可以作为治疗效应的估计值。需要再次注意的是，作为分母的联合标准差在与协变量有关的方差方面一定**不能降低**。

（$\bar{X}_1 - \bar{X}_2$）**的回归系数估计值。**从代数意义上讲，两个协变量修正的均值之差等于来自一个多元回归分析的组成员资格的非标准化回归系数（用 B 表示）。假设组成员资格已被虚拟编码（如 0 和 1），那么组成员资格的 B 就等于两组均值之差，同时要根据回归模型中的其他变量进行修正。因而，B 除以因变项测量的未修正的联合标准差或其估计值，即得到 ES_{sm}。

联合标准差的估计值，ES_{sm} 的分母

元分析中比较典型的是，在基于不同测量的 ES_{sm} 值的可比性中，一个关键因素是通过标准差对组间差进行**标准化**。这样，ES_{sm} 值为 0.50 就意味着，如同从样本值估计出来一样，被对照的两组之差是因变量标准差的总体值的一半。如果 ES_{sm} 的分母使用了 s_{pooled} 的错误估计值，如用增量的标准差代替初始的因变量值，则会产生不精确的估计值。当各组的标准差没有直接给出时，有如下几种对 s_{pooled} 进行正确估计的方法。

完全样本标准差。完全样本标准差（full sample standard deviation）可作为 s_{pooled} 的一个估计值。然而，完全样本标准差会过高估计联合标准差，达到产生了治疗或组间差值效应的程度，因为在各个个体之间出现的变动量包括了由所考察的治疗或小组特征导致的变动量。如果预期的差值小到一定程度，那么完全样本标准差可作为联合标准差的一个可用的估计值。然而，若用表 B10 的公式 14，还可以根据完全样本标准差和组均值来估计组内标准差。例如，假设一项研究比较的是对儿童进行治疗（即结合了心理健康服务的治疗与未结合心理健康服务的治疗）的满意度，所报告的各组均值分别为 6.2 和 5.1。该研究也汇报了完全样本标准差 $s = 2.3$，用公式 14 可得到

s_{pooled} 如下：

$$s_{pooled} = \sqrt{\frac{s^2(N-1) - \dfrac{(\overline{X}_{G1}^2 + \overline{X}_{G2}^2 - 2\,\overline{X}_{G1}\,\overline{X}_{G2})(n_{G1}n_{G2})}{n_{G1} + n_{G2}}}{N-1}}$$

$$= \sqrt{\frac{2.3^2(270-1) - \dfrac{(6.5^2 + 5.1^2 - 2 \times 6.2 \times 5.1)(130 \times 140)}{130 + 140}}{270-1}}$$

$$= 2.23$$

独立的 t 检验。 尽管用 t 值可直接计算出 ES_{sm} ，但是在有些情况下，元分析者可能对将均值和标准差也编码进入数据库感兴趣。由于 t 是均值差、标准差和样本量的一个函数，因此用表 B10 的公式 15，可由 t 算出 s_{pooled} 。例如，假设有一个预防吸毒的项目，汇报的干预组($n = 54$)和比较组($n = 48$)的后测自我尊重感分值分别为 93.4 和 89.6，t 值为 2.359，用公式 15 计算的 s_{pooled} 如下。

$$s_{pooled} = \frac{\overline{X}_1 - \overline{X}_2}{t\sqrt{\dfrac{n_1 + n_2}{n_1 n_2}}} = \frac{93.4 - 89.6}{2.359\sqrt{\dfrac{54 + 48}{54 \times 48}}} = 8.12$$

均值的标准误。 一项研究可能汇报的是个体均值的标准误，而非标准差。它们经常被记为 $s_{\overline{X}}$, $s.e.$ 或 se 。标准误可用来构造该均值的一个置信区间。如果已知每组的样本量，那么用表 B10 的公式 16 可得出每组的标准差。例如，某项研究比较了男孩($n = 150$)与女孩($n = 139$)的数学成绩测验的差异，报告的每组均值分别为 102.3 和 105.4，标准误分别为 1.29 和 1.35。用公式 16 可计算出每组的标准差，计算过程如下。

$$s_{boys} = se_{boys}\sqrt{n_{boys}-1} = 1.29\sqrt{150-1} = 15.75$$

$$s_{girls} = se_{girls}\sqrt{n_{girls}-1} = 1.35\sqrt{139-1} = 15.86$$

这些标准差和均值可用在 ES_{sm} 的定义公式 1 中。

还可能出现这样的情况：某项研究所报告的是置信区间而非标准误。在这种情况下从置信区间中得出均值标准误的方法是：用 0.5 乘以置信区间，然后除以与该置信区间相关联的临界值（如一个 95% 的置信区间临界值就是 1.96 ）。例如，假设某项研究报告的在干预条件（物理治疗法）下大动作灵活值(gross-motor mobility score)①值的一个置信区间是 19.1 到 23.5。这样,标准误就是:

$$se = \frac{0.5(CI)}{z_\alpha} = \frac{0.5(23.5 - 19.1)}{1.96} = \frac{0.5 \times 4.4}{1.96} = 1.12$$

标准差可利用上述求标准误的步骤得到。

针对 3 组或多组的一元方差分析。一项研究设计可能融合了两个以上的实验条件或自然产生的组。例如,有这样一项针对组间差的元分析,它比较的是有学习障碍的学生与成绩低但没有学习障碍的学生,这种元分析可能遇到如下研究,即研究中不仅包括关注的两组,还包括成绩中等的学生组。在干预元分析中,一些研究可能包含多个治疗组或多个控制组。当然,如果各组的均值和标准差都已知的话,那么 ES_{sm} 的标准公式可直接应用到相关数据上。然而,此类研究可能报告一个一元方差分析(F 比率)的结果,它一起检验了所有组均值之间的差。在这种情况下,就不能使用前文提供的根据 F 比率计算 ES_{sm} 的公式,因为针对三组或多组的一元方差分析会生成一个全部均值之间的混合检验(omnibus test),这样就不能直接求出所关注的两组(如有学习障碍的学生与成绩较差的学生)的差值。如果每组的均值已知,那么可用 F 比率来估计联合组内标准差,然后可用通常的方法计算出 ES_{sm}。然而,如果没有组均值,在这种情况下就无法计算出效应值。

F 是组间均方(mean-squares between groups)与组内均方之比,而组内均方则是联合的组内方差(pooled within groups variance)。因此,可用两种方式来计算联合的标准差:(a)用组均值和样本量来计算组间均方;(b)用组间均方除以 F,并求其平方根。使用所关注的组的均值,就可运用 ES_{sm} 的定义公式(公式 1)了。

[**例子**]　设某项研究报告的数据如表 B3 所示。该数据的 F 比率是 $F_{(3,86)} = 7.05$。元分析者希望得到前两组之差的 ES_{sm}。不巧的是该项研究没有报告标准差。然而,用表 B10 的公式 17,根据组间均方($MS_{between}$)和 F 比率可得到 s_{pooled} 的估计值。可以制作一个表,其中的某列代表公式的各项,就可

---

① 蹦、跳、跑等属于大动作(gross-motor),与"夹起一根头发"等精细动作(fine motor)相对。——译者注

很容易地计算 $MS_{between}$，如表 B4 所示。

表 B3

组	每组阅读测试成绩	
	均值	N
有学习障碍的学生	55.38	13
成绩较差,但无学习障碍的学生	59.40	18
中等成绩的学生	75.14	37
名列前茅的学生	88.00	22

表 B4

组	$MS_{between}$的计算				
	$\overline{X}$	$\overline{X}^2$	n	$n\overline{X}$	$n\overline{X}^2$
1	55.38	3 066.94	13	719.94	39 870.28
2	59.40	3 528.36	18	1 069.20	63 510.48
3	75.14	5 646.02	37	2 780.18	208 902.73
4	88.00	7 744.00	22	1 936.00	170 368.00
总和			90	6 505.32	482 651.49

用公式 17，$MS_{between}$ 为：

$$MS_b = \frac{\sum n_j \overline{X}_j^2 - \frac{(\sum n_j \overline{X}_j)^2}{\sum n_j}}{k-1}$$

$$= \frac{482\ 651.49 - \frac{6\ 505.32^2}{90}}{4-1} = \frac{482\ 651.49 - 470\ 213.20}{3} = 4\ 146.10$$

s_{pooled} 为：

$$s_{pooled} = \sqrt{\frac{MS_b}{F_{oneway}}} = \sqrt{\frac{4\ 146.10}{7.05}} = 24.25。$$

现在可用表 B10 的公式 1，用关注的两个均值(有学习障碍的学生与成绩较差学生)之差除以上面的联合标准差，即可计算出效应值 ES_{sm}。请注意，s_{pooled} 是以所有组(而绝非只是所关注的两组)的组内变动量为基础的。在许多情况下，这与仅基于较小样本(仅两个组)相比，会得到一个较好的总体标准差的估计值。只有当组内标准差相互差异很大的时候,才会产生总体方差的一个有偏估计值。

方差分析,双因素析因设计(two-way factorial designs)。来自析因设计(factorial designs)——如通过诊断(三个水平)设计的治疗(两个水平)——的 F 统计量及其相关的均方通常不能使用前面的公式转化成一个可比的效应值。这主要是因为 F 的单元内方差项(within-cells variance term)的再定义。也就是说,源于第二析因(如诊断组之间)的变动量已经从单元内方差中剔除了。因而,使用前文给出的公式就会产生 s_{pooled} 的一个低估值,相应地就是 ES_{sm} 的一个高估值。为了修正这一点,可将非治疗因素和交互项平方和加上单元内的平方和,结果就是正确的治疗组内平方和(表 B10 的公式 18)。将该结果除以适当的自由度,再求平方根,最终结果就是联合标准差。

[**例子**]　表 B5 来自一个 2×2 的析因设计,其中将治疗作为因素 A(治疗与控制),被试的性别作为因素 B(男性与女性)。治疗组和控制组的均值分别为144.09和114.86,总数 N 是 474。

表 B5　方差分析表

来　源	SS	df	MS	F
实验	78 341.02	1	78 341.02	22.48
性别	225 853.52	1	225 853.52	64.81
实验 × 性别	22 915.08	1	22 915.08	2.58
剩余	1 637 885.70	470	3 484.86	

使用表 B10 的公式 18,就可根据这组数据确定联合标准差[注意:如果 SS 没有被直接报告,则用 $SS = df(MS)$ 来计算]。然后用报告的均值和来自方差分析表的联合标准差,就可计算出效应值 ES_{sm},即:

$$s_{pooled} = \sqrt{\frac{SS_B + SS_{AB} + SS_w}{df_b + df_{AB} + df_w}}$$

$$= \sqrt{\frac{225\ 853.52 + 22\ 915.08 + 1\ 637\ 885.70}{1 + 1 + 470}} = 63.22$$

$$ES_{sm} = \frac{144.09 - 114.86}{63.22} = 0.46$$

需要注意的是,这个过程适用于两个因素都处于被试之间的双因素析因设计,也就是说,任何被试都不能用一个以上的设计单元来代表。它不能应用于重复的测量设计,如根据检验情境(前测与后测)方差分析的治疗。然而,在有两个治疗组和两个测量情境(如前测和后测)这种较简单的例子中,二者之间的剩余均方的平方根(对于治疗因素来说是 F 比率的分母)就是联合标准差。

一元协方差分析。在研究中如果报告了相关两组的均值、来自协方差分析的均方误差(mean-square error)或残差,以及协变量与因变量之间的相关系数,就可从一元协方差分析中计算出 ES_{sm}。不幸的是,在书面报告中获得所有这些信息的可能性是极小的。

[**例子**] 有一项针对某个研究的协方差分析,该研究有两个组(治疗组和控制组),并把前测值作为协变量。前测与后测之间的相关系数为 0.88。治疗组的后测均值为 14.41,控制组的均值为 11.49,较高的得分反映较好的结果。协方差分析中的均方误差或残差为 10.49,自由度 $df_{error} = 471$。使用表 B10 的公式 19 和公式 1,效应值计算为:

$$s_{pooled} = \sqrt{\frac{MS_{error}}{1 - r^2} \times \frac{df_{error} - 1}{df_{error} - 2}} = \sqrt{\frac{10.49}{1 - 0.88^2} \times \frac{471 - 1}{471 - 2}} = 6.83$$

$$ES_{sm} = \frac{14.41 - 11.49}{6.83} = 0.43$$

增量的标准差。与协方差分析相关的一个情况是增量分析。正如前文探讨的关于 $(\overline{X}_1 - \overline{X}_2)$ 的估计值一样,增量的标准差标示着增量中的变动量,而不是在关注的测量上的总变动量。因此,在 s_{gain} 上对组间均值差的标准化会产生一个效应值,该值基于标准化的差值,而非基于因变项测量的标准化单位。如果前测值与后测值之间的相关系数已知或者可以被估计出来,那么用表 B10 的公式 20 就可以估计出想要的联合标准差。

[**例子**] 某项研究针对数学成绩这个因变量报告了增量值分析结果,将共同学习数学辅导项目与一个常规指导的比较组进行对照。增量的标准差为 6.34,前测值和后测值之间的相关系数为 0.65。使用公式 20,因变项测量的后测标准差可估计为:

$$s_{pooled} = \frac{s_{gain}}{\sqrt{2(1-r)}} = \frac{6.34}{\sqrt{2(1-0.65)}} = 7.58$$

来自另一个研究的标准差。某些情况下我们可能从另外一项研究中获得一个特定测量的标准差估计值,在该项研究中,此测量所面对的样本要与我们关注的样本非常相似。换句话说,如果两项研究使用同样的测量并且有可比的样本,那么一项研究中的某个特定变量的标准差可用于计算另一项研究的效应值。

二分化的数据

如果一个测量只有两种可能的值,如"成功"与"不成功",或"及格"与"不及格",那么该测量就称为二分测量。研究者也可以对一个多项量表进行二分化处理,用一个特定的分割点将对象一分为二,分为高于和低于该点的两组。例如,一项关于焦虑的治疗效果的研究可能根据焦虑量表上的某个特定值,将所有回答者分为两组,在该值之上为"焦虑"组,之下为"不焦虑"组。对二分化数据的汇报常常是描述性的,一般报告每一类中的数字、百分比或比例。对于此类数据,某些研究也可能提供一个卡方检验或一个 phi 系数(相关系数)。下文将概括在各种条件下根据二分数据来估计 ES_{sm} 的方法。

频次、百分比和比例

对二分因变项测量的报告常常用到百分比、比例或频次。例如,病情好转的患者所占的百分比,违法者的再犯比例,或为下一年继续工作的雇员提供职业培训的人次。从此类数据中可以得到 ES_{sm} 的近似值,做法是用两个经过了 probit 转换或反正弦变换的比例值作减法运算(参见表 B10 中的公式 21 和公式 22)。相对于反正弦法而言,probit 法总是产生一个更大的 ES_{sm} 的绝对值,并假设在所测量的构项上有一个潜在的正态分布。作为 ES_{sm} 的一个估计值,如果构项不具备正态分布的形式,那么 probit 法和反正弦法就都有可能高估或者低估真实值。至于在何种条件下每种方法才有最佳的表现,这还不可得知,需要进一步研究。我们则倾向于使用比较保守的反正弦变换法。对于我们已进行了元分析的干预研究来说,用反正弦法得到的效应值与可从中直接计算出 ES_{sm} 的相似研究中得到的值比较一致。如果将 probit 法或反正弦变换法的效应值与基于均值和标准差的效应值相结合,就需要进行一次灵敏度分析,以便评估把用 probit 法或反正弦法估计的 ES_{sm} 值包含进来所产生的影响。

需要注意的是,只有代表**被试者**在每一类中所占比例的那些比例才适于这种 ES_{sm} 的估计方法。其他比例,如被试者处于治疗的**时间**的平均比例,就不能用这种方式处理。针对每个被试的一个时间量或时间比例,或者一些其他因素,尽管可称为"比例",但对效应值计算目的来讲,仍然是一个连续性变量而**不是**二分变量。换句话说,每个对象都要根据用来界定类别的诸多特征被分类地归为两组中的一组,只有在这些情况下的比例才是合格的。

[**例子**] 某项关于中风病人物理复原项目的研究提供的数据如下,该数据是关于处于治疗条件和控制条件下患者的百分比,并评价在治疗后得到的"改善"。

	未改善	改善
治疗	32%	68%
控制	37%	63%

治疗组成功的比例为 68/100 或 0.68。同样,控制组成功的比例为 63/100 或 0.63。由表 B14(本附录末尾)可得到与这些比例相应的反正弦变换值分别为 1.939 和 1.834。ES_{sm} 则是这些值的差,或 0.11,即

$$ES_{sm} = \arcsin e(0.68) - \arcsin e(0.63) = 1.939 - 1.834 = 0.11。$$

卡方检验

对两组之间在一个二分反应变量(dichotomous response variable)上的差的检验常常用一个针对 2×2 列联表的卡方检验法。如果某项研究只提供了卡方值而没有单元频次,则用表 B10 的公式 23 可计算 ES_{sm} 的近似值。需要注意的是,这个公式**仅**适用于基于一个 2×2 列联表的卡方值(即一个 χ^2 的自由度 $df=1$)。如果卡方的自由度大于 1,那么对 ES_{sm} 的估计就必须以前文描述的频次表为基础。同时也应注意,公式 23 产生的值永远为正数。所以,效应的方向应单独确定,并对 ES_{sm} 赋予正确的符号。

[**例子**] 已知 χ^2 值为 4.02,$df=1$(即一个 2×2 表),其中控制组($n=22$)比治疗组($n=18$)出现更多的成功,用公式 23,效应值是:

$$|ES_{sm}| = 2\sqrt{\frac{\chi^2}{N - \chi^2}} = 2\sqrt{\frac{4.02}{40 - 4.02}} = 0.67$$

所以　　　　　　　$ES_{sm} = -0.67$

卡方的精确概率

某项研究可能仅提供卡方检验的一个精确的 p 值,而没有给出相关的卡方值。用表 B16(本附录末)可查出与报告的 p 值相关的卡方值,若有需要可插值。然后,ES_{sm} 的计算与上述一样。

2 ×2 列联表的 phi 系数(r)

某项研究可能给出了组成员资格(治疗组与控制组,或两个自然产生的组)和一个二分因变量之间的相关系数。它被称为 phi 系数(phi coefficient),并且使用通常用于相关系数的同一个公式(表 B10 的公式 24),就可以很容易地把 phi 系数转换成一个近似的 ES_{sm}。该公式在代数上等价于上文讨论的卡方法(chi-square method)(公式 23)。但是效应值的方向(正号或负号)可能难以确定,因为它不仅取决于在因变项测量上高分"好"还是低分"好",还取决于组成员资格是怎样被编码的。在治疗干预研究中,相对于控制组来说,治疗组一般被赋予较高的值,如治疗组值为 1,控制组值为 0。有时候我们常常需要仔细阅读研究报告,以便确认在一项特定的研究中是否遵循了这一惯例。

　[例子]　已知组变量(治疗组 = 1,控制组 = 0)与二分变量"再次住院"(是 = 1,否 = 0)之间的相关系数 $r = 0.15$,总成员人数 $N = 50$(每组成员数 $n = 25$)。因为在因变项测量上的高分数是**不期望**出现的(意味着对象再次入院),而且在组成员资格变量(group membership variable)编码时赋予治疗组以高分值,那么所报告的**正**相关系数就意味着治疗效应为**负**,即治疗条件与较多的再次入院行为有关。使用公式 24 计算的 ES_{sm} 为:

$$|ES_{sm}| = \frac{2r}{\sqrt{1 - r^2}} = \frac{2 \times 0.15}{\sqrt{1 - 0.15^2}} = \frac{0.30}{0.989} = 0.30$$

所以　　　　　　　　　　$ES_{sm} = -0.30$

相关系数效应值

许多合格的相关系数元分析研究会直接将汇总数据报告为一个相关系数,这大大简化了编码进程。然而,还有一些研究可能用另一种形式来报告关注的构项之间的关系,如联合频次表、一个卡方值或均值和标准差(即在一个连续测量上对照两组)。使用本附录末尾的表 B11 中的诸多公式,可从这些研究中计算出相关系数。

表 B11 中的公式是围绕两个被测量的变量的性质来组织的,这两个变量之间的联系也被表现出来,开始的公式是针对"两个变量都是在连续量表上被测量(至少是多值的,有序的)"这种情况。接下来是有一个二分测量和一个连续测量的 ES_r 公式。最后是基于两个二分测量的 ES_r 公式。如果两个构项都具有内在的连续性,那么 ES_r 的理想指标也基于两个连续性测量的变量。然而,关于两个连续构项之间关系的研究也可能用二分的形式来测量其中一个或两个构项。例如,在一项有关在小学吸毒与在初中参与违法行为这两个连续构项之间关系的研究中,吸毒可以被二分地测量(吸毒/不吸毒),违法行为也可以被二分地测量(有前科/无前科)。回忆一下关于效应值修正(第 6 章)的讨论:对一个连续构项的二分化处理会减小观察到的相关系数的强度(在连续量表和二分量表上测量得到一些构项,对以这些构项为基础的多个效应值的组合,参见第 3 章的讨论)。因而,如果一项研究用连续形式和二分形式报告了同一组数据,那么前者要优于后者。换句话说,在其他条件不变的情况下,靠近表 B11 顶部的那些公式要优于靠近表底部的那些公式。

ES_r 在定义上的公式

表 B11 提供了皮尔逊积矩相关系数的标准计算公式(公式 1)。它是一个相关系数(ES_r)的典型定义,它的提供主要是用于参考的目的。一项研究很少提供应用这个公式所需的个体层次的数据。另外,如前所述,收集到的针对相关系数元分析的许多研究都会以相关系数或与之等价的公式为基础来直接报告 ES_r 值。

值得注意的是,尽管设计公式1(表 B11)是针对连续数据,它也可应用于一个或两个变量都是二分的数据,只要每个二分变量都已经被虚拟编码,即被编码为0和1的类。其结果将等于针对一个二分变量和一个连续变量(点二列相关系数)的公式2到公式6计算的结果,或等于针对两个二分变量(phi 系数)的公式8和公式9计算的结果。这样,所有这些公式在代数学意义上都等价于定义公式,尽管后面这些公式仅适用于有一个二分变量或两个二分变量的这种特定情况。

离散数据或分组连续数据的联合频次分布

两变量之间的关系可通过一个联合频次分布表示出来。例如,某项研究可能报告了表中每个单元的对象所占的百分比,该表是关于五年级学生的智商(定距地标记为正常水平以下、正常水平、正常水平以上这三组)与九年级时参与犯罪的活动(分类为无、较少参与和大量参与)之间的交互表。与使用分组数据的相关系数相比,我们更倾向于连续测量的智力与犯罪活动变量之间的相关系数。然而,某项研究可能仅提供了一个频次表。在这些情况下,可用表 B11 中的公式2估计出 ES_r。需要注意的是,对于适用于这种运算的,拥有三类或多类的某个变量来说,该变量在本质上必须至少是定序变量;也就是说,每个后续的类相对于前一个类而言,必须代表构项的一个较高(或较低)层次。在某些情况中,多个名义上的分类可以压缩成两个有意义的类,从而构建出一个二分变量。

[**例子**]　如表 B6 所示,这是一个 3×5 联合频次表,其数据给出了智商与行为失控之间的关系。为了使用表 B11 中的公式2,我们重新组织了数据,使得所有的频次都表现在一个单独的列中,还有一个单独的列表示行号和列号,如表 B7 所示,这样就可以计算出标明的乘积与总和。把表中的列总和代入公式2,ES_r 计算为:

$$ES_r = \frac{N\sum(frc) - \sum(fr)\sum(fc)}{\sqrt{\left[N\sum fr^2 - \left(\sum fr\right)^2\right]\left[N\sum fc^2 - \left(\sum fc\right)^2\right]}}$$

$$= \frac{571 \times 1\,591 - 811 \times 1\,049}{\sqrt{(571 \times 1\,377 - 811^2)(571 \times 2\,641 - 1\,049^2)}} = 0.252$$

表 B6

			行为失控				
			低				高
			1	2	3	4	5
智力	低于正常水平	1	247	62	33	24	8
	正常水平	2	50	44	40	14	6
	高于正常水平	3	18	6	11	4	4

表 B7

r	c	f	$f \times r \times c$	$f \times r$	$f \times c$	$f \times r^2$	$f \times c^2$
1	1	247	247	247	247	247	247
1	2	62	124	62	124	62	248
1	3	33	99	33	99	33	297
1	4	24	96	24	96	24	384
1	5	8	40	8	40	8	200
2	1	50	100	100	50	200	50
2	2	44	176	88	88	176	176
2	3	40	240	80	120	160	360
2	4	14	112	28	56	56	224
2	5	6	60	12	30	24	150
3	1	18	56	54	18	162	18
3	2	6	36	18	12	54	24
3	3	11	99	33	33	99	99
3	4	4	48	12	16	36	64
3	5	4	60	12	20	36	100
总计		571	1 591	811	1 049	1 377	2 641

一个二分测量和一个连续测量

　　对相关效应值的元分析涉及的许多研究很可能是关于一个二分测量与一个连续测量之间的相关。如果不提供一个相关系数,那么这样的研究会针对每一组,典型地用均值和标准差来报告数据,而每一组都用一个二分法,或用诸如 t 值或 F 比率这样的推断统计量来表现。例如,这些研究可能报告了男孩与女孩的数学成绩的均值和标准差。下文提供了在这些情况下计算 ES_r 的公式。

均值和标准差

　　使用表 B11 的公式 3 或公式 4,就可根据每一组二分变量的均值和标准差计算出一个二分变量与一个连续变量之间的相关系数。例如,假设有一项关于数学能力的性别差异的研究,该研究对一个数量相等的五年级男生与女生的样本的数学能力进行了测试,报告的男女生均值分别为 105.2 和 106.5。联合标准差为14.5(见表 B10 的公式 1)。使用表 B11 的公式 3,相关系数计算如下:

$$ES_r = \cfrac{\cfrac{\overline{X_1} - \overline{X_2}}{s_{pooled}}}{\sqrt{\left(\cfrac{(X_1 - X_2)}{s_{pooled}}\right)^2 + \cfrac{1}{p(1-p)}}}$$

$$= \cfrac{\cfrac{105.2 - 106.5}{14.5}}{\sqrt{\left(\cfrac{105.2 - 106.5}{14.5}\right)^2 + \cfrac{1}{0.5(1-0.5)}}} = -0.45$$

如果研究只报告了完全样本标准差而非每组的个体标准差,则用公式 4。

一个独立的 t 检验

针对独立组的 t 检验可用于检验组成员资格(比如性别)与一个因变项测量(如数学成绩)之间的关系强度。如果没有汇报均值和标准差,则使用表 B11 的公式 5 从对照组的 t 值和样本量中求出 ES_r。

[例子]　在一项关于酒精与暴力的效应的研究中,对于重度饮酒者($n = 25$)与轻度饮酒者($n = 52$)在巴斯攻击量表(Buss aggression inventory)上的均值比较报告了 $t = 0.57$,根据这些数据,ES_r 可计算为:

$$ES_r = \cfrac{t}{\sqrt{t^2 + n_1 + n_2 - 2}} = \cfrac{0.57}{\sqrt{0.57^2 + 25 + 52 - 2}} = 0.07$$

来自仅有两组的一元方差分析的一个 F 比率

与使用 t 值一样,使用表 B11 中的公式 6,也可以根据来自一元方差分析的组间对照的一个 F 比率计算出相关系数。F 比率必须代表关注的两组之间的对照,而且不能针对协变量修正。既然 F 比率永远是正值,那么公式 6 也产生正值。在对组成员资格进行了满意的编码的情况下,如果观察到的组成员资格与关注的变量之间的关系为负,那么 ES_r 的符号必须改变。

两个二分测量

2×2 列联表

两个二分变量之间的关系可以表现在一个 2×2 列联表中,ES_r 可用 phi 的标准公式(表 B11 的公式 7)来计算。例如,有一项关于酗酒与家庭暴力之间关系的研究,它以多对夫妇组合为样本,该研究报告了被诊断为酗酒的男性配偶的频次以及遭遇男性配偶实施暴力的夫妇组合的频次(表 B8)。将公式 7 运用到这组数据产生的 ES_r,如下:

$$ES_r = \frac{ad - bc}{\sqrt{(a + b)(c + d)(a + c)(b + d)}}$$

$$= \frac{30 \times 105 - 45 \times 20}{\sqrt{(30 + 45)(20 + 105)(30 + 20)(45 + 150)}} = 0.268$$

卡方

一些研究报告没有给读者提供一个 2×2 列联表，而只提供了一个表示两个二分变量之间关系的卡方值。若使用表 B11 的公式 8，可将一个以 2×2 列联表为基础的卡方值转换成 ES_r。公式 7 与公式 8 在代数上等价，即如果作为卡方基础的数据等同于公式 7 中所用的数据，那么公式 7 与公式 8 产生的 ES_r 相等。需要注意此公式中使用的卡方的自由度只能为 1。基于维度大于 2×2 的列联表(如 3×2 的列联表)的卡方就会有大于 1 的自由度，在这种情况下就不能将卡方值转换成一个相关系数。还应注意的是，因为卡方永远为正，此公式的结果也永远是正。编码者必须根据研究报告文本来确定相关系数的方向，并赋予正确的代数符号。

表 B8

	家庭暴力	无家庭暴力
诊断为酗酒	30	45
诊断未酗酒	20	105

近似值与概率值

很少有研究只给出一个相关系数的显著性水平(p)而不给出相关值本身。对两个连续变量之间的相关系数或一个连续变量与一个二分变量之间的相关系数来说，相关系数的概率水平是以 t 分布为基础的。为了从 p 中得到 ES_r，就需要从表 B13(本附录末)中找出与报告的 p 值和自由度($N - 2$)关联的 t 值。然后用表 B11 的公式 9 计算出 ES_r。例如，假设有一项研究报告了未成年人吸毒者与暴力侵犯行为无关($p = 0.18$)，样本量为 $N = 273$。通过表 B13，在自由度 $df = 271$，$p = 0.18$ 的情况下，t 的内插值为 1.355[①]。把这个值代入公式 9 可得 ES_r 如下。

---

① 由于自由度为 271，可把它归为表 B13 的最后一行，即属于"无穷"一类的情况。查该表可知，在 $p = 0.10$ 和 $p = 0.20$ 的情况下，自由度为"无穷"时双尾的 t 值分别为 1.645 和 1.282。在自由度 $df = 271$(约定它为"无穷")，$p = 0.18$ 的情况下，对应的 t 值可利用线性插值公式 $(t - 1.282)/(1.645 - 1.282) = (0.2 - 0.18)/(0.2 - 0.1)$ 求出，其值恰好约等于 1.355。另外，原文此处 ES_r 公式的分母为 $\sqrt{t^2 - df}$，实为 $\sqrt{t^2 + df}$。——译者注

$$ES_r = \frac{t}{\sqrt{t^2 - df}} = \frac{1.355}{\sqrt{1.355^2 + (273 - 2)}} = 0.08$$

基于两个二分变量的 ES_r 概率值是以卡方分布而非 t 分布为基础的。因此，为了确定以某个 p 值为基础的两个二分变量之间关系的 ES_r，就需查出与该 p 值和 $df = 1$ 相关联的卡方值，并使用表 B11 的公式 8。例如，与 $p = 0.18$ 和 $df = 1$ 相关的卡方值为 1.854[①]。采用公式 8 且 $N = 273$，ES_r 可计算如下。

$$|ES_r| = \sqrt{\frac{\chi^2}{N}} = \sqrt{\frac{1.854}{273}} = 0.08$$

我们使用了相同的 p 值和样本量，所以 ES_r 与上个例子得出的结果相等，这并不意外。这也大体上反映了所有这些公式之间的一个基本关系，尤其是反映了 t 分布与卡方分布之间的关系。

机率比效应值

对机率比的效应值可以直接编码。机率比以一个 2×2 列联表中的频次为基础，这样它就是实质上为二分的两个变量之间关系的一个指数。机率比的计算一般基于列联表的每一类（单元）中的人数。然而，机率比还可根据单元比例或行比例计算出来。如果 2×2 列联表的边缘分布已知，那么也可以从一个相关系数或一个卡方中推断出单元频次。下面我们将讨论上述每一种情况中的机率比的具体求法（见本附录末表 B12 的一系列公式列表）。

基于单元频次的计算

机率比效应值统计量的最简单的公式是以单元频次为基础的。假定针对某个新型不孕药效果的临床实验有两种治疗条件：一组成员服用了这种新

---

① 查一般的统计学教材中提供的卡方分布表(本书没有提供)可知，在自由度等于 1，$p = 0.10$ 和 $p = 0.20$ 的情况下，卡方分布的临界值分别为 2.706 和 1.642。在自由度为 1，$p = 0.18$ 的情况下，对应的卡方临界值同样可利用线性插值公式求出，经计算约等于 1.854。需要注意的是，在利用线性插值公式计算的时候，所利用的两个显著性水平值越接近于 $p = 0.18$，插值估计值越精确。——译者注

药;另一组仅服用了一种安慰剂,每一组治疗对象都是 30 人。研究发现表明,在治疗组中有 5 名妇女怀孕,而服用安慰剂的组仅有 2 名妇女怀孕。这些数据体现在表 B9 的 2×2 列联表中。需要注意的是,单元从左至右被标记为 a,b,c 和 d。用表 B12 的公式 1,机率比可计算如下:

$$ES_{OR} = \frac{ad}{bc} = \frac{5(28)}{25(2)} = 2.8$$

表 B9

	怀　孕		
	是	否	总计
新　药	$a = 5$	$b = 25$	30
安慰剂	$c = 2$	$d = 28$	30
总　计	7	53	60

基于行比例的计算

在上例中,数据也可能用每组内(即行)有成功结果的比例来表示,即 p_{G1} 和 p_{G2}。在上例中,p_{G1} 等于 5/30 或 0.167,p_{G2} 等于 2/30 或 0.067。把这些比例代入表 B12 的公式 2,产生的机率比和以单元频次为基础的公式的计算结果是一样的。

$$ES_{OR} = \frac{p_{G1}(1 - p_{G2})}{p_{G2}(1 - p_{G1})} = \frac{0.167(1 - 0.067)}{0.067(1 - 0.167)} = 2.8$$

基于单元比例的计算

用每个单元内被试的比例 p_a,p_b,p_c,p_d 也可计算机率比。这些比例是用单元频次除以总样本量(即所有四个单元频次之和)得到的。例如,用前文的数据,$p(a)$ 是 5/60 或 0.083。使用表 B12 的公式 3,前面数据的机率比计算结果还是 2.8。请注意这个公式与公式 1 之间具有相似性。

$$ES_{OR} = \frac{p_a p_d}{p_b p_c} = \frac{0.083(0.467)}{0.417(0.033)} = 2.8$$

从相关系数和边缘比例导出 2×2 列联表

两个二分变量间关系的研究可能用一个相关系数来报告研究发现,也可能不报告前述公式所需的原始频次、比例或百分比。使用相关系数和边缘比例,即 2×2 列联表的至少一行和一列中的被试的比例,就可推算出每个单元的频次。例如,假设已知表 B9 中数据的相关系数为 0.156,第一行中被试的比例 p_{r1} 是 30/60 或 0.5,第一列中被试的比例 p_{c1} 是 7/60 或 0.117,用表 B12 的公式 4 可计算出单元 a 的频次为 5。

$$a = N(p_{r1}p_{c1} + r\sqrt{p_{r1}p_{c1}(1 - p_{r1})(1 - p_{c1})})$$

$$a = 60(0.5(0.117) + 0.156 \times \sqrt{0.5(0.117)(1 - 0.5)(1 - 0.117)}) = 5$$

其他单元频次可通过减法获得。例如,单元 b 是 30(即 0.5×60)减去 5,即 25。单元 c 和 d 也可通过相似方法得出。在计算了各个单元频次后,用公式 1(表 B12)即可计算出机率比。

不巧的是,在实际中,诸多研究在报告边缘频次或比例的同时也会报告单元频次。然而,在某些情况下,估计边缘比例是比较合理的。估计值越接近 0.5,计算出来的机率比就越保守。

根据卡方和边缘比例导出 2×2 列联表

只要对表 B12 的公式 4 稍作改动,前文从一个相关系数推导出单元频次的步骤也适用于卡方。这时仍然需要有两个边缘比例或其合理的估计值。以上面的不孕治疗为例,卡方为 1.456,用公式 5 就可以求出第一个单元频次(a)如下:

$$a = N\left(p_{r1}p_{c1} + \sqrt{\frac{\chi^2 p_{r1}p_{c1}(1 - p_{r1})(1 - p_{c1})}{N}}\right)$$

$$a = 60 \times \left[0.5(0.117) + \sqrt{\frac{1.456(0.5)(0.117)(1 - 0.5)(1 - 0.117)}{60}}\right] = 5$$

从连续性数据中导出机率比

有时会出现这样的情况:有一个符合条件的研究子集可用于机率比元分析,这些研究是用一个连续因变项测量来比较各组的。例如,许多关于诊断实验的研究以二分形式汇报数据,如在诊断条件下测试的组均值和非诊断条件下测试的组均值。哈斯布莱德与赫奇斯(Hasselblad & Hedges, 1995)已经展示了怎样把标准化的均值差效应值转化成元分析的机率比(反之亦然)。

根据表 B12 中的公式 6,用 B10 中的任何一个公式计算出来的标准化均值差效应值都可以转换成一个等值的机率比(或对数机率比)。例如,假设用表 B10 的公式 1,以均值和标准差为基础计算出来的标准化均值差效应值为 0.32,那么利用表 B12 的公式 6 可计算出如下机率比。

$$ES_{OR} = e^{\left(\frac{\pi ES_{sm}}{\sqrt{3}}\right)} = e^{\left(\frac{(3.14) \times (0.32)}{\sqrt{3}}\right)} = e^{0.58} = 1.79$$

表 B10　根据一系列统计数据计算 ES_{sm} 的有用公式

公　式	所需数据与各项定义
ES_{sm} 的直接计算公式	
(1) $ES_{sm} = \dfrac{\bar{X}_2 - \bar{X}_1}{s_{pooled}}$; $s_{pooled} = \sqrt{\dfrac{(n_1 - 1)s_1^2 + (n_2 - 1)s_2^2}{n_1 + n_2 - 2}}$	每组的均值 ($\bar{X}$)、标准差 (s) 和样本量 (n)。
ES_{sm} 的代数上等价的公式	
(2) $ES_{sm} = t\sqrt{\dfrac{n_1 + n_2}{n_1 n_2}}$	每组的独立 t 检验 (t) 和样本量 (n)。
(3) $ES_{sm} = \dfrac{2t}{\sqrt{N}}$	独立 t 检验 (t) 和总样本量 (N)。假设 $n_1 = n_2$。
ES_{sm} 的直接计算公式	
(4) $\lvert ES_{sm} \rvert = \sqrt{\dfrac{F(n_1 + n_2)}{n_1 n_2}}$	一元方差分析的 F 比率 (F) 和每组的样本量 (n)。
(5) $\lvert ES_{sm} \rvert = 2\sqrt{\dfrac{F}{N}}$	一元方差分析的 F 比率 (F) 和总样本量 (N)。假设 $n_1 = n_2$。
t 值的精确概率水平	
(6) $t = IDF(p, df)$	根据表 B13 或者数据表或统计软件程序中的反分布函数 (IDF) 确定的一个 p 值和自由度 (df) 的 t 值。使用所得的结果与公式 3 一起计算出效应值。注意:$t^2 = F$。
从一个分组的频次分布中计算均值和标准差	
(7) $\bar{X} = \dfrac{\sum x_i f_i}{\sum f_i}$	一个变量 (x) 的每个层次 (i) 的频次计数 (f)。
(8) $s = \sqrt{\dfrac{(\sum f_i)(\sum x_i^2 f_i) - (\sum x_i f_i)^2}{(\sum f_i)^2}}$	一个变量 (x) 的每个层次 (i) 的频次计数 (f)。
基于连续数据的近似值	
(9) $ES_{sm} = \dfrac{2r}{\sqrt{1 - r^2}}$	组成员资格与因变量 (令各组成员都有 n 个) 之间的相关系数 (r)。

公　式	所需数据与各项定义
$(10)\ ES_{sm} = \dfrac{r}{\sqrt{(1-r^2)(p(1-p))}}$	组成员资格与因变量之间的相关系数(r)，以及总样本在两组之一中的比例(p)。

$\overline{X}_1 - \overline{X}_2$ 的估计值(ES_{sm} 的分子)

$(11)\ \overline{X}_1 - \overline{X}_2 \approx \Delta_1 - \Delta_2$	每组的均值增量(Δ)。
$(12)\ \overline{X}_1 - \overline{X}_2 \approx \overline{X}_{1\,\text{adjusted}} - \overline{X}_{2\,\text{adjusted}}$	每组的协变量或回归修正的均值($\overline{X}_{\text{adjusted}}$)。
$(13)\ \overline{X}_1 - \overline{X}_2 \approx B$	组成员资格的非标准化回归系数(B)。

s_{pooled} 的估计值(ES_{sm} 的分母)

$(14)\ s_{\text{pooled}} = \sqrt{\dfrac{s^2(N-1) - \dfrac{(\overline{X}_1^2 + \overline{X}_2^2 - 2\overline{X}_1\overline{X}_2)(n_1 n_2)}{(n_1+n_2)}}{N-1}}$	完全样本标准差(s)，组均值($\overline{X}$)，组样本量(n)和总样本量(N)。
$(15)\ s_{\text{pooled}} = \dfrac{\overline{X}_1 - \overline{X}_2}{t\sqrt{\dfrac{n_1+n_2}{n_1 n_2}}}$	每组的均值($\overline{X}$)、样本量(n)及相关的 t 值(t)。
$(16)\ s = se\sqrt{n-1}$	任意组的均值标准误(se)和样本量(n)。
$(17)\ s_{\text{pooled}} = \sqrt{\dfrac{MS_b}{F_{\text{oneway}}}}\ ;$ $MS_b = \dfrac{\sum n_j \overline{X}_j^2 - \dfrac{(\sum n_j \overline{X}_j)^2}{\sum n_j}}{k-1}$	k 组的一元方差分析(ANOVA)的 F 比率(F)，每组(j)的均值($\overline{X}$)和样本量(n)。
$(18)\ s_{\text{pooled}} = \sqrt{\dfrac{SS_B + SS_{AB} + SS_w}{df_b + df_{AB} + df_w}}$	因子(二因素)方差分析的平方和(SS)与自由度(df)。下角标代表因子(A 和 B)及组内或剩余项(w)。
$(19)\ s_{\text{pooled}} = \sqrt{\left(\dfrac{MS_{\text{error}}}{1-r^2}\right)\left(\dfrac{df_{\text{error}}-1}{df_{\text{error}}-2}\right)}$	均方误(MS_{error})和相关的自由度(df)，以及来自一元协方差分析(ANCOVA)的协变量与因变量之间的相关系数(r)。
$(20)\ s_{\text{pooled}} = \dfrac{s_{\text{gain}}}{\sqrt{2(1-r)}}$	增量的标准差及时间 1 的值与时间 2 的值之间的相关系数(r)。

基于二分数据的近似值

$(21)\ ES_{sm} = \text{probit}(p_1) - \text{probit}(p_2)$	每组成功比例(p)的 probit 变换(表 B15)。
$(22)\ ES_{sm} = \arcsin e(p_1) - \arcsin e(p_2)$	每组成功比例(p)的反正弦变换(表 B14)。
$(23)\ \lvert ES_{sm}\rvert = 2\sqrt{\dfrac{\chi^2}{N-\chi^2}}$	自由度为 1 的卡方(χ^2)和总样本量(N)。
$(24)\ \lvert ES_{sm}\rvert = \dfrac{2r}{\sqrt{1-r^2}}$	Phi 系数(r)。

表 B11　根据一系列统计数据计算 ES_r 的有用公式

公　式	所需数据与各项定义
r—类效应值的原型或定义	每个变量(x 和 y)的个体层次
(1) $ES_r = \dfrac{N\sum x_i y_i - \sum x_i \sum y_i}{\sqrt{[N\sum x_i^2 - (\sum x_i)^2][N\sum y_i^2 - (\sum y_i)^2]}}$	数据和总样本量(N)。这是皮尔逊积矩相关系数的标准计算公式。
联合频次或列联表	一个 $k \times j$ 表的单元频次 f,其中
(2) $ES_r = \dfrac{N\sum (f \cdot r \cdot c) - \sum (f \cdot r) \sum (f \cdot c)}{\sqrt{[N\sum f \cdot r^2 - (\sum f \cdot r)^2][N\sum f \cdot c^2 - (\sum f \cdot c)^2]}}$	k 或 j 大于 2。N 是总样本量,r 和 c 分别是与每个 f 关联的表的行号与列号。
一个二分测度和一个连续测度(点二列相关系数 r)	因变项测量的联合标准差 s_{pooled},每组的均值($\overline{X}$)和样本
(3) $ES_r = \dfrac{\dfrac{\overline{X}_1 - \overline{X}_2}{s_{pooled}}}{\sqrt{\left(\dfrac{\overline{X}_1 - \overline{X}_2}{s_{pooled}}\right)^2 + \dfrac{1}{p(1-p)}}}$	量(n),全部样本在两组之一中的比例(p)。 因变项测量的完全样本标准差 (s),每组的均值($\overline{X}$)和样本量
(4) $ES_r = \dfrac{(\overline{X}_1 - \overline{X}_2)\sqrt{p(1-p)}}{s}$	(n),全部样本在两组之一中的比例(p)。
(5) $ES_r = \dfrac{t}{\sqrt{t^2 + n_1 + n_2 - 2}}$	独立的 t 检验(t)和每组的样本量(n)。
(6) $|ES_r| = \dfrac{\sqrt{F}}{\sqrt{F + n_1 + n_2 - 2}}$	一元方差分析的 F 比率(F)和每组的样本量(n)。
两个二分变量(2×2 列联表)	2×2 列联表的单元频次($a,b,$
(7) $ES_r = \dfrac{(ad - bc)}{\sqrt{(a+b)^①(c+d)(a+c)(b+d)}}$	c,d)。 自由度为 1 的卡方(χ^2)和总样
(8) $|ES_r| = \sqrt{\dfrac{\chi^2}{N}}$	本量(N)。
r 的显著性检验	检验 r 的统计显著性的 t 值
(9) $ES_r = \dfrac{t}{\sqrt{t^2 + df}}$	(t)。如果针对 r 报告了精确的 p,则用表 B13 或数据表程序中的反分布函数来确定 t。

①　此处原书为 a_b,应为 $a + b$。——译者注

表 B12　根据一系列统计数据计算 ES_{OR} 的有用公式

公 式	所需数据与各项定义
2×2 列联表的单元频次 （1）$ES_{OR} = \dfrac{ad}{bc}$	2×2 列联表的单元频次，记为 a, b, c, d。
行比例或组比例 （2）$ES_{OR} = \dfrac{p_1(1 - p_2)}{p_2(1 - p_1)}$	每组（或条件）下有成功（满意）的结果之人的比例（p）。
2×2 列联表的单元比例 （3）$ES_{OR} = \dfrac{p_a p_d}{p_b p_c}$	2×2 列联表中每个单元（a, b, c, d）的单元比例（p），该比例等于单元频次除以总样本量。
根据一个相关系数导出单元频次 （4） $a = N\left(p_{r1}p_{c1} + r\sqrt{p_{r1}p_{c1}(1 - p_{r1})(1 - p_{c1})}\right)$ $b = Np_{r1} - a$ $c = Np_{c1} - a$ $d = N - (a + b + c)$	2×2 列联表的相关系数（r），总样本量（N），第一行的边缘比（p_{r1}）和第一列的边缘比（p_{c1}）。
根据一个卡方导出单元频次 （5） $a = N\left[p_{r1}p_{c1} + \sqrt{\dfrac{\chi^2 p_{r1}p_{c1}(1 - p_{r1})(1 - p_{c1})}{N}}\right]$ $b = Np_{r1} - a$ $c = Np_{c1} - a$ $d = N - (a + b + c)$	2×2 列联表的卡方值（χ^{2}[①]），总样本量（N），第一行的边缘比（p_{r1}）和第一列的边缘比（p_{c1}）。
来自连续因变项测量的机率比的等值 （6）$ES_{OR} = e^{\left(\frac{\pi ES_{sm}}{\sqrt{3}}\right)}$	ES_{sm} 来自表 B10 中任意一个公式，$\pi = 3.14$，e 等于自然对数。

[①]　原文此处为 r，实际应为 χ^2。——译者注

表 B13　根据自由度和 p 值确定 t 分布的双尾 t 值

自由度	p 值(双尾)								
	0.80	0.50	0.20	0.10	0.05	0.02	0.01	0.002	0.001
1	0.325	1.000	3.078	6.314	12.706	31.821	63.657	318.309	636.621
2	0.289	0.816	1.886	2.920	4.303	6.965	9.925	22.327	31.599
3	0.277	0.765	1.638	2.353	3.128	4.541	5.841	10.215	12.924
4	0.271	0.741	1.533	2.132	2.776	3.747	4.604	7.173	8.610
5	0.267	0.727	1.476	2.015	2.571	3.365	4.032	5.893	6.869
6	0.265	0.718	1.440	1.943	2.447	3.143	3.707	5.208	5.959
7	0.263	0.711	1.415	1.895	2.365	2.998	3.499	4.785	5.408
8	0.262	0.706	1.397	1.860	2.306	2.896	3.355	4.501	5.041
9	0.261	0.703	1.383	1.833	2.262	2.821	3.250	4.297	4.781
10	0.260	0.700	1.372	1.812	2.228	2.764	3.169	4.144	4.587
11	0.260	0.697	1.363	1.796	2.201	2.718	3.106	4.025	4.437
12	0.259	0.695	1.356	1.782	2.179	2.681	3.055	3.930	4.318
13	0.259	0.694	1.350	1.771	2.160	2.650	3.012	3.852	4.221
14	0.258	0.692	1.345	1.761	2.145	2.624	2.977	3.787	4.140
15	0.258	0.691	1.341	1.753	2.131	2.602	2.947	3.733	4.073
16	0.258	0.690	1.337	1.746	2.120	2.583	2.921	3.686	4.015
17	0.257	0.689	1.333	1.740	2.110	2.567	2.898	3.646	3.965
18	0.257	0.688	1.330	1.734	2.101	2.552	2.878	3.610	3.922
19	0.257	0.688	1.328	1.729	2.093	2.539	2.861	3.579	3.883
20	0.257	0.687	1.325	1.725	2.086	2.528	2.845	3.552	3.850
21	0.257	0.686	1.323	1.721	2.080	2.518	2.831	3.527	3.819
22	0.256	0.686	1.321	1.717	2.074	2.508	2.819	3.505	3.792
23	0.256	0.685	1.319	1.714	2.069	2.500	2.807	3.485	3.768
24	0.256	0.685	1.318	1.711	2.064	2.492	2.797	3.467	3.745
25	0.256	0.684	1.316	1.708	2.060	2.485	2.787	3.450	3.725
26	0.256	0.684	1.315	1.706	2.056	2.479	2.779	3.435	3.707
27	0.256	0.684	1.314	1.703	2.052	2.473	2.771	3.421	3.690
28	0.256	0.683	1.313	1.701	2.048	2.467	2.763	3.408	3.674
29	0.256	0.683	1.311	1.699	2.045	2.462	2.756	3.396	3.659
30	0.256	0.683	1.310	1.697	2.042	2.457	2.750	3.385	3.646
40	0.255	0.681	1.303	1.684	2.021	2.423	2.704	3.307	3.551
60	0.254	0.679	1.296	1.671	2.000	2.390	2.660	3.232	3.460
120	0.254	0.677	1.289	1.658	1.980	2.358	2.617	3.160	3.373
∞	0.253	0.674	1.282	1.645	1.960	2.326	2.576	3.090	3.291

来源:利用 Windows SPSS 6.0 版本由计算机生成。

表 B14 比例(p)的反正弦变换(ϕ)

p	ϕ	p	ϕ	p	ϕ	p	ϕ
0.00	0.000	0.25	1.047	0.50	1.571	0.75	2.094
0.01	0.200	0.26	1.070	0.51	1.591	0.76	2.118
0.02	0.284	0.27	1.093	0.52	1.611	0.77	2.141
0.03	0.348	0.28	1.115	0.53	1.631	0.78	2.165
0.04	0.403	0.29	1.137	0.54	1.651	0.79	2.190
0.05	0.451	0.30	1.159	0.55	1.671	0.80	2.214
0.06	0.495	0.31	1.181	0.56	1.691	0.81	2.240
0.07	0.536	0.32	1.203	0.57	1.711	0.82	2.265
0.08	0.574	0.33	1.224	0.58	1.731	0.83	2.292
0.09	0.609	0.34	1.245	0.59	1.752	0.84	2.319
0.10	0.644	0.35	1.266	0.60	1.772	0.85	2.346
0.11	0.676	0.36	1.287	0.61	1.793	0.86	2.375
0.12	0.707	0.37	1.308	0.62	1.813	0.87	2.404
0.13	0.738	0.38	1.328	0.63	1.834	0.88	2.434
0.14	0.767	0.39	1.349	0.64	1.855	0.89	2.465
0.15	0.795	0.40	1.369	0.65	1.875	0.90	2.498
0.16	0.823	0.41	1.390	0.66	1.897	0.91	2.532
0.17	0.850	0.42	1.410	0.67	1.918	0.92	2.568
0.18	0.876	0.43	1.430	0.68	1.939	0.93	2.606
0.19	0.902	0.44	1.451	0.69	1.961	0.94	2.647
0.20	0.927	0.45	1.471	0.70	1.982	0.95	2.691
0.21	0.952	0.46	1.491	0.71	2.004	0.96	2.739
0.22	0.976	0.47	1.511	0.72	2.026	0.97	2.793
0.23	1.000	0.48	1.531	0.73	2.049	0.98	2.858
0.24	1.024	0.49	1.551	0.74	2.071	0.99	2.941
						1.00	3.142

来源:利用 Windows SPSS 6.0 版本由计算机生成。

$\phi = 2 \times \arcsin e(\sqrt{p})$ 。

表 B15 比例(p)的 probit 转换(z)

p	z	p	z	p	z	p	z
0.01	−2.326	0.26	−0.643	0.51	0.025	0.76	0.706
0.02	−2.054	0.27	−0.613	0.52	0.050	0.77	0.739
0.03	−1.881	0.28	−0.583	0.53	0.075	0.78	0.772
0.04	−1.751	0.29	−0.553	0.54	0.100	0.79	0.806
0.05	−1.645	0.30	−0.524	0.55	0.126	0.80	0.842
0.06	−1.555	0.31	−0.496	0.56	0.151	0.81	0.878
0.07	−1.476	0.32	−0.468	0.57	0.176	0.82	0.915
0.08	−1.405	0.33	−0.440	0.58	0.202	0.83	0.954
0.09	−1.341	0.34	−0.412	0.59	0.228	0.84	0.994
0.10	−1.282	0.35	−0.385	0.60	0.253	0.85	1.036

续表

p	z	p	z	p	z	p	z
0.11	-1.227	0.36	-0.358	0.61	0.279	0.86	1.080
0.12	-1.175	0.37	-0.332	0.62	0.305	0.87	1.126
0.13	-1.126	0.38	-0.305	0.63	0.332	0.88	1.175
0.14	-1.080	0.39	-0.279	0.64	0.358	0.89	1.227
0.15	-1.036	0.40	-0.253	0.65	0.385	0.90	1.282
0.16	-0.994	0.41	-0.228	0.66	0.412	0.91	1.341
0.17	-0.954	0.42	-0.202	0.67	0.440	0.92	1.405
0.18	-0.915	0.43 [1]	-0.176	0.68	0.468	0.93	1.476
0.19	-0.878	0.44	-0.151	0.69	0.496	0.94	1.555
0.20	-0.842	0.45	-0.126	0.70	0.524	0.95	1.645
0.21	-0.806	0.46	-0.100	0.71	0.553	0.96	1.751
0.22	-0.772	0.47	-0.075	0.72	0.583	0.97	1.881
0.23	-0.739	0.48	-0.050	0.73	0.613	0.98	2.054
0.24	-0.706	0.49	-0.025	0.74	0.643	0.99	2.326
0.25	-0.674	0.50	0.000	0.75	0.674		

来源:利用 Windows SPSS 6.0 版本由计算机生成。

表 B16   自由度为 1 的卡方临界值

p 值(右尾)	χ^2
0.99	0.000 2
0.98	0.000 6
0.95	0.004
0.90	0.016
0.80	0.06
0.70	0.15
0.50	0.45
0.30	1.07
0.20	1.64
0.10	2.71
0.05	3.84
0.02	5.41
0.01	6.63
0.001	10.83

来源:利用 Windows SPSS 6.0 版本由计算机生成。

---

[1] 原文此处与下面的"0.44"调换了,疑有误。——译者注

微软 Excel 效应值计算程序

  戴维·威尔逊(David Wilson)用微软公司的 Excel 数据表(spreadsheet)设计了一种效应值计算程序,该程序可从互联网上获得。尽管该数据表是用视窗(Windows)版本的 Excel 软件设计的,它也可以在苹果机(Macintosh)版本的 Excel 软件中运行。

  该程序既可用来计算标准化的均值差效应值,也可计算相关系数,它所依据的一系列统计资料常常可以在已经出版的研究中得到(也可参见 Shadish, Robinson and Lu, 1999)。然而需要注意的是,该程序并不分析效应值;它仅仅是在对诸项研究编码时起辅助作用的一种工具。参见图 C1。

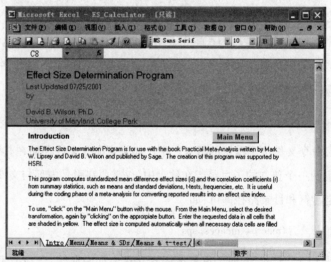

图 C1　MS Excel 效应值确定程序[①]

[①]　原文的标题行(即上图中最上面二行)都是英文,转换成译者电脑中的中文 Excel 后自动变成了中文,其余仍然为英文。——译者注

进行元分析的 SPSS 宏指令

　　下面有三个用 6.1 版本 SPSS/Win 编写的宏命令（Macros）（也可在新版本中执行）。这些宏命令是通用的，可对第 3 章讨论的任何类型的效应值进行分析。在使用过程中，每个宏命令都需要用一种字处理程序或文本编辑器键入一个独立的文件之中，并被存储为一个有恰当名字的 ASCII 码文件（DOS 文件），如 MEANES. SPS，METAF. SPS 或 METAREG. SPS。也可以从互联网上获得这些命令。在该网址上你也可以发现每一种宏命令的变化，它们是专为不同的效应值测量，如标准化的均值差、相关系数和机率比等编写的。这三个宏命令在 SAS 和 STATA 统计软件中运行的版本也存在。

　　使用宏命令的一般程序首先是在 SPSS 中启动宏命令。这需要用"include"语句来执行。例如，为了启动在名为 MEANES. SPS 的文件中的宏命令 MEANES，需要执行如下 SPSS 语句命令：

　　Include 'meanes. sps'.

它假定宏命令文件位于默认的目录之中。如果宏命令文件存储在其他目录，如在 C 盘的一个独立的子目录或在软盘中，仅需要在引号内部与文件名一起具体指定盘符和目录路径即可，如

　　Include 'c:/macros/meanes. sps'.

一旦启动了一个宏命令，即可重复运用它并在内存中存储，直到关闭或退出 SPSS 程序。我们发现，在某些计算机中，同一时间只可以保存两个宏命令。如果你已经启动了两个或多个宏命令，并且在执行最后启动的宏命令时发现大量的错误，那么需要重新启动 SPSS，并且把你的 SPSS 宏命令只限定在一

个或两个。如果在指定宏命令语句时出现失误,也会产生大量的错误和警告信息。

当退出 SPSS 的时候,宏命令即从内存中移出,在下一次运行 SPSS 的时候必须重新启动。这些宏命令并没有内置 SPSS 命令(build-in SPSS commands)的稳定性,因此我们建议在使用一个宏命令之前把你的资料文件保存起来。

SPSS 宏命令:MEANES. SPS

```
*------------------------------------
*' Macro for SPSS/Win Version 6.1 or Higher
*' Written by David B. Wilson ( dwilson@crim. umd. edu)
*' Meta-Analyzes Any Type of Effect Size
*' To use, initialize macro with the include statement:
*' INCLUDE " [ drive] [ path] MEANES. SPS" .
*' Syntax for macro:
*' MEANES ES = varname /W = varname /PRINT = option .
*' E. g. , MEANES ES = D /W = IVWEIGHT .
*' In this example, D is the name of the effect size variable
*' and IVWEIGHT is the name of the inverse variance weight
*' variable.   Replace D and INVWEIGHT with the appropriate
*' variable names for your data set.
*' /PRINT has the options " EXP" and " IVZR".   The former
*' prints the exponent of the results ( odds-ratios) and
*' the latter prints the inverse Zr transform of the
*' results.   If the /PRINT statement is omitted, the
*' results are printed in their raw form.
*------------------------------------
preserve
set printback = off
define meanes ( es = ! charend('/') /w = ! charend('/')
   /print = ! default('RAW') ! charend('/'))
preserve
set printback = off mprint = off

*------------------------------------
* Enter matrix mode and get data from active file
*------------------------------------
matrix
get x /file */variables = ! es ! w /missing omit

*------------------------------------
* Compute variables needed to calculate results
*------------------------------------
compute k = nrow(x) .
compute es = make(k,1, -99) .
compute es(1:k,1) = x(1:k,1) .
compute w = make(k,1, -99) .
compute w(1:k,1) = x(1:k,2) .
release x .

*------------------------------------
* Compute random effect variance component and new weight
*------------------------------------
compute c = ( ( csum( ( es&**2) &*w) - csum( es&*w)**2/csum( w)) - ( k -1))
   /( csum( w) - csum( w&**2)/csum( w)) .
do if ( c < 0) .
. compute c = 0 .
end if .
compute w_re = 1/( c + (1/w)) .

*------------------------------------
* Calculate summary statistics
*------------------------------------
```

```
compute df      = k - 1 .
compute mes     = csum(es&*w)   /csum(w) .
compute mes_re  = csum(es&*w_re)/csum(w_re) .
compute sem     = sqrt(1/csum(w)) .
compute semre   = sqrt(1/csum(w_re)) .
compute les     = mes - 1.95996*sem .
compute ues     = mes +   1.95996*sem .
compute les_re  = mes_re - 1.95996*semre .
compute ues_re  = mes_re + 1.95996*semre .
compute q       = csum((es**2)&*w) - csum(es&*w)**2/csum(w) .
do if ( df > 0 ) .
.   compute p   = 1 - chicdf(q,df) .
end if .
compute z   = mes/sem .
compute z_re  = mes_re/semre .
compute pz      = (1 - cdfnorm(abs(z)))*2 .
compute pz_re = (1 - cdfnorm(abs(z_re)))*2 .
compute sd = sqrt(q*csum(w)**-1) .


*--------------------------------
* Transform Output if Requested
*--------------------------------
! IF ( ! print ! eq 'EXP' ! ! print ! eq 'exp' ! ! print ! eq 'Exp') ! THEN .
compute mes = exp(mes) .
compute les = exp(les) .
compute ues = exp(ues) .
compute mes_re = exp(mes_re) .
compute les_re = exp(les_re) .
compute ues_re = exp(ues_re) .
compute sem = -9.9999 .
compute semre = -9.9999 .
! IFEND .

! IF ( ! print ! eq 'IVZR' ! ! print ! eq 'ivzr' ! ! print ! eq 'Ivzr'
    ! ! print ! eq 'IvZr') ! THEN .
compute mes = (exp(2*mes) - 1)/(exp(2*mes) + 1) .
compute les = (exp(2*les) - 1)/(exp(2*les) + 1) .
compute ues = (exp(2*ues) - 1)/(exp(2*ues) + 1) .
compute mes_re = (exp(2*mes_re) - 1)/(exp(2*mes_re) + 1) .
compute les_re = (exp(2*les_re) - 1)/(exp(2*les_re) + 1) .
compute ues_re = (exp(2*ues_re) - 1)/(exp(2*ues_re) + 1) .
compute sem = -9.9999 .
compute semre = -9.9999 .
! IFEND .


*--------------------------------
* Create Output Matrices
*--------------------------------
compute table1 = make(1,4, -99) .
compute table1(1,1) = k .
compute table1(1,2) = mmin(es) .
compute table1(1,3) = mmax(es) .
compute table1(1,4) = sd .

compute table2 = make(2,6, -99) .
compute table2(1,1) = mes .
compute table2(1,2) = les .
compute table2(1,3) = ues .
compute table2(1,4) = sem .
compute table2(1,5) = z .
compute table2(1,6) = pz .
compute table2(2,1) = mes_re .
compute table2(2,2) = les_re .
compute table2(2,3) = ues_re .
compute table2(2,4) = semre .
compute table2(2,5) = z_re .
compute table2(2,6) = pz_re .

compute table3 = make(1,3, -99) .
compute table3(1,1) = q .
compute table3(1,2) = df .
compute table3(1,3) = p .

*--------------------------------
* Print summary statistics
```

```
*---------------------------------
print /title '*****  Meta – Analytic Results  *****'.
print table1
    /title' -------Distribution Description' +
    ' _____'
    /clabel " N" " Min ES" " Max ES" " Wghtd SD"
    /format f11.3 .
print table2
    /title' -------Fixed & Random Effects Model' +
    ' _____'
    /clabel " Mean ES" " -95%CI" " +95%CI" " SE" " Z" " P"
    /rlabel " Fixed" " Random"
    /format f9.4 .
print c
    /title ' -------Random Effects Variance Component' +
    ' _____'
    /rlabel 'v      =' /format f10.6 .
print table3
    /title ' -------Homogeneity Analysis' +
    ' _____'
    /clabel " Q" " df" " p"
    /format f11.4 .
print
    /title 'Random effects v estimated via noniterative' +
    ' method of moments.' .
! IF (! print ! eq 'EXP'I! print ! eq 'exp'I! print ! eq 'Exp') ! THEN .
print
    /title 'Mean ES and 95% CI are the exponent of the' +
    ' computed values ( Odds – Ratios).' .
! IFEND .
! IF (! print ! eq 'IVZR'I! print ! eq 'ivzr'I! print ! eq 'Ivzr' I
    ! print ! eq 'IvZr') ! THEN .
print
    /title 'Mean ES and 95% CI are the inverse Fisher Zr' +
    ' of the computed values (r).' .
! IFEND .
end matrix .

*---------------------------------
* Restore settings and exit.
*---------------------------------
restore
! enddefine
restore
```

SPSS 宏命令 : METAF. SPS

```
*---------------------------------
*' SPSS/Win 6.1 or Higher Macro – – Written by David B. Wilson
*' Meta-Analysis Analog to the Oneway ANOVA for any type of ES
*' To use, initialize macro with the include statement:
*' INCLUDE " [ drive] [ path]METAF. SPS" .
*' Syntax for macro:
*' METAF ES = varname /W = varname /GROUP = varname /MODEL = option .
*' Where ES is the effect size, W is the inverse variance
*' weight, GROUP is the numeric categorical independent variable
*' and MODEL is either FE for a fixed effects model, MM for
*' a random effects model estimated via the method of moments,
*' ML is a random effects model estimated via iterative maximum likelihood,
*' and REML is a random effects model estimated via iterative restricted
*'maximum likelihood. If " /MODEL" is omitted, FE is the default.
*' /PRINT has the options " EXP" and " IVZR".  The former
*' prints the exponent of the results ( odds-ratios) and
*' the latter prints the inverse Zr transform of the
*' results.   If the /PRINT statement is omitted, the
*' results are printed in their raw form.

*' example:
*'
*' metaf es = effct /w = invweght /group = txvar1
*'    /model = fe .
*'
*---------------------------------
```

```
preserve
set printback = off
define metaf ( es = ! charend('/')
  /w = ! charend('/') /group = ! charend('/')
  /model = ! default('FE') ! charend('/')
  /print = ! default('RAW') ! charend('/'))
preserve
set printback = off mprint off

*_____
* Enter matrix mode
*_____

sort cases by ! group
matrix

*_____
*  Get data from active file
*_____

get data /file */variables = ! es ! w ! group /missing omit

*_____
*  Create vectors and matrices
*_____.

compute es  = data(1:nrow(data),1).
compute w  = data(1:nrow(data),2).
compute v  = (w&**-1).
compute grp  = data(1:nrow(data),3).
compute x  = design(grp).
compute p  = make(1,ncol(x),1).
compute k  = make(1,nrow(x),1).
compute group = inv(T(x)*x)*T(x)*grp.
release data.

*_____
*  Recompute weights for random effects models
*   Method of moments
*_____.
! IF (! model ! eq 'MM'!! model ! eq 'mm'!! model ! eq 'ML'!
   ! model ! eq 'ml'!! model ! eq 'REML'!! model ! eq 'reml') ! THEN.
compute xwx  = T(x&*(w*p))*x.
compute B    = inv(xwx)*T(x&*(w*p))*es.
compute qw   = csum(es&*w&*es) - T(B)*xwx*B.
compute c  = (qw-(nrow(es) -ncol(x)))/
    csum(w - rsum((x&*(w*p)*inv(T(x&*(w*p))*x))&*x&*(w*p))).
do if c<0.
+ compute c = 0.
end if.
compute w    = 1/(v +c).
! IFEND.

! IF (! model ! eq 'ML' ! ! model ! eq 'ml'!! model ! eq 'REML'!
   ! model ! eq 'reml') ! THEN.
compute c2 = c.
loop l =1 to 100.
. compute loops = l.
. compute c = c2.
. compute w = 1/(v + c).
. compute xw = x&*(w*p).
. compute xwx = T(xw)*x.
. compute B = inv(xwx)*T(xw)*es.
. compute r = es -x*B.
. compute c2 = csum(w&**2&*(r&**2 - v))/csum(w&**2).
. do if c2 <0.
. compute c2 = 0.
. end if.
end loop if abs(c2 -c) <.0000000001.
compute c = c2.
compute w = 1/(v + c).
compute se_c = sqrt(2/csum(w&**2)).
! IFEND.

! IF (! model ! eq 'REML' ! ! model ! eq 'reml') ! THEN.
compute c = c2*(nrow(es)*inv(nrow(es) -ncol(x))).
compute w = 1/(v + c).
compute se_c = sqrt(2/csum(w&**2)).
```

```
! IFEND .

*--------------------------------
*  Compute Statistics
*--------------------------------
compute means = T(T(T(x&*(w*p))*es)*inv(T(x&*(w*p))*x)) .
compute grpns = diag(T(x)*x) .
compute q =  T(x&*(w*p))*(es&**2) -T(T((T(x&*(w*p))*es)&**2)*inv(T(x&*(w*p))*x)) .
compute qt = csum(es&**2&*w) - csum(es&*w)**2/csum(w) .
compute qw = csum(q) .
compute qb = qt - qw .
compute dfb = ncol(x) -1 .
compute dfw = nrow(es) -ncol(x) .
compute dft = nrow(es) -1 .
compute se = sqrt(diag(inv(T(x&*(w*p))*x))) .
compute zvalues = means&/se .
compute pz = (1 -cdfnorm(abs(zvalues)))*2 .
compute lmeans = means -se*1.96 .
compute umeans = means + se*1.96 .
compute gmean = csum(es&*w)/csum(w) .
compute segmean = sqrt(1/csum(w)) .
compute pq = make(ncol(x),1, -9) .
loop i = 1 to ncol(x) .
+    compute pq(i,1) = 1 - chicdf(q(i,1),grpns(i,1) -1) .
end loop .

*--------------------------------
*  Create results matrices
*--------------------------------
compute qtable = make(3,3, -999) .
compute qtable(1,1) = qb .
compute qtable(2,1) = qw .
compute qtable(3,1) = qt .
compute qtable(1,2) = dfb .
compute qtable(2,2) = dfw .
compute qtable(3,2) = dft .
compute qtable(1,3) = 1 - chicdf(qb,dfb) .
compute qtable(2,3) = 1 - chicdf(qw,dfw) .
compute qtable(3,3) = 1 - chicdf(qt,dft) .

compute ttable = make(1,7, -9) .
compute ttable(1,1) = gmean .
compute ttable(1,2) = segmean .
compute ttable(1,3) = gmean - segmean*1.96 .
compute ttable(1,4) = gmean + segmean*1.96 .
compute ttable(1,5) = gmean/segmean .
compute ttable(1,6) = (1 - cdfnorm(abs(gmean/segmean)))*2 .
compute ttable(1,7) = nrow(es) .

! IF (! print ! eq 'EXP'|! print ! eq 'exp'|! print ! eq 'Exp') ! THEN .
compute ttable(1,1) = exp(gmean) .
compute ttable(1,3) = exp(gmean - segmean*1.96) .
compute ttable(1,4) = exp(gmean + segmean*1.96) .
! IFEND .

! IF (! print ! eq 'IVZR'|! print ! eq 'ivzr'|! print ! eq 'Ivzr' |! print ! eq 'IvZr') ! THEN .
compute ttable(1,1) = (exp(2*gmean) -1)/(exp(2*gmean) +1) .
compute ttable(1,2) = -9.9999 .
compute ttable(1,3) = (exp(2*(gmean - segmean*1.96)) -1)/(exp(2*(gmean-segmean*1.96)) +1) .
compute ttable(1,4) = (exp(2*(gmean + segmean*1.96)) -1)/(exp(2*(gmean + segmean*1.96)) +1) .
! IFEND .

compute mtable = make(ncol(x),8, -9) .
compute mtable(1:ncol(x),1) = group .
compute mtable(1:ncol(x),2) = means .
compute mtable(1:ncol(x),3) = se .
compute mtable(1:ncol(x),4) = lmeans .
compute mtable(1:ncol(x),5) = umeans .
compute mtable(1:ncol(x),6) = zvalues .
compute mtable(1:ncol(x),7) = pz .
compute mtable(1:ncol(x),8) = grpns .

! IF (! print ! eq 'EXP'|! print ! eq 'exp'|! print ! eq 'Exp') ! THEN .
compute mtable(1:ncol(x),2) = exp(means) .
compute mtable(1:ncol(x),4) = exp(lmeans) .
```

```
compute mtable(1:ncol(x),5) = exp(umeans) .
! IFEND .

! IF (! print ! eq 'IVZR' I! print ! eq 'ivzr' I! print ! eq 'Ivzr' I! print ! eq 'IvZr') ! THEN .
compute mtable(1:ncol(x),2) = (exp(2*means) -1)/(exp(2*means) +1) .
compute mtable(1:ncol(x),3) = -9.9999*T(p) .
compute mtable(1:ncol(x),4) = (exp(2*lmeans) -1)/(exp(2*lmeans) +1) .
compute mtable(1:ncol(x),5) = (exp(2*umeans) -1)/(exp(2*umeans) +1) .
! IFEND .

compute qwtable = make(ncol(x),4, -99) .
compute qwtable(1:ncol(x),1) = group .
compute qwtable(1:ncol(x),2) = q .
compute qwtable(1:ncol(x),3) = grpns - 1 .
compute qwtable(1:ncol(x),4) = pq .

*---------------------------------
*   Print Results
*---------------------------------
print
  /title " *****   Inverse Variance Weighted Oneway ANOVA   ***** " .
! IF (! model ! eq 'ML' I ! model ! eq 'ml' I! model ! eq 'MM' I
     ! model ! eq 'mm' ) ! THEN .
print /title " *****   Mixed Effects Model   ***** " .
! ELSE
print /title " *****   Fixed Effects Model via OLS   ***** " .
! IFEND .

print qtable /format f12.4
  /title  " - - - - - - - Analog ANOVA table (Homogeneity Q)  --------"
  /clabel "Q" "df" "p"
  /rlabel "Between" "Within" "Total" .
print qwtable /format f8.4
  /title  " --------Q by Group --------"
  /clabel "Group" "Q" "df" "p" .
print ttable /format f8.4
  /title  " --------Effect Size Results Total   --------"
  /clabel "Mean ES" "SE" " -95%CI" " +95%CI" "Z" "P" "N"
  /rlabel " Total" .
print mtable /format f8.4
  /title  " --------Effect Size Results by Group --------"
  /clabel "Group" "Mean ES" "SE" " -95%CI" " +95%CI" "Z" "P" "N" .

! IF (! model ! eq 'MM' I! model ! eq 'mm') ! THEN .
 print c
   /title  ' --------Method of Moments Random Effects' +
   ' Variance Component --------'
   /rlabel "v    ="
   /format f8.5 .
! IFEND .
! IF (! model ! eq 'ML' I ! model ! eq 'ml') ! THEN .
+ compute mlc    = make(2,1, -999) .
+ compute mlc(1,1) = c .
+ compute mlc(2,1) = se_c .
+ print mlc
   /title  ' --------Maximum Likelihood Random Effects' +
   ' Variance Component --------'
   /rlabel "v   =" "se(v)  ="
   /format f8.5 .
! IFEND .
! IF (! model ! eq 'REML' I ! model ! eq 'reml') ! THEN .
+ compute mlc    = make(2,1, -999) .
+ compute mlc(1,1) = c .
+ compute mlc(2,1) = se_c .
+ print mlc
   /title  " --------Restricted Maximum Likelihood Random" +
   " Effects Variance Component --------"
   /rlabel "v   =" "se(v)  ="
   /format f8.5 .
! IFEND .

! IF (! print ! eq 'EXP' I! print ! eq 'exp' I! print ! eq 'Exp') ! THEN .
print
   /title 'Mean ESs and 95% CIs are the exponent of the' +
   ' computed values (Odds - Ratios).' .
```

```
! IFEND .
! IF (! print ! eq 'IVZR' !! print ! eq 'ivzr' !! print ! eq 'Ivzr' !
    ! print ! eq 'IvZr') ! THEN .
print
   /title 'Mean ESs and 95% CIs are the inverse Fisher' +
   ' Zr of the computed values (r).' .
! IFEND .

*_____
* End matrix mode
*_____
end matrix

*_____
* Restore settings and exit
*_____
restore
! enddefine
restore
```

SPSS 宏命令:METAREG. SPS

```
*_____
*' SPSS/Win 6.1 or Higher Macro – – Written by David B. Wilson
*' Meta-Analysis Modified Weighted Multiple Regression for
*' any type of effect size
*' To use, initialize macro with the include statement:
*' INCLUDE " [drive][path]METAREG. SPS" .
*' Syntax for macro:
*' METAREG ES = varname /W = varname /IVS = varlist
*'      /MODEL = option /PRINT = option .
*' Where ES is the effect size variable, W is the inverse
*' variance weight, IVS is the list of independent variables
*' and MODEL is either FE for a fixed effects model, MM for
*' a random effects model estimated via the method of moments,
*' ML and REML are random effects models estimated via iterative maximum likelihood,
*' the latter using restricted maximum likelihood. If /MODEL is omitted, FE is the
*' default.   The /PRINT subcommand has the option EXP and
*' if specified will print the exponent of the B coefficient
*' (the odds-ratio) rather than beta. If /PRINT is omitted,
*' beta is printed.
*' Example:
*/
*' metareg es = effct /w = invweght /ivs = txvar1 txvar2
*'      /model = fe .
*/

*_____
preserve
set printback = off
define metareg (es = ! charend('/')
  /w = ! charend('/') /ivs = ! charend('/')
  /model = ! default('FE') ! charend('/')
  /print = ! default('RAW') ! charend('/'))
preserve
set printback = off mprint off

*_____
* Enter matrix mode
*_____
matrix

*_____
*  Get data from active file
*_____
get data /file * /variables = ! es ! w ! ivs /missing omit

*_____
*  Create vectors and matrices
*_____
compute es = data(1:nrow(data),1) .
compute w = data(1:nrow(data),2) .
compute x = make(nrow(data),ncol(data) –1,1) .
do if ncol(data) >3 .
```

```
+ compute x (1:nrow(data),2:(ncol(data)-1)) =
            data(1:nrow(data),3:(ncol(data))).
+ else if ncol(data) =3 .
+ compute x(1:nrow(data),2) =data(1:nrow(data),3).
end if .
compute p  = make(1,ncol(x),1) .
compute k  = make(1,nrow(x),1) .
compute v  = (w&**-1) .
release data .


* -----------------------------------
*   Recompute weights for random effects models
*   Method of moments
* -----------------------------------.
! IF (! model ! eq 'MM'! ! model ! eq 'mm'! ! model ! eq 'ML'!
    ! model ! eq 'ml'! ! model ! eq 'REML'! ! model ! eq 'reml') ! THEN .
compute xwx = T(x&*(w*p))*x .
compute B    = inv(xwx)*T(x&*(w*p))*es .
compute qe  = csum(es&*w&*es) - T(B)*xwx*B .
compute c  = (qe -(nrow(es) -ncol(x)))/
      csum(w -rsum((x&*(w*p))*inv(T(x&*(w*p))*x))&*x&*(w*p))) .
do if c<0 .
+ compute c = 0 .
end if .
compute w    = 1/(v +c) .
! IFEND .

! IF (! model ! eq 'ML' ! ! model ! eq 'ml'! ! model ! eq 'REML'!
    ! model ! eq 'reml') ! THEN .
compute c2 = c .
loop l =1 to 200 .
. compute loops = l .
. compute c = c2 .
. compute w = 1/(v + c) .
. compute xw = x&*(w*p) .
. compute xwx = T(xw)*x .
. compute B = inv(xwx)*T(xw)*es .
. compute r = es -x*B .
. compute c2 = csum(w&**2&*(r&**2 -v))/csum(w&**2) .
. do if c2 <0 .
. compute c2 = 0 .
. end if .
end loop if abs(c2 -c) <.0000000001 .
compute c = c2 .
compute w = 1/(v + c) .
compute se_c = sqrt(2/csum(w&**2)) .
! IFEND .

! IF (! model ! eq 'REML' ! ! model ! eq 'reml') ! THEN .
compute c = c2*(nrow(es)*inv(nrow(es) -ncol(x))) .
compute w = 1/(v + c) .
compute se_c = sqrt(2/csum(w&**2)) .
! IFEND .

*-----------------------------------
*   Compute Final Model
*-----------------------------------.
compute xw = x&*(w*p) .
compute xwx = T(xw)*x .
compute B  = inv(xwx)*T(xw)*es .


*-----------------------------------
*   Compute Homogeneity Q for each B, for the fit of the
*   regression and for the residuals
*-----------------------------------.
compute meanes = csum(es&*w)/csum(w) .
compute q  = csum((meanes-es)&*(meanes-es)&*w) .
compute qe = csum(es&*w&*es) -T(B)*xwx*B .
compute qr = q -qe .
compute dfe = nrow(es) -ncol(x) .
compute dfr = ncol(x) -1 .
compute dft = nrow(es) -1 .
compute pe = 1 -chicdf(qe,dfe) .
compute pr = 1 -chicdf(qr,dfr) .
compute se  = sqrt(diag(inv(xwx))) .
```

```
compute zvalues = B&/se .
compute pvalues = (1 - cdfnorm(abs(zvalues)))*2 .
compute lowerB = B - se*1.96 .
compute upperB = B + se*1.96 .

* _____
*  Compute standardized coefficients (betas)
* _____
compute d = x - T(T(csum(x&*(w*p)))*k)&/csum(w) .
compute sx = sqrt(diag(T(d&*(w*p))*d&/csum(w))) .
compute sy = sqrt(q/csum(w)) .
compute beta = (B&*sx)&/sy .
compute r2 = qr/(qr + qe) .
! IF (! print ! eq 'EXP'!! print ! eq 'exp'!! print ! eq 'Exp') ! THEN .
compute beta = exp(B) .
! IFEND .

* _____
*  Create results matrices
* _____
compute homog = make(3,3, -999) .
compute homog(1,1) = qr .
compute homog(1,2) = dfr .
compute homog(1,3) = pr .
compute homog(2,1) = qe .
compute homog(2,2) = dfe .
compute homog(2,3) = pe .
compute homog(3,1) = q .
compute homog(3,2) = dft .
compute homog(3,3) = 1 - chicdf(q,dft) .

compute keep = make(ncol(x),7, -999) .
compute keep(1:ncol(x),1) = B .
compute keep(1:ncol(x),2) = se .
compute keep(1:ncol(x),3) = lowerB .
compute keep(1:ncol(x),4) = upperB .
compute keep(1:ncol(x),5) = zvalues .
compute keep(1:ncol(x),6) = pvalues .
compute keep(1:ncol(x),7) = beta .

compute descrpt = make(1,3, -999) .
compute descrpt(1,1) = meanes .
compute descrpt(1,2) = r2 .
compute descrpt(1,3) = nrow(es) .

* _____
*  Print Results
* _____
print
/title " ***** Inverse Variance Weighted Regression  ***** "
! IF (! model ! eq 'ML' ! ! model ! eq 'ml'!! model ! eq 'MM'!
      ! model ! eq 'mm') ! THEN .
print
/title " ***** Random Intercept, Fixed Slopes Model  ***** " .
! ELSE
print
/title " ***** Fixed Effects Model via OLS  ***** " .
! IFEND .

print descrpt /title " --------Descriptives --------"
   /clabel " Mean ES" " R-Squared" " N"
   /format f12.4 .
print homog /title " --------Homogeneity Analysis --------"
   /clabel "Q" " df" " p"
   /rlabel " Model" " Residual" " Total"
   /format f12.4 .
! IF (! print ! eq 'EXP'!! print ! eq 'exp'!! print ! eq 'Exp') ! THEN .
print keep /title " --------Regression Coefficients --------"
      /clabel " B"   " SE" " -95% CI" " +95% CI" " Z" " P" " EXP(B)"
      /rlabel " Constant" ! ivs
      /format f8.4 .
! ELSE
print keep /title " --------Regression Coefficients --------"
      /clabel " B"   " SE" " -95% CI" " +95% CI" " Z" " P" " Beta"
      /rlabel " Constant" ! ivs
```

```
      /format f8.4 .
! IFEND .

! IF ( ! model ! eq 'MM' ! ! model ! eq 'mm' ) ! THEN .
print c
   /title    " --------Method of Moments Random Effects Variance" +
   " Component --------"
   /rlabel " v        ="
   /format f8.5 .
! IFEND .
! IF ( ! model ! eq 'ML' ! ! model ! eq 'ml' ) ! THEN .
+ compute mlc       = make(2,1, -999) .
+ compute mlc(1,1) = c .
+ compute mlc(2,1) = se_c .
+ print mlc
   /title    " --------Maximum Likelihood Random Effects" +
   " Variance Component --------"
   /rlabel " v        =" " se(v)    ="
   /format f8.5 .
! IFEND .
! IF ( ! model ! eq 'REML' ! ! model ! eq 'reml' ) ! THEN .
+ compute mlc       = make(2,1, -999) .
+ compute mlc(1,1) = c .
+ compute mlc(2,1) = se_c .
+ print mlc
   /title    " --------Restricted Maximum Likelihood Random" +
   " Effects Variance Component --------"
   /rlabel " v        =" " se(v)    ="
   /format f8.5 .
! IFEND .

* ----------------------------------
* End matrix mode
* ----------------------------------
end matrix

* ----------------------------------
* Restore settings and exit
  ----------------------------------
restore
! enddefine
restore
```

未成年触法者挑战项目元分析实例的编码手册和编码表

研究层次的编码手册

文献目录出处:用(近似)APA 格式(APA form)①撰写一个完整的引文。

1. 研究的标识码(ID number)。赋予每项研究一个唯一的标识码。如果一项报告给出了两项独立的研究,例如拥有不同参与者的两个独立的研究成果,那么在研究的 ID 码上加入一个小数,以便区分在一个报告中出现的每一项研究,并分别对每个独立的研究进行编码。

2. 该报告属于哪一类出版物? 如果用两个独立的报告对单个研究编码,则对比较正式出版的报告(如书或期刊论文)进行编码。

   1 书　　　　　　　　　　　　4 技术报告

   2 期刊论文或书中的章节　　　5 会议论文

   3 硕士或博士论文　　　　　　6 其他(需要指定)

3. 出版年代(最后两个数字,如果不知道则用 99 代替)? 如果用两个独立的报告来对单项研究编码,则对比较正式出版的报告的年份进行编码。

样本描述项

4. 样本的平均年龄。在干预开始之时需要指定大概的或精确的样本平均年龄。对现有的最佳信息进行编码;如有必要可根据各个年级水平来估计平

---

① APA 格式是社会科学领域学术期刊经常采用的论文规范格式,美国心理协会(American Psychological Association,APA)出版一本关于该格式的完整手册,其中对书目的写作与引用有详细的介绍。本手册的中文版《APA 格式:国际社会科学学术写作规范手册》已由重庆大学出版社出版。——译者注

均年龄。如果不能确定平均年龄，则输入"99.99"。

5. 主要种族。选择能够最好地描述样本种族构成的编码。

　　1 60%以上为白人　　　　　4 60%以上为其他少数民族

　　2 60%以上为黑人　　　　　5 种族混合，任何种族都不超过60%

　　3 60%以上为拉丁美洲裔人　6 种族混合，无法估计比例

　　9 不知道

6. 样本的主要性别。选择能够最好地描述样本中男性所占比例的编码。

　　1 男性少于5%　　　　　　　4 50%到95%为男性

　　2 5%到50%为男性　　　　　5 大于95%为男性

　　3 50%为男性　　　　　　　9 不知道

7. 选择能够最好地描述在治疗开始之时未成年人触法风险的主要等级的编码。

　　01 无触法的"正常"孩子（没有证据表明有执法接触、未成年人司法接触
　　　　或非法行为）

　　02 有风险因素的未违法未成年人[没有证据表明有执法接触、未成年人
　　　　司法接触或非法行为等，但是存在一些风险因素，如贫困、家庭问题、
　　　　学校行为问题、格卢克量表值（Glueck scale scores）、教师治疗安排
　　　　（teacher referrals）等]

　　03 有触法前科的孩子，偶尔接触警察[没有正式的缓刑或法庭接触、自
　　　　我汇报较少的触法、偶尔涉及毒品、交通违章和身份违法①（status
　　　　offenses）等]

　　04 犯罪、缓刑或判决

　　05 制度化的、非青少年的司法机构

　　06 制度化的、青少年的司法机构

　　07 混合的（无犯罪的和犯罪前科的）

　　08 混合的（犯罪前科的和犯罪的）

　　09 混合的（全部）

---

① 在我国，没有像"身份违法"（status offenses）这样的法律术语。身份违法是指只有未成年人
　才有可能构成的违法或犯罪，包括逃学、小偷小摸、恶意破坏、离家出走、吸烟、饮酒、不服从
　管教、猥亵等。——译者注

99 不知道

研究设计描述项

8. 分配给各项条件的单位。所选择的编码要能够最好地描述分配给治疗组和控制组的单位。

1 未成年人个人   3 项目领域、区域等

2 教室,专业场地   9 不知道

9. 分配给各项条件的类型。所选择的编码要能够最好地描述被试者是如何被分配到治疗组和控制组中的。

1 在配对、分层、分块等之后随机处理   4 非随机,其他

2 简单随机(也包括系统抽样)   5 其他(需要指定)

3 非随机,事后配组(post hoc matching)   9 不知道

10. 关于对象如何被分配的判断的总可信等级

1 很低(缺少根据)   3 中等(弱推断)

2 低(猜测)   4 高(强推断)

5 很高(明确陈述)

11. 在前测中是否检验了各组的同类性?

1 是   2 否

12. 如果检验了,前测的差是多少。注意:"重要的"差异意味着在多个变量或一个主要变量上出现差异,或者重大差异;所谓主要变量指的是那些很可能与触法有关的变量,如触法史或反社会行为、触法风险、性别、年龄、种族、社会经济地位(SES)等。在一个结果变量上出现的前测差异可作为重要项来编码。

1 差异可忽略,判断不重要

2 有一些差异,判断具有一定重要性

3 有一些差异,判断重要

13. 总样本量(研究之初)

14. 治疗组样本量(研究之初)

15. 控制组样本量(研究之初)

治疗描述项的性质

16. 治疗的类型或导向,表明该项目的主要治疗类型。在报告中找到明确提及的治疗技术,或从关于群体治疗期间的描述中推断出这种技术。参阅项目描述论文以确定治疗类型。如果该项目所用的治疗类型多于一个,则指明最居于治疗核心的一类。如果你在两个类型间无法定夺,则在"其他"类别中二者都需要指明。如果没有明确涉及治疗类型,把它编码为实验的类型即可。

    1 实验疗法　　　　　　　　4 惩罚性疗法

    2 认知—行为疗法　　　　　8 其他组合(需要指定)

    3 领悟治疗法(insight therapy)

17. 活动的类型。指明挑战项目是自然的项目(例如户外攀岩、漂流)、人造的项目(绳索项目,户内攀墙),还是二者兼而有之。

    1 自然的　　　　　2 人造的　　　　　3 二者兼而有之

18. 该项目主要是一种挑战类型的治疗吗?如果治疗完全涉及或主要涉及挑战活动,包括利用个体的或群体的治疗技术的野外挑战项目,则编码为"是"。找到其他主要治疗的明确陈述;这些项目将被编码为"否"。如果项目参与者花费大量时间做非挑战性的活动,这样的项目也被编码为"否"。

    1 是　　　　　　　　　　2 否

19. 项目是否在野外环境下发生。如果在户外发生,即使参与者宿营在小屋或其他建筑物内,也要编码为"是"。如果活动发生在室内或在人造装置内发生,则编码为"否"。

    1 是　　　　　　　　　　2 否

20. 它是否为一个居住性项目?如果参与者在项目期间连续在家外居住,则编码为"是"。把周末宿营和校外项目编码为"否"。

    1 是　　　　　　　　　　2 否

21. 治疗持续的周数(缺失值为999)。以周计数的从第一次治疗到最后一次治疗持续的大约(或精确)时间,不包括已指定的后续跟进(用天数表示,需要除以7,四舍五入;用月数表示需要乘以4.3,四舍五入)。必要时进行估计。

22. 治疗的密度

　1 密度低,例如低空绳索(low rope courses),"信任倒"①(trust falls)

　2

　3

　4 例如,高空绳索(high rope courses)、徒步旅行(day hikes)、室内活动

　5 攀爬,木屋野营(cabin camping)等

　6

　7

　8 高密度,如激浪漂流(whitewater rafting),背包旅行

23. 控制组的性质

　01 没有得到任何控制;没有证据表明得到任何治疗或关注;可能仍然在校或者在缓刑期等,但这对于所界定的治疗策略或病人总体来说是次要的。

　02 候选名单(wait list);被耽搁的治疗控制等;接触受到申请、审查、前测、后测等的限制。

　03 最少的接触;指导,受理面谈(intake interview)②等,但不是候选名单。

　04 常规治疗,学校情境;在学校情境中控制组得到常规治疗而没有得到特定的激励(该激励构成了所关注的治疗);这指的是在实验组和控制组的常规框架下发生的治疗,不过在实验组中加入了一些因素。

　05 常规治疗,缓刑;控制组得到的是常规的缓刑治疗,而没有得到特定的激励(该激励构成了所关注的治疗);这指的是治疗在实验组和控制组的常规框架下发生的,只不过在实验组中加入了一些因素。

---

① 可在一个标准平台上进行可控的"倒地",落入监护者的怀里。为了增加挑战性,可利用较高的平台(如2米高台),此时要用多名监护人接住挑战者。——译者注

② 受理面谈(intake interview)也称为预备咨询,是指对前来心理咨询的人所存在的心理问题及对此可能给予的心理援助进行判定的、正式咨询前的谈话。对怀有各种心理问题而前来求询的来访者来说,咨询机关能否为其咨询,如果能提供咨询并帮助其解决所存在的心理问题的话,那么需要制订怎样的咨询计划,由谁来承担来访者的心理咨询才比较合适,这些都属于受理面谈过程需要解决的问题。——译者注

06 常规治疗，制度环境；在制度环境中控制组得到常规的治疗而没有特定的激励（该激励构成了所关注的治疗）；这指的治疗是在实验组和控制组的常规框架下发生的，只不过在实验组中加入了一些因素。

07 常规治疗，其他（需要指定）。

08 注意力安慰剂，例如控制组被讨论，关注或者得到故意的、削弱的治疗。

09 治疗因素安慰剂；除了所界定的、被认为是关键成分的因素之外，控制组得到有目标的治疗。

10 另类对待；控制实际上不是控制，而是另外一类治疗（不是常规的治疗）这类治疗是为了与所关注的治疗作比较；如果另类治疗是被作为一个对照项设计的，并期望它不会有太好的表现（如稻草人一样），那么控制组才是合格的。

99 不知道。

24. 对控制组性质的判断的总可信等级

1 很低（缺少根据）　　　　　　4 高（强推断）

2 低（猜测）　　　　　　　　　5 很高（明确陈述）

3 中等（弱推断）

效应值层次的编码手册

对于每个效应值来说，应对下面的所有项目编码。要注意，不同的研究将包含不同数目的效应值，因而拥有不同数目的效应值层次的数据编码格式。

1. 研究 ID 码。即一项研究的标识码（Identification number），根据它对起始位置值①(offset size) 编码。

2. 效应值码。赋予每一项研究中每个效应值一个独特数字。把一项研究中的多个效应值按次序排列,如 1,2,3,4 等。

因变项测量描述项

3. 效应值的类型。如果在各组之间加以比较的一些测量(包括诸如性别、种族这样的风险因素)先于干预而存在,那么就把效应值作为一个前测比较(pretest comparison) 来编码。后测的效应值是在干预之下最先得到报告的组间比较。例如,如果在挑战项目 6 个月后再犯是最早的后治疗再犯测量,那么应该把它作为后测比较来编码。对在将来的某些时间点上测量得到的任何效应值编码作为后续比较。(注意,该例子数据库仅包括后测比较效应值。)

　1 前测比较,包括一些风险因素(如性别、种族等)

　2 后测比较

　3 后续比较

4. 以周计数的前测触法测量持续的大约(或精确)的时间。这意味着所关注的触法发生的时间段。利用周数,四舍五入到最近的整数(用天数除以 7 得到周数,用月数乘以 4.3 也得到周数,如果涉及整个前历史,则编码为 888)。

5. 结果构项的类型。

1 触法—反社会行为	4 自尊—自我观念
2 人际关系技巧	5 其他心理测量
3 控制点	6 其他(指定)

6. 结果描述项。写入关于结果变量的一个描述中。

7. 社会期望回应偏差。这个测度在多大程度上易于受到社会期望回应偏差的影响,要对此进行等级评价。在连续统的一端是根据客观的程序进行测

---

① 我们可以在同一个原始设备上建立多个数据存储块。通过定义数据存储块的参数 Offset 和 Size(其单位为 KB),我们可以在同一个磁盘上定义多个数据存储块。参数 Offset 定义数据存储块的起始位置,参数 Size 定义数据存储块的大小,用户在设置参数 Offset 和 Size 时必须保证在物理磁盘上没有相互覆盖。——译者注

量,并被公正的他者来管理,如出其不意的随机毒品检验。在连续统的另一端是未成年人向权威在其之上的人所作的汇报。

1 可能性极小

2

3

4

5

6

7 可能性极大

8 不适用

效应值数据

8. 效应值所依据的数据类型。

   1 均值和标准差   4 频次或比例,二分的

   2 t 值或 F 值   5 频次或比例,多值的

   3 卡方值(自由度等于1)   6 其他(指定)

9. 效应值数据得以发现的页码。

10. 初始差值倾向于哪组(即在哪组表现出较多的成功)?

   1 治疗组   3 控制组

   2 哪组也不是(恰好相等) 9 不可确定或仅仅汇报在统计上不显著的情况

当报告了或者可以估计出均值和标准差时:

11a. 治疗组的样本量(用相应的数字写出来)。

11b. 控制组的样本量(用相应的数字写出来)。

12a. 治疗组的均值(如果存在,用均值写出来)。

12b. 控制组的均值(如果存在,用均值写出来)。

13a. 治疗组的标准差(如果存在,用 sd 的值写出来)。

13b. 控制组的标准差(如果存在,用 sd 的值写出来)。

当报告了比例或频次,或可以估计出它们时:

14a. 有成功结果的治疗组的 n(用相应的数字写出来)。

14b. 有成功结果的控制组的 n（用相应的数字写出来）。

15a. 有成功结果的治疗组的比例（如果存在，用值写出来）。

15b. 有成功结果的控制组的比例（如果存在，用值写出来）。

当报告了显著性检验信息时：

16a. t 值（如果存在，用值写出来）。

16b. F 值（分子的自由度必须为1）（如果存在，用值写出来）。

16c. 卡方值（自由度等于1）（如果存在，用值写出来）。

计算效应值

17. 利用 Excel 效应值确定程序（参见附录 C）来确定效应值，或利用附录 B 勾勒的程序手工计算出效应值。用两位小数来汇报，前面要有一个代数符号：如果差异倾向于治疗，则用正号，如果差异倾向于控制，则用负号；无回答则用 +9.99。

18. 在效应值计算中的置信等级。

　　1 高估计（只有 N 和大约的 p 值，如 $p < 0.10$，并且必须通过大体近似的 t 检验值来重算）

　　2 适中估计（拥有复杂的但是相对完备的统计量作为估计的基础，如多因素方差分析）

　　3 一些估计（拥有非常规的统计量并且必须转换为对应的 t 值，或者拥有常规但不完备的统计量，如有准确的 p 水平）

　　4 少许估计（必须利用显著性检验统计量而非描述性统计量，但是拥有完备的常规类型的统计量）

　　5 没有估计（拥有描述性数据，如均值、标准差、频次、比例等，可以直接计算出效应值）

研究层次的编码表（括号内为变量）

文献目录出处：

— — — — 1. 研究的标识码［STUDYID］

—　　　　2. 出版物类型［PUBTYPE］

　　　　　1 书　　　　　　　　　　4 技术报告

　　　　　2 期刊文章或书中的章节　　5 会议论文

　　　　　3 硕博论文　　　　　　　6 其他(指定)

— —　　　3. 出版年代(最后两个数字,如果不知道则用 99 代替)

　　　　　［PUBYEAR］

样本描述项

— — —　4. 平均年龄［MEANAGE］

—　　　　5. 主要种族［RACE］

　　　　　1 >60% 为白人　　　　　5 混合的,不超过 60%

　　　　　2 >60% 为黑人　　　　　6 混合的,无法估计比例

　　　　　3 >60% 为拉丁美洲裔人　9 不知道

　　　　　4 >60% 为其他少数民族

—　　　　6. 主要性别［SEX］

　　　　　1 男性 <5%

　　　　　2 男性为 5% ~50%

　　　　　3 男性为 50%

　　　　　4 男性为 50% ~95%

　　　　　5 男性 >95%

　　　　　9 不知道

— —　　　7. 未成年人在治疗之初的触法风险［RISK］

　　　　　01 正常,没有触法

　　　　　02 没有触法,但有风险因素

　　　　　03 有触法前科,偶尔接触警察

　　　　　04 触法,缓刑或判决

　　　　　05 制度化的,非少年的司法机构

　　　　　06 制度化的,少年司法机构

　　　　　07 混合的(没有触法和触法前科)

　　　　　08 混合(触法前科和触法)

09 混合(全部)

99 不知道

研究设计描述项

— 　8.分配给条件的单位 [UNIT]

1 未成年人个人

2 教室,专业场地

3 项目领域,区域等

9 不知道

— 　9.分配条件的类型 [ASSIGN]

1 配对、分层、分块等之后进行随机处理

2 简单随机(也包括系统抽样)

3 非随机,事后配组

4 非随机,其他

5 其他_____

9 不知道

— 　10.在对象如何被分配的判断的总可信等级 [CRASSIGN]

1 很低(缺少根据)

2 低(猜测)

3 中等(弱推断)

4 高(强推断)

5 很高(明确陈述)

— 　11.在前测中是否检验了各组的同类性 [PREEQUIV]

1 是　　　　　　　2 否

— 　12.如果检验了,那么前测的差异 [PREDIFFS]。

1 差异可忽略,判断不重要

2 有一些差异,判断具有一定重要性

3 有一些差异,判断重要

— — — 　13.总样本量(研究之初) [TOTALN]

— — — 　14.治疗组的样本量(研究之初) [ORIG_TXN]

— — — 　15.控制组的样本量(研究之初) [ORIG_CGN]

治疗描述项的性质

— 16. 治疗的类型或导向 [TX_TYPE]

    1 实验疗法

    2 认知—行为疗法

    3 领悟治疗法

    4 惩罚疗法

    8 其他组合＿＿＿＿＿＿＿＿＿＿＿

— 17. 活动类型 [ACTIVITY]

    1 自然的   2 人工的   3 兼而有之

— 18. 主要是一种挑战类型的治疗吗? [THRUST]

    1 是   2 否

— 19. 发生在野外环境吗? [WILDNESS]

    1 是   2 否

— 20. 是居住性项目吗? [RESIDENT]

    1 是   2 否

— — — 21. 治疗持续的周数(缺失值 = 999) [DURATION]

— 22. 治疗的密度 [INTENSITY](1 = 低;8 = 高)

— — 23. 控制组的性质 [CMP_TYPE]

    01 没得到任何控制

    02 候选名单

    03 最少的接触

    04 常规治疗,学校情境

    05 常规治疗,缓刑

    06 常规治疗,制度环境

    07 常规治疗,其他

    08 注意力安慰剂

    09 治疗因素安慰剂

    10 其他治疗

    99 不知道

— 24. 总可信等级,控制组性质的评价等级 [CRCMPTYP]

    1 很低(缺少根据)

2 低(猜测)

3 中等(弱推断)

4 高(强推断)

5 很高(明确陈述)

效应值层次的编码表(括号内为变量名)

————1.研究的 ID 码 [STUDYID]

———— 2.效应值序列码 [ESNUM]

因变项测量描述项

— 3.效应值的类型 [ESTYPE]

1 前测比较

2 后测比较

3 后续比较

——— 4.前测触法测量跨越的周时间段 [TIMEDEL]

— 5.结果构项的类型 [OUTCOME]

1 触法-反社会行为

2 人际关系技巧

3 控制点

4 自尊-自我概念

5 其他心理测量

6 其他_____

6.结果描述项_____

— 7.社会期望回应偏差 [SOCDESIR]

(1 = 可能性极小;7 = 可能性极大;8 = 不适用)

效应值数据

— 8.效应值所依据的数据类型 [ESTYPE]

1 均值和标准差

2 t 值或 F 值

　　　　　　　　3 卡方值(自由度等于1)

　　　　　　　　4 频次或比例,二分的

　　　　　　　　5 频次或比例,多值的

　　　　　　　　6 其他_____

— — — — 9. 效应值数据得以发现的页码 [PAGENUM]

—　　　　10. 初始差值倾向于(即在哪组表现出较多的成功) [SUCCESS]

　　　　　　　1 治疗组

　　　　　　　2 哪组也不是(恰好相等)

　　　　　　　3 控制组

　　　　　　　9 不确定或仅汇报在统计上不显著的情况

样本量

— — —　　11a. 治疗组的样本量 [TXN]

— — —　　11b. 控制组的样本量 [CGN]

均值和标准差

— — — —　12a. 治疗组的均值 [TXMEAN]

— — — —　12b. 控制组的均值 [CGMEAN]

— — — —　13a. 治疗组的标准差 [TXSD]

— — — —　13b. 控制组的标准差 [CGSD]

比例或频次

— — — —　14a. 有成功结果的治疗组的 n [TXSUCCES]

— — — —　14b. 有成功结果的控制组的 n [CGSUCCES]

— — — —　15a. 有成功结果的治疗组的比例 [TXPROP]

— — — —　15b. 有成功结果的控制组的比例 [CGPROP]

显著性检验

— — — —　16a. t 值 [T_VALUE]

— — — —　16b. F 值(分子的自由度必须为1) [F_VALUE]

— — — —　16c. 卡方值(自由度等于1) [CHISQUAR]

计算效应值

— — — —　17. 效应值 [ES]

—　　　　18. 在效应值计算中的置信等级 [CR_ES]

　　　　　　　1 高估计

2 适中估计
3 某种估计
4 少许估计
5 没有估计

推荐阅读

Cook, T. D. , Cooper, H. , Cordray, D. S. , Hartmann, H. , Hedges, L. V. , Light, R. J. , Louis, T. A. , & Mosteller F. (1992). *Meta-analysis for explanation: A casebook.* New York: Russell Sage Foundation.

Cooper, H. (1998). *Synthesizing research: A guide for literature reviews.* (3d ed.). Thousand Oaks, CA: Sage.

Cooper, H. , & Hedges, L. V. (Eds.). (1994). *The handbook of research synthesis.* New York: Russell Sage Foundation.

Durlak, J. A. , & Lipsey, M. W. (1991). A practitioner's guide to meta-analysis. *American Journal of Community Psychology, 19,* 291-332.

Glass, G. V. (1976). Primary, secondary and meta-analysis of research. *Educational Researcher, 5,* 3-8.

Hedges, L. V. (1984). Advances in statistical methods for meta-analysis. *New Directions for Program Evaluation, 24,* 25-42.

Hedges, L. V. , & Olkin, I. (1985). *Statistical methods for meta-analysis.* Orlando, FL: Academic Press.

Hunter, J. E. , & Schmidt, F. L. (1990). *Methods of meta-analysis: Correcting error and bias in research findings.* Newbury Park, CA: Sage.

Overton, R. C. (1998). A comparison of fixed-effects and mixed (random-effects) models for meta-analysis tests of moderator variable effects. *Psychological Methods, 3,* 354-379.

Rosenthal, R. (1991). *Meta-analytic procedures for social research. Applied Social Research Methods Series* (Vol. 6). Thousand Oaks, CA: Sage.

Schmidt, F. L. (1992). What do data really mean? Research findings, meta-analysis, and cumulative knowledge in psychology. *American Psychologist, 47,* 1173-1181.

Sharpe, D. (1997). Of apples and oranges, file drawers and garbage: Why validity issues in meta-analysis will not go away. *Clinical Psychology Review, 17,* 881-901.

Slavin, R. E. (1986). Best-evidence synthesis: An alternative to meta-analytic and traditional reviews. *Educational Researcher, 15,* 5-11.

Wang, M. C. , & Bushman, B. J. (1999). *Integrating results through meta-analytic review using SAS software.* Cary, NC: SAS Institute.

参考文献

Alexander, R. A., Scozzaro, M. J., & Borodkin, L. J. (1989). Statistical and empirical examination of the chi-square test for homogeneity of correlations in meta-analysis. *Psychological Bulletin*, *106*, 329-331.

Bangert-Drowns, R. L., Wells-Parker, E., & Chevillard, I. (1997). Assessing the methodological quality of research in narrative reviews and meta-analyses. In K. J. Bryant, M. Windle, & S. G. West (Eds.). *The science of prevention: Methodological advances from alcohol and substance abuse research* (pp. 405-429). Washington, DC: American Psychological Association.

Becker, B. J. (1988). Synthesizing standardized mean-change measures. *British Journal of Mathematical and Statistical Psychology*, *41*, 257-278.

Becker, B. J. (1992). Models of science achievement: Forces affecting performance in school science. In T. D. Cook, H. Cooper, D. S. Cordray, H. Hartmann, L. V. Hedges, R. J. Light, T. A. Louis, & F. Mosteller (Eds.). *Meta-analysis for explanation: A casebook*. New York: Russell Sage Foundation.

Becker, B. J. (1994). Combining significance levels. In H. Cooper & L. V. Hedges (Eds.), *The handbook of research synthesis* (pp. 215-230). New York: Russell Sage Foundation.

Becker, G. (1996). The meta-analysis of factor analyses: An illustration based on the cumulation of correlation matrices. *Psychological Methods*, *1*, 341-353.

Begg, C. B. (1994). Publication bias. In H. Cooper & L. V. Hedges (Eds.), *The handbook of research synthesis* (pp. 399-409). New York: Russell Sage Foundation.

Berlin, J. A., Laird, N. M., Sacks, H. S., & Chalmers, T. C. (1989). A comparison of statistical methods for combining event rates from clinical trials. *Statistics in Medicine*, *8*, 141-151.

Borenstein, M. (2000). *Meta-analysis: Study database analyzer*. St. Paul, MN: Assessment Systems Corp. (Information available on the web at www. assess. com and www. meta-analysis. com).

Bozarth, J. D., & Roberts, R. R. (1972). Signifying significant significance. *American Psychologist*, *27*, 774-775.

Bradley, M. T., & Gupta, R. D. (1997). Estimating the effect of the file drawer problem in meta-analysis. *Perceptual and Motor Skills*, *85*, 719-722.

Bushman, B. J. (1994). Vote-counting procedures in meta-analysis. In H. Cooper & L. V. Hedges (Eds.). (1994). *The handbook of research synthesis* (pp. 193-213). New York: Russell Sage Foundation.

Bushman, B. J. & Wang, M. C. (1995). A procedure for combining sample correlation coefficients and vote counts to obtain an estimate and a confidence interval for the population correlation coefficient. *Psychological Bulletin*, *117*, 530-546.

Bushman, B. J. , & Wang, M. C. (1996). A procedure for combining sample standardized mean differences and vote counts to estimate the population standardized mean difference in fixed effects models. *Psychological Methods*, *1*, 66-80.

Cedar, B. , & Levant, R. F. (1990). A meta-analysis of the effects of parent effectiveness training. *American Journal of Family Therapy*, *47*, 373-384.

Chalmers, T. C. , Berrier, J. , Sack, H. S. , Levin, H. , Reitman, D. , & Nagalingam, R. (1987). Meta-analysis of clinical trials as a scientific discipline. *Statistics in Medicine*, *6*, 733-744.

Chalmers, T. C. , Smith, H. , Jr. , Blackburn, B. , Silverman, B. , Schroeder, B. , Reitman, D. , & Ambroz, A. (1981). A. method for assessing the quality of a randomized control trial. *Controlled Clinical Trials*, *2*, 31-49.

Cleary, R. J. , & Casella, G. (1997). An application of Gibbs sampling to estimation in meta-analysis: Accounting for publication bias. *Journal of Educational and Behavioral Statistics*, *22*, 141-154.

Cochrane Collaboration (2000). Review Manager (RevMan). Information available on the web at www. cochrane. org.

Cohen, J. (1977). *Statistical power analysis for the behavioral sciences* (Rev. ed.). New York: Academic Press.

Cohen, J. (1988). *Statistical power analysis for the behavioral sciences* (2nd ed.). Hillsdale, NJ: Erlbaum.

Cohen, J. , & Cohen, P. (1975). *Applied multiple regression/correlation analysis for the behavioral sciences*. Hillsdale, NJ: Lawrence Erlbaum.

Cook, T. D. , Cooper, H. , Cordray, D. S. , Hartmann, H. , Hedges, L. V. , Light, R. J. , Louis, T. A. , & Mosteller, F. (1992). *Meta-analysis for explanation: A casebook*. New York: Russell Sage Foundation.

Cooper, H. M. (1989). *Integrating research: A guide for literature reviews* (2nd ed.). Newbury Park, CA: Sage.

Cooper, H. , & Hedges, L. V. (Eds.). (1994). *The handbook of research synthesis*. New York: Russell Sage Foundation.

DerSimonian, R. , & Laird, N. (1986). Meta-analysis in clinical trials. *Controlled Clinical Trials*, *7*, 177-188.

Dobson, K. S. (1989). A meta-analysis of the efficacy of cognitive therapy for depression. *Journal of Consulting and Clinical Psychology*, *57*, 414-419.

Durlak, J. A. , Fuhrman, T. , & Lampman, C. (1991). Effectiveness of cognitive behavior therapy for maladapting children: A meta-analysis. *Psychological Bulletin*, *110*, 204-214.

Elvik, R. (1998). Evaluating the statistical conclusion validity of weighted mean results in meta-analysis by analyzing funnel graph diagrams. *Accident Analysis and Prevention*, *30*, 255-266.

Eysenck, H. J. (1952). The effects of psychotherapy: An evaluation. *Journal of Consulting Psychology*, *16*, 319-324.

Eysenck, H. J. (1978). An exercise in mega-silliness. *American Psychologist*, *33*, 517.

Fleiss, J. L. (1994). Measures of effect size for categorical data. In H. Cooper & L. V. Hedges (Eds.), *The handbook of research synthesis* (pp. 245-260). New York: Russell Sage Foundation.

Garrett, C. J. (1985). Effects of residential treatment on adjudicated delinquents: A meta-analysis. *Journal of Research in Crime and Delinquency*, *45*, 287-308.

Gibbs, L. E. (1989). Quality of study rating form: An instrument for synthesizing evaluation studies. *Journal of Social Work Education*, *25*, 55-67.

Glass, G. V. (1976). Primary, secondary and meta-analysis of research. *Educational Researcher*, *5*, 3-8.

Glass, G. V. , McGaw, B. , & Smith, M. L. (1981). *Meta-analysis in social research*. Beverly Hills, CA: Sage.

Gleser, L. J. , & Olkin, I. (1994). Stochastically dependent effect sizes. In H. Cooper & L. V. Hedges (Eds.). (1994). *The handbook of research synthesis* (pp. 339-355). New York: Russell Sage Foundation.

Greenland, S. (1994). Invited commentary: A critical look at some popular meta-analytic methods. *American Journal of Epidemiology*, *140*, 290-296.

Greenwald, R. , Hedges, L. V. , & Laine, R. D. (1994). When reinventing the wheel is not necessary: A case study in the use of meta-analysis in education finance. *Journal of Education Finance*, *20*, 1-20.

Guilford, J. P. (1965). *Fundamental statistics in psychology and education* (4th ed.). New York, McGraw-Hill.

Haddock, C. K. , Rindskopf, D. , & Shadish, W. R. (1998). Using odds ratios as effect sizes for meta-analysis of dichotomous data: A primer on methods and issues. *Psychological Methods*, *3*, 339-353.

Hall, J. A. , & Rosenthal, R. (1995). Interpreting and evaluating meta-analysis. *Evaluation and the Health Professions*, *18*, 393-407.

Hasselblad, V. , & Hedges, L. V. (1995). Meta-analysis of screening and diagnostic tests. *Psychological Bulletin*, *117*, 167-178.

Hauck, W. W. (1989). Odds ratio inference from stratified samples. *Communications in Statistics*, *18A*, 767-800.

Hays, W. L. (1988). *Statistics* (4th ed.). Fort Worth, TX: Holt, Rinehart and Winston.

Hedges, L. V. (1981). Distribution theory for Glass's estimator of effect size and related estimators. *Journal of Educational Statistics*, *6*, 107-128.

Hedges, L.. V. (1982a). Fitting categorical models to effect sizes from a series of experiments. *Journal of Educational Statistics*, *7*, 119-137.

Hedges, L. V. (1982b). Estimating effect size from a series of independent experiments. *Psychological Bulletin*, *92*, 490-499.

Hedges, L. V. (1994). Statistical considerations. In H. Cooper & L. V. Hedges (Eds.), *The handbook of research synthesis* (pp. 29-38). New York: Russell Sage Foundation.

Hedges, L. V. , & Olkin, I. (1985). *Statistical methods for meta-analysis*. Orlando, FL: Academic Press.

Hedges, L. V. , & Vevea, J. L. (1996). Estimating effect size under publication bias: Small sample properties and robustness of a random effects selection model. *Journal of Educational and Behavioral Statistics*, *21*, 299-332.

Hedges, L. V. , & Vevea, J. L. (1998). Fixed- and random-effects models in meta-analysis. *Psychological Methods*, *3*, 486-504.

Heinsman, D. T. , & Shadish, W. R. (1996). Assignment methods in experimentation: When do nonrandomized experiments approximate the answers from randomized experiments? *Psychological Methods*, *1*, 154-169.

Huffcutt, A. I. & Arthur, W. (1995). Development of a new outlier statistic for meta-analytic data. *Journal of Applied Psychology*, *80*, 327-334.

Hunter, J. E. , & Schmidt, F. L. (1990a). Dichotomization of continuous variables: The implications for meta-analysis. *Journal of Applied Psychology*, *75*, 334-349.

Hunter, J. E. , & Schmidt, F. L. (1990b). *Methods of meta-analysis: Correcting error and bias in research findings.* Newbury Park, CA: Sage.

Hunter, J. E. , & Schmidt, F. L. (1994). Correcting for sources of artificial variation across studies. In H. Cooper & L. V. Hedges (Eds.). *The handbook of research synthesis* (pp. 323-336). New York: Russell Sage Foundation.

Hunter, J. E. , Schmidt, F. L. , & Jackson, G. B. (1982). *Meta-analysis: Cumulating research findings across studies.* Beverly Hills, CA: Sage.

Jacobson, N. S. , & Truax, P. (1991). Clinical significance: A statistical approach to defining meaningful change in psychotherapy research. *Journal of Consulting and Clinical Psychology*, *59*, 12-19.

Johnson, B. T. (1989). *DSTAT: Software for the meta-analytic review of research literatures.* Hillsdale, NJ: Erlbaum.

Kalaian, H. A. , & Raudenbush, S. W. (1996). A multivariate mixed linear model for meta-analysis. *Psychological Methods*, *1*, 227-235.

Kraemer, H. C. , Gardner, C. , Brooks, J. O. , III, & Yesavage, J. A. (1998). Advantages of excluding underpowered studies in meta-analysis: Inclusionist versus exclusionist viewpoints. *Psychological Methods*, *3*, 23-31.

Landman, J. T. , & Dawes, R, M. (1982). Psychotherapy outcome: Smith and Glass conclusions stand up under scrutiny. *American Psychologist*, *37*, 504-516.

Lehman, A. F. and Cordray, D. S. (1993) Prevalence of alcohol, drug and mental disorders among the homeless: One more time. *Contemporary Drug Problems: An Interdisciplinary Quarterly*, *20*, 355-384.

Light, R. J. , & Pillemer, D. B. (1984). *Summing up: The science of reviewing research.* Cambridge, MA: Harvard University Press.

Light, R. J. , Singer, J. D. , & Willett, J. B. (1994). The visual presentation and interpretation of meta-analyses. In H. Cooper & L. V. Hedges (Eds.), *The handbook of research synthesis* (pp. 439-453). New York: Russell Sage Foundation.

Lipsey, M. W. (1990). *Design sensitivity: Statistical power for experimental research.* Newbury Park, CA: Sage.

Lipsey, M. W. (1992). Juvenile delinquency treatment: A meta-analytic inquiry into the variability of effects. In T. D. Cook, H. Cooper, D. S. Cordray, H. Hartmann, L. V. Hedges, R. J. Light, T. A. Louis, & F. Mosteller (Eds.), *Meta-analysis for explanation: A casebook* (pp. 83-127). New York: Russell Sage Foundation.

Lipsey, M. W. , & Derzon, J. H. (1998). Predictors of violent or serious delinquency in adolescence and early adulthood: A synthesis of longitudinal research. In R. Loeber & D. P. Farrington (Eds.). *Serious and violent juvenile offenders: Risk factors and successful interventions.* Thousand Oaks, CA: Sage, 1998.

Lipsey, M. W. , & Wilson, D. B. (1993). The efficacy of psychological, educational, and behavioral treatment: Confirmation from meta-analysis. *American Psychologist*, *48*, 1181-1209.

Lipsey, M. W. , Wilson, D. B. , Cohen, M. A. , & Derzon, J. D, (1996). Is there a causal relationship between alcohol use and violence? A synthesis of evidence. In M. Galanter (Ed.). *Recent developments in alcoholism*, *Volume 13: Alcoholism and violence* (pp. 245-282). New York: Plenum.

Little, R. J. A. , & Rubin, D. B. (1987). *Statistical analysis with missing data.* New York: Wiley.

Matt, G. E. (1989). Decision rules for selecting effect sizes in meta-analysis: A review and reanalysis of psychotherapy outcome studies. *Psychological Bulletin*, *105*, 106-115.

McGuire, J. , Bstes, G. W. , Dretzke, B. J. , McGivern, E. , Rembold, K. L. , Seabold, D. R. , Turpin, B. M. , & Levin, J, R. (1985). Methodological quality as a component of meta-analysis. *Educational Psychologist*, *20*, 1-5.

McNemar, Q. (1960). At random: Sense and nonsense. *American Psychologist*, *15*, 295-300.

McNemar, Q. (1966). *Psychological statistics* (3rd ed.). New York: John Wiley and Sons.

Mosteller, F. , & Colditz, G. A. (1996). Understanding research synthesis (metaanalysis). *Annual Review of Public Health*, *17*, 1-23.

Mullen, B. (1989). *Advanced BASIC meta-analysis*. Hillsdale, NJ: Erlbaum.

Mullen, B. , & Rosenthal, R. (1985). *BASIC meta-analysis: Procedures and programs*. Hillsdale, NJ: Erlbaum.

Olkin, I. (1992). Meta-analysis: Methods for combining independent studies. *Statistical Science*, *7*, 226.

Orwin, R. G. (1983). A fail-safe *N* for effect size in meta-analysis. *Journal of Educational Statistics*, *8*, 157-159.

Orwin, R. G. (1994). Evaluating coding decisions. In H. Cooper & L. V. Hedges (Eds.), *The handbook of research synthesis* (pp. 139-162). New York: Russell Sage Foundation.

Orwin, R. G. , & Cordray, D. S. (1985). Effects of deficient reporting on meta-analysis: A conceptual framework and reanalysis. *Psychological Bulletin*, *97*, 134-147.

Overton, R. C. (1998). A comparison of fixed-effects and mixed (random-effects) models for meta-analysis tests of moderator variable effects. *Psychological Methods*, *3*, 354-379.

Premack, S. L. , & Hunter, J. E. (1988). Individual unionization decisions. *Psychological Bulletin*, *103*, 223-234.

Pigott, T. D. (1994). Methods for handling missing data in research synthesis. In H. Cooper & L. V. Hedges (Eds.), *The handbook of research synthesis* (pp. 163-175). New York: Russell Sage Foundation.

Raudenbush, S. W. (1994). Random effects models. In H. Cooper & L. V. Hedges (Eds.), *The handbook of research synthesis* (pp. 301-321). New York: Russell Sage Foundation.

Rosenberg, M. S. , Adams, D. C. , & Gurevitch, J (1997). *Metawin: Statistical software for meta-analysis with resampling tests*. Sunderland, MA: Sinauer Associates.

Rosenthal, R. (1979). The " file drawer problem " and tolerance for null results. *Psychological Bulletin*, *86*, 638-641.

Rosenthal, R. (1984). *Meta-analytic procedures for social research*. Beverly Hills, CA: Sage.

Rosenthal, R. (1991). *Meta-analytic procedures for social research. Applied Social Research Methods Series* (Vol. 6). Thousand Oaks, CA: Sage.

Rosenthal, R. (1994). Statistically describing and combing studies. In H. Cooper & L. V. Hedges (Eds.), *The handbook of research synthesis* (pp. 231-244). New York: Russell Sage Foundation.

Rosenthal, R. , & Rubin, D. B. (1978). Interpersonal expectancy effects: The first 345 studies. *The Behavioral and Brain Sciences*, *3*, 377-415.

Rosenthal, R. , & Rubin, D. B. (1982). Comparing effect sizes of independent studies. *Psychological Bulletin*, *92*, 500-504.

Rosenthal, R. , & Rubin, D. B. (1983). A simple, general purpose display of magnitude of experimental effect. *Journal of Educational Psychology*, *74*(2), 166-169.

Rubin, D. B. (1987). *Multiple imputation for nonresponse in surveys.* New York: Wiley.

Sacks, H. S., Berrier, J, Reitman, D., Axcona-Berk, V. A., & Chalmers, T. C. (1987). Meta-analyses of randomized controlled trials. *New England Journal of Medicine*, *316*, 450-455.

Schmidt, F. L. (1992). What do data really mean? Research findings, meta-analysis, and cumulative knowledge in psychology. *American Psychologist*, *47*, 1173-1181.

Schmidt, F. L. (1996). Statistical significance testing and cumulative knowledge in psychology: Implications for training of researchers. *Psychological Methods*, *1*, 115-129.

Schmidt, F. L., & Hunter, J. E. (1977). Development of a general solution to the problem of validity generalization. *Journal of Applied Psychology*, *62*, 529-540.

Schulz, K. F., Chalmers, I., Hayes, R. J., & Altman, D. G. (1995). Empirical evidence of bias: Dimensions of methodological quality associated with estimates of treatment effects in controlled trials. *Journal of the American Medical Association*, *273*, 408-412.

Schwarzer, R. (1996). *Meta-analysis programs.* Unpublished manuscript, Göttingen: Hogrefe. (Available on the web at www. yorku. ca/faculty/academic/schwarze/meta_ e. htm).

Sechrest, L., McKnight, P., & McKnight, K. (1996). Calibration of measures for psychotherapy outcome studies. *American Psychologist*, *51*, 1065-1071.

Sellers, D. E., Crawford, S. L., Bullock, K., & McKinlay, J. B. (1997). Understanding the variability in the effectiveness of community heart health programs: A meta-analysis. *Social Science & Medicine*, *44*, 1325-1339.

Shadish, W. R., Jr. (1992). Do family and marital psychotherapies change what people do? A meta-analysis of behavioral outcomes. In T. D. Cook, H. Cooper, D. S. Cordray, H. Hartmann, L. V. Hedges, R. J. Light, T. A. Louis, & F. Mosteller (Eds.), *Meta-analysis for explanation: A casebook* (pp. 129-208). New York: Russell Sage Foundation.

Shadish, W. R., & Haddock, C. K. (1994). Combining estimates of effect size. In H. Cooper & L. V. Hedges (Eds.), *The handbook of research synthesis* (pp. 261-281). New York: Russell Sage Foundation.

Shadish, W. R., Robinson, L., & Lu, C. (1999). *ES: Effect size calculator.* St. Paul, MN: Assessment Ststems Corp. (Information available on the web at www. assess. com).

Shapiro, D. A., & Shapiro, D. (1982). Meta-analysis of comparative therapy outcome studies: A replication and refinement. *Psychological Bulletin*, *92*, 581-604.

Sharpe, D. (1997). Of apples and oranges, file drawers and garbage: Why validity issues in meta-analysis will not go away. *Clinical Psychology Review*, *17*, 881-901.

Sindhu, F., Carpenter, L., & Seers, K. (1997). Development of a tool to rate the quality assessment of randomized controlled trials using a Delphi technique. *Journal of Advanced Nursing*, *25*, 1262-1268.

Slavin, R. E. (1986). Best-evidence synthesis: An alternative to meta-analytic and traditional reviews. *Educational Researcher*, *15*, 5-11.

Slavin, R. E. (1995). Best evidence synthesis: An intelligent alternative to meta-analysis. *Journal of Clinical Epidemiology*, *48*, 9-18.

Smith, M. L. (1980). Publication bias and meta-analysis. *Evaluation in Education*, *4*, 22-24.

Smith, M. L. , & Glass, G. V. (1977). Meta-analysis of psychotherapy outcome studies. *American Psychologist*, *32*, 752-760.

Smith, M. L. , Glass, G. V. , & Miller, T. I. (1980). *The benefits of psychotherapy*. Baltimore, MD: John Hopkins.

Stauffer, J. M. (1996). A graphical user interface psychometric meta-analysis program for DOS. *Educational and Psychological Measurement*, *56*, 675-677.

Stock, W. A. (1994). Systematic coding for research synthesis. In H. Cooper & L. V. Hedges (Eds.), *The handbook of research synthesis* (pp. 125-138). New York: Russell Sage Foundation.

Stock, W. A. , Benito, J. G. , & Lasa, N. B. (1996). Research synthesis: Coding and conjectures. *Evaluation and the Health Professions*, *19*, 104-117.

Vevea, J. L. , & Hedges, L. V. (1995). A general linear model for estimating effect size in the presence of publication bias. *Psychometrika*, *60*, 419-435.

Wang, M. C. , & Bushman, B. J. (1998). *Integrating results through meta-analytic review using SAS software*. Cary, NC: SAS Institute, Inc.

Weisz, J. R. , Donenberg, G. R. , Han, S. S. , & Weiss, B. (1995). Bridging the gap between laboratory and clinic in child and adolescent psychotherapy. *Journal of Consulting and Clinical Psychology*, *63*, 688-701.

Weiss, B. , & Weisz, J. R. (1990). The impact of methodological factors on child psychotherapy outcome research: A meta-analysis for researchers. *Journal of Abnormal Child Psychology*, *18*, 639-670.

Weisz, J. R. , Weiss, B. D. , & Donenberg, G. R. (1992). The lab versus the clinic: Effects of child and adolescent psychotherapy. *American Psychologist*, *47*, 1578-1585.

Wilson, D. B. (1995). *The role of method in treatment effect estimates: Evidence from psychological, behavioral, and educational treatment intervention meta-analyses*. Doctoral dissertation, Claremont Graduate School, Claremont, CA.

Wilson, D. B. , Gallagher, C. A. , Coggeshall, M. B. , & MacKenzie, D. L. (1999). A quantitative review and description of corrections-based education, vocation, and work programs. *Corrections Management Quarterly*, *3*, 8-18.

Wolf, F. M. (1986). *Meta-analysis: Quantitative methods for research synthesis*. Beverly Hills, CA: Sage.

Wolf, I. M. , (1990). Methodological observations on bias. In K. W. Wachter & M. L. Straf (Eds.) *The future of meta-analysis* (pp. 139-151). New York: Russell Sage Foundation.

Wortman, P. M. (1994). Judging research quality. In H. Cooper & L. V. Hedges (Eds.), *The handbook of research synthesis* (pp. 97-109). New York: Russell Sage Foundation.

Yeaton, W. H. , & Wortman, P. M. (1993). On the reliability of meta-analytic reviews: The role of intercoder agreement. *Evaluation Review*, *17*, 292-309.

索 引

图书在版编目(CIP)数据

元分析(Meta-analysis)方法应用指导/(美)马
克·W.利普西(Mark W. Lipsey),(美)戴维·B.威尔
逊(David B. Wilson)著;刘军,吴春莺译. --重庆:
重庆大学出版社,2019.10(2022.11 重印)
(万卷方法)
书名原文:practical meta-analysis
ISBN 978-7-5689-1423-9

Ⅰ.元… Ⅱ.①马… ②戴… ③刘… ④吴… Ⅲ.
①统计分析—研究 Ⅳ.①O212.1

中国版本图书馆 CIP 数据核字(2019)第 001158 号

元分析(Meta-analysis)方法应用指导

[美]马克·W.利普西 [美]戴维·B.威尔逊 著

刘 军 吴春莺 译

策划编辑:林佳木

责任编辑:陈 力 版式设计:林佳木
责任校对:姜 凤 责任印制:张 策

*

重庆大学出版社出版发行

出版人:饶帮华

社址:重庆市沙坪坝区大学城西路 21 号

邮编:401331

电话:(023) 88617190 88617185(中小学)

传真:(023) 88617186 88617166

网址:http://www.cqup.com.cn

邮箱:fxk@ cqup.com.cn (营销中心)

全国新华书店经销

重庆市国丰印务有限责任公司印刷

*

开本:940mm×1360mm 1/16 印张:8.5 字数:272 千

2019 年 10 月第 1 版 2022 年 11 月第 2 次印刷

ISBN 978-7-5689-1423-9 定价:42.00 元

版贸渝核字(2018)第 073 号

知识生产者的头脑工具箱

·····

很多做研究、写论文的人，可能还没有意识到，他们从事的是一项特殊的生产活动。而这项生产活动，和其他的所有生产活动一样，可以借助工具来大大提高效率。

万卷方法是为辅助知识生产而存在的一套工具书。

这套书系中，

有的，介绍研究的技巧，如《会读才会写》《如何做好文献综述》《研究设计与写作指导》《质性研究编码手册》；

有的，演示 STATA、AMOS、SPSS、Mplus 等统计分析软件的操作与应用；

有的，专门讲解和梳理某一种具体研究方法，如量化民族志、倾向值匹配法、元分析、回归分析、扎根理论、现象学研究方法、参与观察法等；

还有，

《社会科学研究方法百科全书》《质性研究手册》《社会网络分析手册》等汇集方家之言，从历史演化的视角，系统化呈现社会科学研究方法的全面图景；

《社会研究方法》《管理学问卷调查研究方法》等用于不同学科的优秀方法教材；

《领悟方法》《社会学家的窍门》等反思研究方法隐蔽关窍的慧黠之作……

书，是人和人的相遇。

是读者和作者，通过书做跨越时空的对话。

也是读者和读者，通过推荐、共读、交流一本书，分享共识和成长。

万卷方法这样的工具书很难进入豆瓣、当当、京东等平台的读书榜单，也不容易成为热点和话题。很多写论文、做研究的人，面对茫茫书海，往往并不知道其中哪一本可以帮到自己。

因此，我们诚挚地期待，你在阅读本书之后，向合适的人推荐它，让更多需要的人早日得到它的帮助。

我们相信：

每一个人的意见和判断，都是有价值的。

我们为推荐人提供意见变现的途径，具体请扫描二维码，关注"重庆大学出版社万卷方法"微信公众号，发送"推荐员"，了解详细的活动方案。